Größen und Zahlen

Ein Aufbau des Zahlensystems auf der Grundlage
der eudoxischen Proportionenlehre

Von
Prof. Dr. Heinz Lüneburg (1935-2009)

Aus dem Nachlass des Autors
herausgegeben von

Prof. Dr. Theo Grundhöfer
apl. Prof. Dr. Huberta Lausch
Prof. Dr. Karl Strambach

Oldenbourg Verlag München

Prof. Dr. Heinz Lüneburg (1935–2009) lehrte von 1970 bis zu seiner Emeritierung 2003 als Professor an der Universität Kaiserslautern; Rufe nach Bayreuth bzw. Hamburg lehnte er ab. Seine Forschungsinteressen waren v.a. das Gebiet der endlichen Geometrie, wo sein Einfluss bis heute spürbar ist; später widmete er sich vermehrt auch der Untersuchung algorithmischer Fragen in Algebra und Kombinatorik sowie der Geschichte der Mathematik. Seine Forschung war insbesondere pädagogisch motiviert und zeichnet sich durch inhaltliche und formale Perfektion aus.

Bibliografische Information der Deutschen Nationalbibliothek

Die Deutsche Nationalbibliothek verzeichnet diese Publikation in der Deutschen Nationalbibliografie; detaillierte bibliografische Daten sind im Internet über <http://dnb.d-nb.de> abrufbar.

© 2010 Oldenbourg Wissenschaftsverlag GmbH
Rosenheimer Straße 145, D-81671 München
Telefon: (089) 45051-0
oldenbourg.de

Lektorat: Kathrin Mönch
Herstellung: Sarah Voit
Coverentwurf: Kochan & Partner, München
Gedruckt auf säure- und chlorfreiem Papier
Gesamtherstellung: Books on Demand GmbH, Norderstedt

ISBN 978-3-486-59679-3

Das Induktionsprinzip besagt daher, dass $\tau\sigma = \mathrm{id}_N$ ist. Analog folgt auch $\sigma\tau = \mathrm{id}_M$. Folglich ist σ bijektiv und τ ist die zu σ inverse Abbildung. Somit ist σ ein Isomorphismus.

Es gibt also bis auf Isomorphie nur ein Dedekindtripel, falls es überhaupt eins gibt. Ein solches nennen wir in Zukunft N und sprechen von ihm als der *Menge der natürlichen Zahlen*. Auf N wollen wir nun Addition und Multiplikation definieren. Beginnen wir mit der Addition.

Ich lernte rechnen lange vor New Math, noch auf der Schiefertafel. Da war das Addieren noch erklärt durch das Weiterzählen m, $m+1$, $m+1+1$, etc., bis man den n-ten Nachfolger $m+n$ von m erreichte. Dieses Verfahren kann man in dem hier vorgegebenen Rahmen imitieren. Dabei hilft der Rekursionssatz. So wie dieser formuliert ist, werden wir $m+n$ so interpretieren, dass wir für jedes m eine Abbildung $m+$ von N in sich definieren, sodass $m+n$ alle gewünschten Eigenschaften hat.

Wir definieren R durch $R(m) := m'$ für $m \in N$. Es gibt dann genau eine Abbildung π_m von N in sich mit $\pi_m(1) = m'$ und

$$\pi_m(n') = R\big(\pi_m(n)\big) = \pi_m(n)'.$$

Hier haben wir π_m geschrieben, um den Anschluss an das Vorige zu erhalten. Um das gewohnte Bild zu bekommen, schreiben wir statt π_m nun $m+$ und lassen die Klammern um das Argument der Abbildung weg. Dann gilt also

a) Es ist $m+1 = m'$ für alle $m \in N$.

b) Es ist $m+n' = (m+n)'$ für alle $m, n \in N$.

Man ist gewohnt, $+$ als binäre Operation auf N aufzufassen. So wie die Addition hier definiert ist, ist aber zu jedem $m \in N$ eine unäre Operation $m+$ definiert. Da diese unären Operationen aber auf ganz N operieren und für jedes $m \in N$ eine solche Operation erklärt ist, kann man $+$ dann wieder als binäre Operation auf N auffassen, der Ausdruck $m+n$ ist ja stets erklärt.

Es ist nun zu zeigen, dass die so definierte Addition den gewohnten Rechenregeln gehorcht.

Satz 1. *Es ist $m' + n = m + n' = (m+n)'$ für alle $m, n \in N$.*

Beweis. Die zweite Aussage des Satzes ist nur eine Wiederholung von b). Um die erste zu beweisen, machen wir Induktion über n. Es gilt

$$m' + 1 = m'' = (m+1)' = m+1'.$$

Es sei $n \in N$ und es gelte $m' + n = m + n'$. Dann folgt

$$m' + n' = (m'+n)' = (m+n')' = m + n'',$$

sodass die Aussage auch für n' gilt. Damit ist der Satz bewiesen.

Satz 2. *Es ist $m + n = n + m$ für alle $m, n \in N$.*

Beweis. Wir zeigen zunächst, dass $1 + n = n + 1$ ist für alle $n \in N$. Dies gilt sicherlich für $n = 1$. Es sei $n \in N$ und es gelte $1 + n = n + 1$. Dann ist nach b) und Satz 1

$$1 + n' = (1+n)' = (n+1)' = n' + 1,$$

sodass in der Tat $1 + n = n + 1$ für alle $n \in N$ gilt.

Um die allgemeine Aussage zu beweisen, machen wir nun Induktion nach m. Für $m = 1$ ist die Aussage richtig, wie gerade gesehen. Sie gelte für m. Dann ist

$$m' + n = m + n' = (m + n)' = (n + m)' = n + m'.$$

Damit ist Satz 2 bewiesen.

Die Addition ist also kommutativ. Sie ist auch assoziativ.

Satz 3. *Es ist* $(m + n) + p = m + (n + p)$ *für alle* m, n, $p \in \mathbf{N}$.

Beweis. Wir machen Induktion nach p. Es ist

$$(m + n) + 1 = (m + n)' = m + n' = m + (n + 1).$$

Also gilt die Aussage für $p = 1$. Sie gelte für p. Dann ist

$$(m + n) + p' = \big((m + n) + p\big)' = \big(m + (n + p)\big)' = m + (n + p)' = m + (n + p'),$$

sodass sie auch für p' gilt. Damit ist Satz 3 bewiesen.

Für die Addition gilt die Kürzungsregel.

Satz 4. *Sind* m, n, $p \in \mathbf{N}$ *und gilt* $m + p = n + p$, *so ist* $m = n$.

Beweis. Wir machen Induktion nach p. Ist $p = 1$, so folgt

$$m' = m + 1 = n + 1 = n'.$$

Weil $'$ injektiv ist, folgt weiter $m = n$.

Aus $m + p = n + p$ folge $m = n$ und es sei $m + p' = n + p'$. Dann ist

$$(m + p)' = m + p' = n + p' = (n + p)'.$$

Hieraus folgt weiter $m + p = n + p$ und dann auch $m = n$.

Ist $n \in \mathbf{N}$, so setzen wir
$$E_n := \{n + x \mid x \in \mathbf{N}\}.$$

Der Buchstabe E steht für Ende, da E_n, wie bald klar werden wird, aus allen natürlichen Zahlen besteht, die größer als n sind.

Satz 5. *Es ist* $E_1 = \mathbf{N} - \{1\}$.

Beweis. Es sei $T := E_1 \cup \{1\}$. Dann ist $1 \in T$. Es sei $n \in T$. Dann ist $n' = n + 1 = 1 + n \in E_1 \subseteq T$. Also ist $T = \mathbf{N}$. Wäre $1 \in E_1$, so gäbe es ein $w \in \mathbf{N}$ mit $1 = w + 1 = w'$ im Widerspruch zu $1 \notin \mathbf{N}'$. Also ist $E_1 = \mathbf{N} - \{1\}$.

Satz 6. *Ist* $n \in \mathbf{N}$, *so gilt*
   a) Es ist $n' \in E_n$.
   b) Ist $x' \in E_n$, *so ist* $E_x \subseteq E_n$.
   c) Es ist $n \notin E_n$.
   d) Es ist $E_n = E_{n'} \cup \{n'\}$.

Beweis. a) Es ist $n' = n + 1 \in E_n$.

b) Es sei $x' \in E_n$. Ferner sei $y \in E_x$. Es gibt dann $a, b \in \mathbf{N}$ mit $x' = n + a$ und $y = x + b$. Mit Satz 1 folgt

$$y' = x' + b = n + a + b.$$

Nun ist $a + b \neq 1$ (Beweis!). Nach Satz 5 gibt es daher ein $c \in \mathbf{N}$ mit $c' = c + 1 = a + b$. Also ist

$$y' = n + c' = (n + c)'$$

und damit $y = n + c \in E_n$.

c) Wäre $n \in E_n$, so gäbe es ein $w \in \mathbf{N}$ mit $n = n + w$. Es folgte

$$n + 1 = n' = (n + w)' = n + w'.$$

Hieraus folgte mit Satz 4 der Widerspruch $1 = w'$.

d) Nach a) ist $n' \in E_n$. Ferner ist $n'' = n + 1' \in E_n$. Mit $x = n'$ folgt mit b) daher $E_{n'} \subseteq E_n$. Also gilt

$$E_{n'} \cup \{n'\} \subseteq E_n.$$

Es sei umgekehrt $x \in E_n$. Es gibt dann ein $y \in \mathbf{N}$ mit $x = n + y$. Ist $y = 1$, so ist

$$x = n + 1 = n' \in E_{n'} \cup \{n'\}.$$

Ist $y \neq 1$, so folgt mit Satz 5, dass es ein $z \in \mathbf{N}$ gibt mit $y = 1 + z$. Es folgt

$$x = n + 1 + z = n' + z \in E_{n'} \cup \{n'\}.$$

Damit ist alles bewiesen.

Satz 7. *Sind $m, n \in \mathbf{N}$, so ist $E_m \subseteq E_n$ oder $E_n \subseteq E_m$.*

Beweis. Es sei T die Menge der $n \in \mathbf{N}$, für die $E_n \subseteq E_m$ oder $E_m \subseteq E_n$ gilt. Wegen

$$m' = m + 1 = 1 + m \in E_1$$

ist $E_m \subseteq E_1$ nach Satz 6 b) und daher $1 \in T$. Es sei $n \in T$. Ist $n'' \in E_m$, so folgt mit Satz 6 b), dass $E_{n'} \subseteq E_m$ ist, sodass $n' \in T$ gilt. Es sei also $n'' \notin E_m$. Nach Satz 6 a) ist $n' \in E_n$. Ferner ist $n'' = (n + 1)' = n + 1' \in E_n$. Folglich ist $E_n \not\subseteq E_m$. Wegen $n \in T$ folgt $E_m \subseteq E_n$. Wegen $n' \in E_n$ ist dann auch $n' \notin E_m$. Nach Satz 6 d) ist

$$E_n = E_{n'} \cup \{n'\}.$$

Hieraus folgt zusammen mit $n' \notin E_m$, dass

$$E_m = E_m \cap E_n = E_m \cap \big(E_{n'} \cup \{n'\}\big) = E_m \cap E_{n'}$$

ist. Also ist $E_m \subseteq E_{n'}$ und damit $n' \in T$, sodass $T = \mathbf{N}$ ist. Damit ist Satz 7 bewiesen.

Eine fast unmittelbare Folgerung aus Satz 7 ist

Satz 8. *Sind $m, n \in \mathbf{N}$, so gibt es ein $c \in \mathbf{N}$ mit $m + c = n$ oder $n + c = m$, es sei denn, es ist $m = n$.*

Beweis. Wegen Satz 7 dürfen wir o.B.d.A. annehmen, dass $E_n \subseteq E_m$ ist. Wegen $n' \in E_n$ ist dann $n' \in E_m$, sodass es ein $d \in \mathbf{N}$ gibt mit $n' = m + d$. Ist $d = 1$, so folgt $n' = m + 1 = m'$ und damit $n = m$. Ist $d \neq 1$, so folgt mit Satz 5, dass es ein $c \in \mathbf{N}$ gibt mit $d = c + 1 = c'$. Es folgt

$$n' = m + c' = (m + c)'$$

und weiter $n = m + c$.

Es seien $m, n \in \mathbf{N}$; wir setzen $m < n$, falls es ein $c \in \mathbf{N}$ gibt mit $m + c = n$. Wir setzen $m \leq n$, falls entweder $m = n$ oder $m < n$ ist. Nach dieser Definition ist

$$E_n = \{x \mid x \in \mathbf{N}, n < x\}.$$

Dies sagt zunächst noch nichts. Die Bedeutung dieses Sachverhalts wird aber durch den nächsten Satz sofort klar.

Satz 9. *Die soeben definierte Relation $\leq$ ist eine lineare Ordnung von $\mathbf{N}$, d.h. es gilt*

a) Es ist $m \leq m$ für alle $m \in \mathbf{N}$.

b) Sind $m, n \in \mathbf{N}$ und gilt $m \leq n$ sowie $n \leq m$, so ist $m = n$.

c) Sind $m, n, p \in \mathbf{N}$ und ist $m \leq n$ und $n \leq p$, so ist $m \leq p$.

d) Sind $m, n \in \mathbf{N}$, so ist $m \leq n$ oder $n \leq m$.

Beweis. a) ist Teil der Definition.

b) Es sei $m \neq n$. Dann ist $m < n$ und $n < m$. Es gibt also $c, d \in \mathbf{N}$ mit $m + c = n$ und $n + d = m$. Es folgt $m + c + d = m$ und weiter

$$m + (c + d)' = (m + c + d)' = m' = m + 1,$$

was wiederum den Widerspruch $1 = (c + d)'$ ergibt. Also ist doch $m = n$.

c) Ist $m = n$ oder $n = p$, so ist nichts zu beweisen. Wir dürfen daher annehmen, dass $m + c = n$ und $n + d = p$ ist mit $c, d \in \mathbf{N}$. Es folgt $m + c + d = p$ und damit $m \leq p$.

d) Dies ist nur eine Umformulierung von Satz 8.

Die Definition von $<$ besagt, dass stets $m < m + n$ gilt, und mit Satz 9 folgt, dass niemals $m + n \leq m$ ist. Die auf $\mathbf{N}$ etablierte Anordnung ist sogar eine *Wohlordnung*. Dies besagt der nächste Satz.

Satz 10. *Ist X eine nicht-leere Teilmenge von $\mathbf{N}$, so gibt es ein kleinstes Element in X, d.h. es gibt ein Element $k \in X$ mit $k \leq x$ für alle $x \in X$.*

Beweis. Für $n \in \mathbf{N}$ setzen wir

$$A_n := \{a \mid a \in \mathbf{N}, a \leq n\}.$$

Dann ist $A_{n+1} = A_n \cup \{n + 1\}$, da es zwischen n und $n + 1$ keine weitere natürliche Zahl gibt. Wir zeigen zunächst, dass für alle $n \in \mathbf{N}$ gilt, dass X ein kleinstes Element enthält, falls nur $A_n \cap X \neq \emptyset$ ist. Es sei T die Menge der natürlichen Zahlen, für die diese Aussage gilt. Dann ist $1 \in T$. Ist nämlich $A_1 \cap X$ nicht leer, so ist $A_1 \cap X = \{1\}$

und 1 ist als kleinstes Element von $\mathbf{N}$ kleinstes Element von X. Es sei $n \in T$ und es gelte $A_{n+1} \cap X \neq \emptyset$. Dann ist

$$\emptyset \neq A_{n+1} \cap X = (A_n \cap X) \cup (\{n+1\} \cap X).$$

Ist $A_n \cap X \neq \emptyset$, so enthält X ein kleinstes Element, sodass in diesem Falle $n + 1 \in T$ gilt. Ist $A_n \cap X = \emptyset$, so ist

$$\emptyset \neq A_{n+1} \cap X = (\{n+1\} \cap X).$$

Hieraus folgt $n + 1 \in X$. Ist nun $y \in \mathbf{N}$ und $y < n + 1$, so ist $y \in A_n$ und daher $y \notin X$. Es folgt, dass $n+1$ das kleinste Element von X ist. Also ist auch hier $n+1 \in T$, sodass $T = \mathbf{N}$ ist.

Weil wir vorausgesetzt haben, dass X nicht leer ist, gibt es ein $n \in X$. Es folgt $n \in A_n \cap X$, sodass X nach dem Bewiesenen ein kleinstes Element enthält. Damit ist der Satz bewiesen.

Der nächste Satz besagt, dass die auf $\mathbf{N}$ definierte Anordnung mit der Addition verträglich ist.

Satz 11. *Sind m, n, $p \in \mathbf{N}$, so gilt genau dann $m \leq n$, wenn $m + p \leq n + p$ ist.*

Beweis. Es sei $m = n$. Dann ist $m + p \leq n + p$ für alle $p \in \mathbf{N}$. Es sei also $m < n$. Dann gibt es ein $c \in \mathbf{N}$ mit $m + c = n$. Es folgt

$$m + p + c = m + c + p = n + p,$$

sodass $m + p < n + p$ ist.

Es sei umgekehrt $m + p \leq n + p$. Wäre $n < m$, so folgte nach dem bereits Bewiesenen der Widerspruch $n + p < m + p \leq n + p$.

Sind a, $b \in \mathbf{N}$ und ist $a < b$, so gibt es genau ein $d \in \mathbf{N}$ mit $a + d = b$. Für dieses d schreiben wir auch $b - a$. Die Gültigkeit der Rechenregeln $c - (a - b) = (c + b) - a$ und $c - (a + b) = (c - a) - b$ möge der Leser selbst nachweisen. Dabei sind die Beweise so zu führen, dass die Operationen niemals aus $\mathbf{N}$ herausführen. Die hier definierte Subtraktion ist ja nur definiert, wenn $a < b$ ist, nur dann wissen wir, was $b - a$ bedeutet.

Addition und partielle Subtraktion sind mittels der *Nachfolgerfunktion* $'$ definiert, die man auch *Zählfunktion* nennt. Macht man das explizit, so erhält man folgende, nicht sehr effektive Rekursion, Summe und Differenz zu berechnen. Sind m, $n \in \mathbf{N}$, so ist $m + n = m + 1 = m'$, falls $n = 1$ ist, andernfalls ist

$$m + n = (m + 1) + (n - 1).$$

Entsprechend gilt

$$m - n = (m - 1) - (n - 1),$$

falls nur $m > n > 1$ ist.

Und nun zur Multiplikation. Sie wird hier nach Prä-New-Math-Manier aufgefasst als des Weiterzählen in Schritten der Weite a. Sie wird also aufgefasst als eine verkürzte Addition. Für $a \in \mathbf{N}$ definieren wir die Rekursionsregel R_a durch $R_a(m) := a + m$.

Aufgrund des Rekursionssatzes gibt es dann eine Abbildung μ_a von $\mathbf{N}$ in sich mit $\mu_a(1) = a$ und $\mu_a(m') = a + \mu_a(m)$. Setzt man nun $am := \mu_a(m)$, so gilt also $a1 = a$ und $a(m + 1) = a + am$ für alle $a, m \in \mathbf{N}$.

Satz 12. *Die soeben definierte Multiplikation auf $\mathbf{N}$ genügt den folgenden Rechenregeln:*
  a) Es ist $a1 = 1a = a$ für alle $a \in \mathbf{N}$.
  b) Es ist $a(b + c) = ab + ac$ für alle $a, b, c \in \mathbf{N}$.
  c) Es ist $(a + b)c = ac + bc$ für alle $a, b, c \in \mathbf{N}$.
  d) Es ist $a(bc) = (ab)c$ für alle $a, b, c \in \mathbf{N}$.

Beweis. a) Die Gültigkeit der Gleichung $a1 = a$ folgt aus der Konstruktion der Multiplikation. Um die Gültigkeit der Gleichung $1a = a$ zu etablieren, machen wir Induktion nach a. Für $a = 1$ gilt diese Gleichung. Sie gelte für a. Dann ist

$$1a' = 1 + 1a = 1 + a = a',$$

sodass sie auch für a' gilt. Also gilt sie für alle $a \in \mathbf{N}$.
  b) Hier machen wir Induktion nach c. Für $c = 1$ folgt

$$ab + a1 = a1 + ab = a + ab = ab' = a(b + 1).$$

Die Gleichung gelte für c. Dann folgt

$$ab + ac' = ab + a(c + 1) = ab + ac + a = a(b + c) + a = a(b + c)' = a(b + c').$$

Damit ist b) bewiesen.
  c) Wir machen wieder Induktion nach c. Für $c = 1$ ist wieder alles klar. Die Gleichung gelte für c. Dann ist

$$(a + b)c' = a + b + (a + b)c = a + b + ac + bc.$$

Weil die Addition in $\mathbf{N}$ kommutativ ist, folgt weiter

$$(a + b)c' = a + ac + b + bc = ac' + bc',$$

sodass auch c) bewiesen ist.
  d) Induktion nach c. Für $c = 1$ gilt die Gleichung. Sie gelte für c. Dann ist

$$a(bc') = a(b + bc) = ab + a(bc) = ab + (ab)c = (ab)c'.$$

Damit ist alles bewiesen.

  Auch die Multiplikation ist mit der Anordnung verträglich.

Satz 13. *Es seien $a, b, c \in \mathbf{N}$. Ist $a < b$, so ist $ac < bc$ und $ca < cb$. Ist $ac < bc$ oder $ca < cb$, so ist $a < b$.*

Beweis. Es sei $a < b$. Es gibt dann ein $d \in \mathbf{N}$ mit $a + d = b$. Es folgt $ac + dc = bc$, bzw. $ca + cd = cb$ und damit $ac < bc$ und $ca < cb$. Es sei $ac < bc$. Aus $a \geq b$ folgte dann der Widerspruch $ac \geq bc > ac$. Ebenso zeigt man, dass aus $ca < cb$ die Ungleichung $a < b$ folgt.

Korollar. *Sind a, b, $c \in \mathbf{N}$ und gilt $ac = bc$ oder $ca = cb$, so ist $a = b$.*

Beweis. Wäre $a \neq b$, so wäre o.B.d.A. $a < b$ und daher $ac < bc$ und $ca < cb$.

Mit Satz 12 kann man wiederum beweisen, dass $a(b-c) = ab - ac$ und dass $(a-b)c = ac - bc$ ist.

Genauso wie man das Multiplizieren definiert, das ja gemäß der Definition ein Vervielfachen ist, kann man auch das Potenzieren definieren, indem man die Rekursionsformel R_a definiert durch $R_a(x) := ax$. Dann erhält man zu a, $n \in \mathbf{N}$ also ein Element $a^n \in \mathbf{N}$ und es gilt

a) Es ist $a^1 = a$ für alle $a \in \mathbf{N}$.

b) Es ist $a^{n+1} = aa^n$ für alle a, $n \in \mathbf{N}$.

Entsprechend wie die Aussage b) von Satz 12 beweist man die *Potenzregel*: Es ist

$$a^{m+n} = a^m a^n$$

für alle a, m, $n \in \mathbf{N}$.

Es fehlt noch der Nachweis, dass die in $\mathbf{N}$ definierte Multiplikation kommutativ ist.

Satz 14. *Es ist $ab = ba$ für alle a, $b \in \mathbf{N}$.*

Beweis. Dies ist nach Satz 12 richtig für $a = 1$. Es gelte $ab = ba$. Dann ist

$$a'b = (a+1)b = ab + b = b + ba = b(1+a) = ba'.$$

Damit ist auch Satz 14 bewiesen.

Mit diesem Satz folgt dann schließlich, dass $(ab)^n = a^n b^n$ ist für alle a, b, $n \in \mathbf{N}$. Dies beweist sich wie Satz 12 c).

Aufgaben

1. Sind a, $b \in \mathbf{N}$, so ist $a + b \neq 1$.

2. Es seien a_1, ..., $a_n \in \mathbf{Z}$. Beweisen Sie mittels vollständiger Induktion, dass die Gleichung

$$\sum_{i:=1}^{n-1}(a_{i+1} - a_i) = a_n - a_1$$

gilt. Bei dieser Aufgabe geht es wirklich darum, die Induktion sauber zu formulieren.

3. Es sei $1 < q \in \mathbf{N}$. Beweisen Sie mittels vollständiger Induktion, dass die geometrische Summenformel

$$\sum_{i:=0}^{n} q^i = \frac{q^{n+1} - 1}{q - 1}$$

gilt.

4. Sind a, $b \in \mathbf{N}$ und ist $b < a$, so gibt es, wie wir wissen, ein $c \in \mathbf{N}$ mit $a = b + c$. Dieses c bezeichnen wir auch mit $a - b$. (Man beachte, dass im Augenblick $a - b$ nur definiert ist, wenn $b < a$ ist.)

Es seien a, b, $c \in \mathbf{N}$. Ist $c < b$ und $b - c < a$, so ist $b < a + c$ und $a - (b - c) = a + c - b$.

5. Es seien a, b, $p \in \mathbf{N}$. Ist $b < a$, so ist $pb < pa$ und es gilt $pa - pb = p(a - b)$.

6. Es sei A eine nicht-leere Menge und R sei eine Abbildung von $\mathbf{N} \times A$ in A und a sei ein Element von A. Es gibt dann genau eine Abbildung f von $\mathbf{N}$ in A mit $f(1) = a$ und $f(n + 1) = R(n, f(n))$.

(Diese Version des dedekindschen Rekursionssatzes ist immer wieder einmal nützlich. Sie beweist sich analog dem früheren Rekursionssatz.)

2. Endliche Mengen.

2. Endliche Mengen. Eng verknüpft mit den natürlichen Zahlen sind die endlichen Mengen. New Math, der Schlag ins Wasser der sechziger und siebziger Jahre des zwanzigsten Jahrhunderts, fasste die natürlichen Zahlen auf als die Kardinalzahlen endlicher Mengen, ohne jedoch zu sagen, was eine endliche Menge denn sei. Dedekind gab eine solche Definition, die von den natürlichen Zahlen unabhängig ist (Dedekind 1888). Er nennt zunächst eine Menge unendlich, wenn sie eine injektive Abbildung in sich besitzt, die nicht surjektiv ist. Endlich nennt er Mengen, die nicht unendlich sind.

In der zweiten, von 1893 stammenden Auflage seines Büchleins „Was sind und was sollen die Zahlen" gibt Dedekind eine weitere Definition der Endlichkeit einer Menge, nämlich die folgende: Genau dann heiße M endlich, wenn es eine Abbildung σ von M in sich gibt, sodass für alle nicht-leeren Teilmengen X von M aus $\sigma(X) \subseteq X$ folgt, dass $X = M$ ist. Hat man eine solche Abbildung von M in sich, so vertauscht sie die Elemente von M zyklisch.

Eine andere, zauberhaft schöne Definition, die ebenfalls von $\mathbf{N}$ unabhängig ist, gab Tarski (Tarski 1924). Um sie zu formulieren, benötigen wir noch eine andere Definition. Ist M eine Menge, so bezeichne $P(M)$ die Menge aller Teilmengen von M. Diese Menge nennt man auch *Potenzmenge* von M. Dieser Name rührt daher, dass $P(M)$ genau 2^n Elemente enthält, falls M genau n Elemente besitzt. Ist Φ eine Teilmenge von $P(M)$, so heiße $X \in \Phi$ *minimal* in Φ, falls für $Y \in \Phi$ und $Y \subseteq X$ folgt, dass $Y = X$ ist. Man sagt nun, dass $P(M)$ der *Minimalbedingung* genüge, wenn jede nicht-leere Teilmenge von $P(M)$ ein minimales Element besitzt. Tarskis Definition der Endlichkeit einer Menge lautet nun: Die Menge M heiße endlich, wenn $P(M)$ der Minimalbedingung genügt.

Hier noch eine weitere Definition, die von Kuratowski stammt (Kuratowski 1920). Es sei M eine Menge. Genau dann heiße M endlich, wenn für alle Teilmengen Q von $P(M)$, die die Bedingungen

1) Es ist $\emptyset \in Q$,
2) Es ist $\{a\} \in Q$ für alle $a \in M$,
3) Sind B, $C \in Q$, so ist $B \cup C \in Q$

erfüllen, gilt, dass $Q = P(M)$ ist.

Es gibt weitere Charakterisierungen endlicher Mengen, die alle von ähnlichem Kaliber sind. Welche hat New Math zu ihrer Grundlage gemacht? Mehr an Literatur in Lüneburg 1989, S. 484.

Mein ganz persönliches Erlebnis mit New Math war das folgende. Meine Tochter Barbara lernte Addieren, Zu-Hauf-tun, wie man in alten Zeiten sagte. In ihrer Rechenfibel fand sich eine Seite mit insgesamt zwölf Lassos, sogenannten Venndiagrammen. Im ersten Lasso befanden sich fünf verschiedene Gegenstände, im zweiten drei weitere, dazwischen ein $\cup$. Das Ganze ward gefolgt von einem $=$ und einem weiteren Lasso, worin die acht Gegenstände alle eingefangen waren. Über den Lassos befanden sich Quadrate mit den Zahlen 5, 3 und 8. Zwischen dem ersten und dem zweiten Quadrat stand ein $+$ und zwischen dem zweiten und dem dritten wieder ein $=$. Das wiederholte sich zweimal mit jeweils anderen Gegenständen in den Lassos, aber immer den gleiche Zahlen 5, 3 und 8 in den Quadraten. Das zählt für neun Lassos. Die restlichen drei befanden sich unter einem Strich, wiederum gefüllt mit fünf, drei und acht Gegenständen. In den ersten beiden Quadraten standen wie zuvor die Zahlen 5 und 3, das dritte Quadrat war leer. Die Kinder sollten es füllen und meine Tochter schrieb auch eine 8 hinein. Ich fragte sie — es war gemein —, warum sie die Acht hineingeschrieben habe. Zwei Antworten wären im Sinne damaligen Unterrichtens korrekt gewesen, die eine, die des normal begabten Kindes, weil es da oben so stehe, die andere, die des besonders begabten Kindes, weil es Bijektionen der Ergebnislassos aufeinander gäbe. Die fröhliche Antwort meiner Tochter: „Ach Papa, das ist ganz einfach. Ich hab' gezählt, 1, 2, 3, 4, 5, 6, 7, 8." Was für ein Flop. Die Lehrerin hat es nicht gemerkt, wie sollte sie auch, unvorbereitet wie die Lehrer in das Abenteuer New Math gestürzt wurden. Halten wir es mit meiner Tochter und definieren Endlichkeit, indem wir $\mathbf{N}$ zum Maßstab nehmen, ein Maßstab, von dem die Kinder schon ein gutes Stück in Händen halten, wenn sie in die Schule kommen.

Für $n \in \mathbf{N}$ setzen wir

$$A_n := \{a \mid a \in \mathbf{N}, a \leq n\}$$

und ferner $A_0 := \emptyset$. Der Buchstabe A soll an Anfang erinnern. Wir setzen ferner $\mathbf{N}_0 := \mathbf{N} \cup \{0\}$. Die Menge M heiße genau dann *endlich*, wenn es ein $n \in \mathbf{N}_0$ und eine Bijektion von M auf A_n gibt.

Wir werden im Folgenden nicht umhin kommen, in Formeln auch die Null als Summanden und als Faktor zuzulassen. Wir setzen daher $a + 0 := a$, $0 + a := a$, $a0 := 0$ und $0a := 0$ sowie $0 \leq a$ für alle $a \in \mathbf{N}_0$. Für Elemente a und b von $\mathbf{N}$ sollen $a + b$, ab und $a \leq b$ die bisherige Bedeutung behalten. Es ist ein Kinderspiel, die üblichen Rechenregeln zu verifizieren.

Hat man eine Verabredung getroffen, wann eine Menge endlich heißen soll, so muss man nachweisen, dass diese Verabredung das trifft, was man sich unter endlichen Mengen vorstellt, dass Teilmengen endlicher Mengen endlich sind, dass injektive Abbildungen endlicher Mengen in sich surjektiv und surjektive injektiv sind, usw. Daran werden wir uns nun begeben.

Zuvor aber eine weitere Definition. Ist M endlich und gibt es eine Bijektion von M auf A_n, so heiße n *Länge* von M. Das Erste, was wir nun feststellen müssen, ist, dass die Länge nicht vom Zählmechanismus abhängt.

Satz 1. *Ist M eine endliche Menge der Längen m und n, so ist $m = n$.*

Beweis. Ist $m = 0$ oder $n = 0$, so ist M leer. Dann sind aber auch A_m und A_n leer, sodass $m = n = 0$ ist.

Es sei also $m \geq 1$ und $n \geq 1$. Es sei ρ eine Bijektion von M auf A_m und σ eine Bijektion von M auf A_n. Dann ist $\sigma\rho^{-1}$ eine Bijektion von A_m auf A_n. Es sei $a :=$ $\sigma\rho^{-1}(m)$. Wir definieren τ durch $\tau(a) := n$, $\tau(n) := a$ und $\tau(i) := i$ für alle von a und n verschiedenen $i \in A_n$. Dann ist $\alpha := \tau\sigma\rho^{-1}$ eine Bijektion von A_m auf A_n mit $\alpha(m) = n$. Folglich induziert α eine Bijektion von A_{m-1} auf A_{n-1}. Nach Induktionsannahme ist daher $m - 1 = n - 1$ und folglich $m = n$. Damit ist der Satz bewiesen.

Die eindeutig bestimmte Länge der endlichen Menge M bezeichnen wir mit $|M|$.

Satz 2. *Ist M eine endliche Menge und ist T eine Teilmenge von M, so ist auch T endlich und es gilt $|T| \leq |M|$. Genau dann ist $|T| = |M|$, wenn $T = M$ ist.*

Beweis. Setze $n := |M|$. Ist $n = 0$, so ist $M = \emptyset$ und daher $T = \emptyset$, sodass der Satz in diesem Falle gilt.

Es sei $n > 0$. Ist $M = T$, so ist nichts zu beweisen. Es sei $T \neq M$. Es gibt dann ein $a \in M - T$. Wie beim Beweise von Satz 1 gesehen, gibt es eine Bijektion σ von M auf A_n mit $\sigma(a) = n$. Dann induziert σ eine Bijektion von $M - \{a\}$ auf A_{n-1}, sodass $M - \{a\}$ die Länge $n - 1$ hat. Wegen $T \subseteq M - \{a\}$ ist nach Induktionsannahme auch T endlich und es gilt

$$|T| \leq n - 1 < |M|.$$

Damit ist alles bewiesen.

Verteilt man m Hemden auf n Schubladen und ist $m > n$, so liegen am Ende in wenigstens einer Schublade wenigstens zwei Hemden. Dies ist das *dirichletsche Schubfachprinzip*. Spricht man in diesem Zusammenhang von Tauben und Taubenschlägen, so erhält man den Namen *Taubenschlagprinzip* für den gleichen Sachverhalt. Da von Hemden und Schubladen zu reden maskuline Sprache ist, werde ich den hier diskutierten Sachverhalt im Folgenden stets Taubenschlagprinzip nennen.

Taubenschlagprinzip. *Sind M und M' Mengen und ist σ eine injektive Abbildung von M in M', so gilt: Ist M' endlich, so ist auch M endlich und es gilt $|M| \leq |M'|$. Ist $|M| = |M'|$, so ist σ bijektiv.*

Beweis. Setze $Y := \{\sigma(x) \mid x \in M\}$. Weil M' endlich ist, ist nach Satz 2 auch Y endlich und es gilt $|Y| \leq |M'|$. Es sei τ eine Bijektion von Y auf A_k. Dann ist $\tau\sigma$ eine Bijektion von M auf A_k, sodass auch M endlich der Länge k ist. Ist schließlich $k = |M'|$, so ist $Y = M'$, sodass σ bijektiv ist.

Es sei M eine Menge und π sei eine Menge von Teilmengen von M. Wir nennen π *Partition* von M, falls die folgenden beiden Bedingungen erfüllt sind:

a) Es ist $M = \bigcup_{X \in \pi} X$.
b) Sind $X, Y \in \pi$ und ist $X \neq Y$, so ist $X \cap Y = \emptyset$.

Ist M leer, so besitzt M nur eine Partition, nämlich $\pi = \{\emptyset\}$. Ist M nicht leer, so heißt die Partition π von M *sparsam*, falls $\emptyset \notin \pi$ gilt. Die einzige Partition von $\emptyset$ nennen wir ebenfalls sparsam.

Satz 3. *Ist M eine nicht-leere endliche Menge und ist π eine sparsame Partition von M, so gibt es eine Teilmenge T von M mit $|T \cap X| = 1$ für alle $X \in \pi$. Insbesondere ist auch π eine endliche Menge und es gilt $|\pi| = |T|$.*

Beweis. Da M endlich ist, gibt es ein $n \in \mathbf{N}$ und eine Bijektion σ von M auf A_n. Ist dann $X \in \pi$, so ist $X \neq \emptyset$, sodass auch $\sigma(X)$ nicht leer ist. Folglich enthält $\sigma(X)$ ein kleinstes Element a. Wir setzen $a_X := \sigma^{-1}(a)$ und

$$T := \{a_X \mid X \in \pi\}.$$

Es folgt $a_X \in T \cap X$. Ist $Y \in \pi$ und gilt auch $a_Y \in T \cap X$, so ist $a_Y \in X \cap Y$ und folglich $X = Y$. Also ist $T \cap X = \{a_X\}$. Dies beweist die erste Aussage des Satzes. Die Abbildung $X \to a_X$ ist eine Bijektion von π auf T. Damit ist auch die zweite Aussage des Satzes bewiesen.

Man nennt die Menge T auch *Transversale* von π. Satz 3 gestattet uns, das Gegenstück für surjektive Abbildungen zum Taubenschlagprinzip zu beweisen.

Satz 4. *Es seien M und M' Mengen und σ sei eine surjektive Abbildung von M auf M'. Ist M endlich, so ist auch M' endlich und es gilt $|M| \geq |M'|$. Ist $|M| = |M'|$, so ist σ bijektiv.*

Beweis. Für $y \in M'$ setzen wir

$$y_\sigma := \{x \mid x \in M, \sigma(x) = y\}.$$

Aus der Surjektivität von σ folgt, dass

$$\pi := \{y_\sigma \mid y \in M'\}$$

eine sparsame Partition von M ist. Nach Satz 3 gibt es, M nun als endlich vorausgesetzt, eine Transversale T von π. Ist τ die Einschränkung von σ auf T, so ist τ eine Bijektion von T auf M'. Damit ist M' als endlich erkannt, da T als Teilmenge von M ja endlich ist. Ferner gilt $|M| \geq |T| = |M'|$. Gleichheit gilt genau dann, wenn $T = M$ ist. Dann ist aber $\sigma = \tau$, sodass σ in diesem Falle eine Bijektion ist.

Die Grundlage allen Zählens ist der folgende Satz.

Satz 5. *Sind M und N endliche Mengen, so ist auch $M \cup N$ endlich. Sind M und N disjunkt, so gilt*

$$|M \cup N| = |M| + |N|.$$

Beweis. Setze $m := |M|$ und $n := |N|$. Es gibt dann eine Bijektion σ von M auf A_m und eine Bijektion τ von N auf A_n. Für $u \in M \cup N$ definieren wir $\alpha(u)$ durch

$$\alpha(u) := \begin{cases} \sigma(u), & \text{falls } u \in M, \\ m + \tau(u), & \text{falls } u \notin M. \end{cases}$$

Dann ist $\alpha(u) \leq m + n$, sodass α eine Abbildung von $M \cup N$ in A_{m+n} ist.

Die Abbildung α ist injektiv. Sind nämlich $u, v \in M \cup N$ und gilt $\alpha(u) = \alpha(v)$, so folgt aus $u \in M$, dass

$$\alpha(v) = \alpha(u) = \sigma(u) \leq m$$

ist. Dann folgt aber auch $v \in M$, da andernfalls $\alpha(v) > m$ wäre. Also ist $\sigma(v) = \sigma(u)$ und damit $v = u$. Ist $u \notin M$, so folgt entsprechend

$$m + \tau(u) = \alpha(u) = \alpha(v) = m + \tau(v)$$

und damit $u = v$. Mit dem Taubenschlagprinzip folgt nun, dass $M \cup N$ endlich ist.

Sind M und N disjunkt, so sieht man ebenso rasch, dass α surjektiv und damit bijektiv ist. Also gilt auch die letzte Aussage des Satzes.

Dieser Satz hat einige wichtige Konsequenzen.

Satz 6. *Sind $X_1, \ldots, X_n$ endliche Mengen, so ist auch $\bigcup_{i:=1}^{n} X_i$ endlich. Sind die X_i paarweise disjunkt, so ist*

$$\left| \bigcup_{i:=1}^{n} X_i \right| = \sum_{i:=1}^{n} |X_i|.$$

Beweis. Es ist $\bigcup_{i:=1}^{n} X_i = (\bigcup_{i:=1}^{n-1} X_i) \cup X_n$. Hieraus folgen beide Aussagen mittels Induktion nach n, wenn man nur bedenkt, dass die Voraussetzung der paarweisen Disjunktheit der X_i impliziert, dass $(\bigcup_{i:=1}^{n-1} X_i) \cap X_n = \emptyset$ ist.

Satz 7. *Sind M und N endliche Mengen, so ist auch $M \times N$ endlich und es gilt $|M \times N| = |M||N|$.*

Beweis. Ist M oder N leer, so ist auch $M \times N$ leer, sodass die Aussage des Satzes in diesem Falle gilt. Es seien M und N nicht-leer. Für $b \in N$ setzen wir

$$X_b := \big\{ (a, b) \mid a \in M \big\}.$$

Dann ist X_b eine Teilmenge von $M \times N$ mit $|X_b| = |M|$. Ferner gilt

$$M \times N = \bigcup_{b \in N} X_b$$

und $X_b \cap X_c = \emptyset$, falls $b \neq c$ ist. Nach Satz 6 ist daher $|M \times N| = \sum_{b \in N} |X_b| = |M||N|$. Damit ist der Satz bewiesen.

Der Beweis von Satz 7 verlief so, dass wir die Elemente von $M \times N$ sozusagen faserweise abzählten, und dann die gefundenen Anzahlen addierten. Dabei haben wir die Fasern parallel zur M-Achse benutzt. Man hätte natürlich genauso gut die Fasern parallel zur N-Achse benutzen können. Dann hätte man die Gleichung

$$|M \times N| = \sum_{a \in M} |Y_a|$$

und weiter die Gleichungen

$$\sum_{b \in N} |X_b| = |M \times N| = \sum_{a \in M} |Y_a|$$

erhalten. Das erscheint nicht sehr aufregend, ist es aber doch, denn diese Situation lässt sich auf Teilmengen von $M \times N$ verallgemeinern und führt dann zu dem mächtigen Werkzeug der zweifachen Abzählung.

Prinzip der zweifachen Abzählung. *Es seien M und N zwei endliche Mengen und I eine Teilmenge von $M \times N$. Für $a \in M$ sei*

$$X_a := \big\{ b \mid b \in N, (a, b) \in I \big\}$$

und $r_a := |X_a|$. *Für* $b \in N$ *sei entsprechend*

$$Y_b := \{a \mid a \in M, (a, b) \in I\}$$

und $k_b := |Y_b|$. *Dann ist*

$$\sum_{a \in M} r_a = |I| = \sum_{b \in N} k_b.$$

Beweis. Der Beweis von Satz 7 und der Kommentar zu ihm betrafen den Fall $I = M \times N$. Man adaptiere Beweis und Kommentar auf den vorliegenden Fall einer beliebigen Teilmenge I von $M \times N$.

Zeigen wir, dass die Potenzmenge ihren Namen zu Recht trägt.

Satz 8. *Ist M eine endliche Menge der Länge n, so ist $P(M)$ endlich und es gilt* $|P(M)| = 2^n$.

Beweis. Ist M leer, so ist $P(M) = \{\emptyset\}$ und daher $|P(M)| = 2^0$. Es sei $n \geq 1$ und der Satz gelte für $n - 1$. Es sei $a \in M$. Wir zerlegen $P(M)$ in die beiden Mengen

$$X_1 := \{S \mid S \in P(M), a \in S\} \quad \text{und} \quad X_2 := \{T \mid T \in P(M), a \notin T\}.$$

Dann ist X_1, X_2 eine Partition von $P(M)$. Offenbar ist $X_1 = P(M - \{a\})$ und folglich $|X_1| = 2^{n-1}$. Andererseits ist $S \to S \cup \{a\}$ eine Bijektion von X_1 auf X_2. Also sind X_1 und X_2 endlich und von gleicher Länge. Folglich ist $P(M) = X_1 \cup X_2$ endlich und es gilt

$$|P(M)| = 2 \cdot 2^{n-1} = 2^n.$$

Damit ist der Satz bewiesen.

Wichtige Teilmengen von $P(M)$ sind die Mengen $P_k(M)$ der Teilmengen der Länge k von M, kurz k-*Teilmengen* genannt. Als Teilmengen einer endlichen Menge sind sie selbst endlich. Ihre Länge bezeichnen wir mit $\binom{n}{k}$, falls M eine Menge der Länge n ist. Ist M' eine zweite Menge der Länge n, so gibt es eine Bijektion von M auf M', die dann wiederum eine Bijektion von $P_k(M)$ auf $P_k(M')$ induziert. Daher ist $\binom{n}{k}$ nur von n und k abhängig und nicht von der speziellen Menge M. Man nennt die $\binom{n}{k}$ *Binomialkoeffizienten*, da sie die Koeffizienten der binomischen Formel sind, wie wir gleich sehen werden.

Satz 9. *Sind n, $k \in \mathbf{N}_0$, so gilt:*

a) *Ist $n < k$, so ist $\binom{n}{k} = 0$.*

b) *Ist $k \leq n$, so ist $\binom{n}{k} \geq 1$.*

c) *Ist $k \leq n$, so ist $\binom{n}{k} = \binom{n}{n-k}$.*

d) *Es ist $\binom{n}{0} = \binom{n}{n} = 1$.*

e) *Ist $n > 0$, so ist $\binom{n}{1} = n = \binom{n}{n-1}$.*

f) *Es ist $\binom{n+1}{k+1} = \binom{n}{k+1} + \binom{n}{k}$.*

g) *Es ist $2^n = \sum_{k:=0}^{n} \binom{n}{k}$.*

Beweis. a) folgt mit Satz 2.

b) Wegen $k \leq n$ ist $A_k \subseteq A_n$. Folglich ist $P_k(A_n)$ nicht leer.

c) Es sei M eine Menge der Länge n. Für $X \in P(M)$ setzen wir $f(X) := M - X$. Dann ist

$$n = |M| = |X \cup f(X)| = |X| + |f(X)|$$

und folglich $|f(X)| = n - |X|$. Ferner ist $f^2(X) = M - (M - X) = X$, sodass f eine Bijektion ist. Folglich induziert f eine Bijektion von $P_k(M)$ auf $P_{n-k}(M)$. Hieraus folgt die Behauptung.

d) Es gibt nur eine leere Teilmenge von M. Daher ist $\binom{n}{0} = 1$. Mit c) folgt dann, dass auch $\binom{n}{n} = 1$ ist.

e) Es ist $P_1(M) = \{\{x\} \mid x \in M\}$. Folglich ist $\binom{n}{1} = n$. Mit c) folgt dann auch die zweite Behauptung.

f) Es sei M eine Menge der Länge $n + 1$. Ferner sei $a \in M$. Es sei

$$A := \{X \mid X \in P_{k+1}(M), a \notin X\}$$

und

$$B := \{X \mid X \in P_{k+1}(M), a \in X\}.$$

Dann ist $P_{k+1}(M) = A \cup B$ und $A \cap B = \emptyset$ sowie $A = P_{k+1}(M - \{a\})$. Ferner ist $X \to X - \{a\}$ eine Bijektion von B auf $P_k(M - \{a\})$. Also gilt in der Tat

$$\binom{n+1}{k+1} = |P_{k+1}(M)| = |A| + |B| = \binom{n}{k+1} + \binom{n}{k}.$$

g) ist trivial.

Wir wollen nun noch das Prinzip der zweifachen Abzählung erproben und mit seiner Hilfe den folgenden Satz beweisen.

Satz 10. *Es seien n, k und l nicht-negative ganze Zahlen mit $k \leq l \leq n$. Dann ist*

$$\binom{l}{k}\binom{n}{l} = \binom{n-k}{l-k}\binom{n}{k}.$$

Beweis. Wir betrachten eine n-Menge M und die Menge I der Paare (X, Y) mit $X \in P_k(M)$, $Y \in P_l(M)$ und $X \subseteq Y$. Ist dann Y eine l-Teilmenge von M, so ist $k_Y = \binom{l}{k}$, sodass die k_Y alle gleich sind. Es folgt

$$|I| = \sum_Y k_Y = \binom{l}{k}\binom{n}{l}.$$

Ist andererseits X eine k-Teilmenge von M, so ist r_X offenbar gleich der Anzahl der $(l-k)$-Teilmengen von $M - X$. Also ist $r_X = \binom{n-k}{l-k}$. Somit gilt auch

$$|I| = \sum_X r_X = \binom{n-k}{l-k}\binom{n}{k}.$$

Damit ist Satz 10 bewiesen.

Korollar. *Sind n und l nicht-negative ganze Zahlen mit $l \leq n$, so ist*

$$\binom{n}{l} = \frac{n!}{l!(n-l)!}.$$

Beweis. Dies ist richtig, falls $l = 0$ ist. Es sei also $l \geq 1$. Mit $k = 1$ ergibt sich dann

$$\binom{l}{1}\binom{n}{l} = \binom{n-1}{l-1}\binom{n}{1}.$$

Mit Satz 9 e) folgt hieraus $\binom{n}{l} = \frac{n}{l}\binom{n-1}{l-1}$, sodass Induktion zum Ziele führt.

Die Aussagen c) und f) des Satzes 9 zeigen, dass die von uns Binomialkoeffizienten genannten Zahlen das pascalsche Dreieck ausfüllen und daher den Namen „Binomialkoeffizienten" zu Recht tragen. Wie kommt man nun auf die Idee, die n-te Potenz eines Binoms $a + b$ nach Potenzen von $a^i b^{n-i}$ zu entwickeln, d.h. die binomische Formel

$$(a+b)^n = \sum_{i:=0}^{n} \binom{n}{i} a^i b^{n-i}$$

zu betrachten und ihre Koeffizienten zu berechnen? Nun, diese Formel ergibt sich zwangsläufig, wenn man versucht, n-te Wurzeln zu approximieren. Hat man nämlich schon eine Approximation a an die n-te Wurzel aus k, so sucht man ein b, sodass $a + b$ eine bessere Approximation wird. Geht man zunächst davon aus, dass $(a+b)^n = k$ ist (a und b beide positiv), so ist

$$a^n + na^{n-1}b \leq k.$$

Man nimmt nun ein b, das diese Ungleichung erfüllt, etwa

$$b := \frac{k - a^n}{na^{n-1}},$$

und erhält in $a + b$ eine in aller Regel bessere Approximation der n-ten Wurzel von k. Iteriert man dies, so muss man im nächsten Schritt $k - (a+b)^n$ berechnen. Dabei hilft dann die binomische Formel.

Die Italiener nennen das pascalsche Dreieck tartagliasches Dreieck und in der Tat erscheint dieses Zahlenschema schon lange vor Pascals einschlägiger Arbeit bei Tartaglia (Tartaglia 1556, Blatt 69^recto). Gedruckt erschien das pascal-tartagliasche Dreieck zum ersten Mal aber schon im Jahre 1527 auf der Titelseite von Apians „Eyn Newe Vnnd wolgegründte vnderweysung aller Kauffmannß Rechnung" (Apianus 1527/1995). Pascal nannte das Dreieck aus den Binomialkoeffizienten *triangulus arithmeticus*, arithmetisches Dreieck also (Pascal 1998, S. 174 und an vielen anderen Stellen. Pascals Schriften zum *triangulo arithmetico* erschienen erst postum im Jahre 1665).

Dank des Internets lernte ich, dass man in Uruguay die Relation

$$\binom{n+1}{k+1} = \binom{n}{k+1} + \binom{n}{k}$$

relacion de Stifel, stifelsche Relation also, nennt und dass die Chilenen vom *Lema de Stifel* sprechen. Das ist nicht unbegründet. Bei Stifel findet sich nämlich, ebenfalls noch vor Tartaglia (Stifel 1544, S. 44^{verso} und 45^{recto}):

De inuentione numerorum, qui peculiariter pertinent
ad suas species extractionum.

REstat iam ut tradam modum inueniendi numeros, qui peculiariter pertinent ad quamlibet speciem extractionum, quatenus perfecta habeatur & absoluta huius negotij consumatio. Tradam autem huiusmodi inuentionem, per tabulam sequentem, quæ ut in infinitum extendatur tuipse facile uidebis, quam primum uideris rationem qua construitur. Sic autem constructam uides.

1						
2						
3	3					
4	6					
5	10	10				
6	15	20				
7	21	35	35			
8	28	56	70			
9	36	84	126	126		
10	45	120	210	252		
11	55	165	330	462	462	
12	66	220	495	792	924	
13	78	286	715	1287	1716	1716
14	91	364	1001	2002	3003	3432
15	105	455	1365	3003	5005	6435	6435
16	120	560	1820	4368	8008	11440	12870
17	136	630	2380	6188	12376	19448	24310

Primo, à latere sinistro descendit naturalis numerorum progressio, quam extendere poteris quantũ uolueris. Et illa radix est sequentium laterum omnium. Nam secundum latus, quod continet numeros trigonales, sic oritur ex primo latere. Duobus cellulis, de primo latere, obmissis, repetitur numerus cellulæ tertiæ in primo latere, atque ab eodem numero incipit latus secundum, uidelicet circa tertiam cellulam primi lateris. Deinde ex additione amborum illorum (id est, ex tertio primi lateris, & primo termino secundi lateris) fit numerus secundus secundi lateris. Sic ex secundo numero secundi lateris & ex suo collaterali, fit tertius numerus secundi lateralis: & ex tertio & suo collaterali, fit quartus. Es sic deinceps in infinitum poterit fieri descensus.

Quemadmodum autem nascitur secundum latus ex latere primo, ita nascitur latus tertium ex latere secundo. Et eodem modo nascitur latus quartum ex latere tertio, & quintum ex quarto: & sic deinceps, ut in tabula omnia hæc exemplariter uides. Certe admodum mirandum est talia contineri sub numerorum uicibus.

Dies heißt:

Von der Berechnung der Zahlen,
die ihrer jeweils eigenen Art der Wurzelausziehung dienen.

Es bleibt noch, dass ich von dem Verfahren handele, die Zahlen zu berechnen, die einer jeglichen Art der Wurzelausziehung eigen sind, bis wie weit man auch die Vollendung dieser Aufgabe treiben möchte. Ich handle aber von der Berechnung mittels folgender Tabelle in der Art, dass du selbst leicht sehen wirst, dass sie sich bis ins Unendliche erstreckt, wenn du nur erst das Rechenverfahren gesehen hast, mittels dessen sie konstruiert ist. So aber siehst du dieses Konstrukt — und dann folgt obige Tabelle.

Zuerst steigt in der linken Spalte die natürliche Folge der Zahlen hinab, die du ausdehnen kannst, so weit du willst. Und jenes ist die Wurzel aller folgenden Spalten. Die zweite Spalte, die die Dreieckszahlen enthält, entsteht aus der ersten Spalte auf folgende Weise. Nachdem zwei Zahlen der ersten Spalte ausgelassen sind, wird die Zahl in der dritten Zelle wiederholt, und bei dieser Zahl fängt die zweite Spalte an, d.h. bei der dritten Zelle der ersten Spalte. Darauf entsteht durch Addition jener beiden (das ist, aus dem dritten Term der ersten und dem ersten der zweiten Spalte) die zweite Zahl der zweiten Spalte. Aus der zweiten Zahl der zweiten Spalte und ihrer Nachbarin entsteht die dritte Zahl der zweiten Spalte; & aus der dritten & ihrer Nachbarin entsteht die vierte. Und so wird man weiter *in infinitum* absteigen können.

Wie aber die zweite Spalte aus der ersten geboren wird, so wird die dritte Spalte aus der zweiten geboren. Und auf die gleiche Weise wird die vierte Spalte aus der dritten geboren: & so weiter, wie du dies in der Tabelle beispielhaft siehst. Bestimmt ist es recht verwunderlich, dass Derartiges in der Reihe der Zahlen enthalten ist.[2]

Es geht dann weiter, wie diese Tafel beim Wurzelziehen zu benutzen sei.

Interessant ist, dass das arithmetische Dreieck bei Tartaglia noch ein zweites Mal vorkommt, ohne dass Tartaglia auf den Zusammenhang aufmerksam macht. Er fragt nämlich danach, wieviele Würfe man mit n Würfeln machen könne. Er verfeinert die Frage und macht sie auf diese Weise beantwortbar: Wieviele Würfe kann man mit n Würfeln machen, sodass die höchste Ziffer k ist? Nun, soviele, wie man mit $n-1$ Würfeln machen kann, sodass die höchste Ziffer höchstens k ist. Ist $s(n,k)$ die fragliche Anzahl, so ist also $s(1,k) = 1$ und

$$s(n+1,k) = \sum_{i:=1}^{k} s(n,i).$$

Hieraus folgt weiter, dass

$$s(n+1,k) = s(n+1,k-1) + s(n,k)$$

ist. Es folgt $s(n,k) = \binom{n+k-2}{k-1}$. Dies ist richtig für $n = 1$. Der Rest folgt mit Induktion,

---

[2]Anmerkung der Herausgeber: Der Autor hat den letzten Satz etwas anders übersetzt und Unbehagen mit seiner Übersetzung ausgedrückt.

da ja

$$s(n+1,k) = \binom{n+1+k-1-2}{k-2} + \binom{n+k-2}{k-1} = \binom{n+1+k-2}{k-1}$$

ist. Die Antwort auf Tartaglias Frage lautet also, dass

$$\sum_{i:=1}^{6} s(n,i) = s(n+1,6) = \binom{n+5}{5}$$

ist (Tartaglia 1556, Blatt 17^{recto}. Siehe hierzu auch Lüneburg 1993a, S. 208 ff. und Lüneburg 1996).

Man kann Tartaglias Problem auch so interpretieren, dass die Anzahl der n-Tupel $x_1, \ldots, x_n$ von natürlichen Zahlen gesucht ist, für die

$$x_1 \leq x_2 \leq \cdots \leq x_n \leq k$$

gilt, wobei in Tartaglias Fall $k = 6$ ist. Definiert man nun $y(x)$ durch

$$y(x)_i := x_i + i - 1$$

für $i := 1, \ldots, n$, so ist

$$y(x)_1 < y(x)_2 < \cdots < y(x)_n \leq n + k - 1.$$

Man sieht unmittelbar, dass y eine Abbildung der Menge der fraglichen n-Tupel auf die Menge der n-Teilmengen von $\{1, \ldots, n+k-1\}$ ist. Daher ist die Anzahl dieser n-Tupel gleich

$$\binom{n+k-1}{n} = \binom{n+k-1}{k-1}.$$

Diesen Beweis fand ich in der Literatur Euler zugeschrieben, allerdings mit einem Fragezeichen. Bei Euler fand ich ihn nicht, was jedoch nicht viel besagt bei der Masse seiner Arbeiten.

Aufgaben

1. Sind M und N endliche Mengen, so ist $|M| + |N| = |M \cup N| + |M \cap N|$.

2. Die Menge M heiße *Tarski-endlich*, wenn $P(M)$ die Minimalbedingung erfüllt. Dann gelten die folgenden Aussagen:

a) Die Menge M ist genau dann Tarski-endlich, wenn $P(M)$ die Maximalbedingung erfüllt. (Die Maximalbedingung wird entsprechend der Minimalbedingung definiert.)

b) Ist X Teilmenge der Tarski-endlichen Menge M, so ist X Tarski-endlich.

c) Sind M und N Tarski-endlich, so ist auch $M \cup N$ Tarski-endlich.
(Ist Φ eine nicht-leere Teilmenge von $P(M \cup N)$, so sei

$$\Phi_M := \{M \cap X \mid X \in \Phi\}.$$

Diese Menge ist nicht leer, hat also ein minimales Element U. Es sei

$$\Psi := \{Y \mid Y \in \Phi, M \cap Y = U\}$$

und

$$\Phi_N := \{N \cap Y \mid Y \in \Psi\}.$$

Dann enthält auch Φ_N ein minimales Element V. Wähle $W \in \Psi$ mit $W \cap N = V$. Dann ist W minimal in Φ.)

d) Ist M Tarski-endlich, ist N eine Menge und gibt es eine Bijektion von M auf N, so ist N Tarski-endlich.

e) Ist M Tarski-endlich, so ist auch $P(M)$ Tarski-endlich.
(Es sei Φ die Menge der $X \in P(M)$, für die $P(X)$ Tarski-endlich ist. Dann ist Φ nicht leer und enthält folglich ein maximales Element M'. Dann ist $M' = M$.)

3. Ist M Tarski-endlich, so gibt es ein $n \in \mathbf{N}_0$ und eine Bijektion von M auf A_n.

4. Es sei M eine Menge. Genau dann ist M endlich, wenn M eine Abbildung σ in sich besitzt, sodass für alle $X \in P(M)$ aus $X \neq \emptyset$ und $\sigma(X) \subseteq X$ folgt, dass $X = M$ ist. (Mengen der Art $\{\sigma^n(y) \mid n \in \mathbf{N}_0\}$ mit $y \in M$ helfen.)

3. Die indische Erfindung. Zahlen sind für uns bislang Strichlisten. Um die Zahl eine Milliarde systemgerecht zu schreiben, müsste man also ebenso viele Striche machen, was ein wenig mühsam wäre. Ich möchte nun nicht die Geschichte erzählen, was sich der Mensch alles einfallen ließ, um auch große Zahlen mit mäßigem Aufwand schreiben zu können, sodass man die Zahlen auch manipulieren kann. Das ergäbe ein eigenes Buch. Ich möchte vielmehr direkt auf die Erfindung der Inder zusteuern, Zahlen mit den zehn Ziffern 0, 1, 2, 3, 4, 5, 6, 7, 8, 9 darzustellen. Die indische Art, Zahlen zu schreiben, ist über die Araber zu uns gekommen. Ihre mathematischen, naturwissenschaftlichen, medizinischen und philosphischen Schriften wurden seit dem 12. Jahrhundert insbesondere in Spanien, wo die Reconquista in Gange war, die zu engen — nicht immer tödlich endenden — Kontakten zwischen Moslems, Christen und Juden führte, ins Lateinische übersetzt, sodass sie dem Abendland zugänglich wurden. Dabei ist zu beachten, dass die Schriften der Araber ihrerseits Übersetzungen und Bearbeitungen griechischer Texte waren, wobei indisches Gedankengut mit einfloss, das über die Handelsstraßen nach Westen drang. Zu beachten ist ferner, dass etliche der griechischen Texte über das Syrische, das einige Zeit die führende Sprache des Morgenlandes war, zu den Arabern kam. Man nannte die dezimal geschriebenen Zahlen auch Kaufmannszahlen, da sie vor allem durch die Kaufleute populär gemacht wurden. Einen Beleg dafür fand ich bei Boncompagni, der aus einem Brief des Senesen Uberto Benvogliente vom 25. Juli 1711 an Pater Gregorio Farulli, Borgo San Sepolcro, zitiert, wo es u. a. heißt: *i numeri che noi chiamiamo non Romani ma mercantili*, das ist, *die Zahlen, die wir nicht römische Zahlen, sondern Kaufmannszahlen nennen* (Boncompagni 1852, S. 214).
    Zahlen treten uns von Kindesbeinen an als Dezimalzahlen entgegen. Ihre Namen im Deutschen sind ja dezimal strukturiert, wie es auch unser Maß- und Münzwesen weitgehend ist. Wenn wir dann daran gehen, sie mit indischen Ziffern zu schreiben,

denken wir uns nichts weiter dabei. Zeigen wir, dass sich die hier formal eingeführten natürlichen Zahlen ebenso darstellen lassen, damit um so klarer wird, dass sie wirklich die Zahlen beschreiben, die wir aus unserem Alltag kennen.

Satz 1. *Es sei $1 \neq q \in \mathbf{N}$. Ist $a \in \mathbf{N}_0$, so gibt es genau eine Abbildung r von $\mathbf{N}_0$ in sich mit den folgenden Eigenschaften:*

   a) Es ist $r_i < q$ für alle $i \in \mathbf{N}_0$.
   b) Es gibt ein $N \in \mathbf{N}_0$ mit $r_k = 0$ für alle $k > N$.
   c) Es ist $a = \sum_{i:=0}^{N} r_i q^i$.

Beweis. Dieser Beweis ist nicht der kürzeste. Ich habe ihn deswegen gewählt, weil er offenlegt, was die Sprache uns suggeriert, dass man nämlich jede natürliche Zahl genau einmal beim Namen nennt, wenn man die Namen der Zahlen den Regeln entsprechend bildet.

Wir zeigen zunächst, dass es zu jedem $a \in \mathbf{N}_0$ höchstens eine Folge der verlangten Art gibt. Es gelte also

$$\sum_{i:=0}^{N} r_i q^i = a = \sum_{i:=0}^{M} s_i q^i$$

mit den entsprechenden Nebenbedingungen. Weil alle Summanden nicht-negativ sind, folgt $r_i = 0 = s_i$ für alle i, wenn $a = 0$ ist. Es sei also $a > 0$. Dann dürfen wir annehmen, dass $r_N \neq 0 \neq s_M$ ist und dass überdies $r_0 \geq s_0$ gilt. Es folgt

$$r_0 - s_0 + \left(\sum_{i:=1}^{N} r_i q^{i-1}\right) q = \left(\sum_{i:=1}^{M} s_i q^{i-1}\right) q.$$

Wegen $0 \leq r_0 - s_0 \leq r_0 < q$ folgt weiter

$$\left(\sum_{i:=1}^{N} r_i q^{i-1}\right) q \leq \left(\sum_{i:=1}^{M} s_i q^{i-1}\right) q < \left(1 + \sum_{i:=1}^{N} r_i q^{i-1}\right) q$$

und damit

$$\sum_{i:=1}^{N} r_i q^{i-1} \leq \sum_{i:=1}^{M} s_i q^{i-1} < 1 + \sum_{i:=1}^{N} r_i q^{i-1}.$$

Dies hat

$$\sum_{i:=1}^{N} r_i q^{i-1} = \sum_{i:=1}^{M} s_i q^{i-1}$$

und damit $r_0 = s_0$ zur Folge. Mittels Induktion folgt weiter, dass $N - 1 = M - 1$ und dass $r_i = s_i$ ist für $i := 1, \ldots, N$. Folglich ist $r = s$, womit die Einzigkeit von r bewiesen ist.

Es sei $N \in \mathbf{N}_0$. Wir setzen $C_i := \{0, 1, \ldots, q-1\}$ für $i := 0, \ldots, N$. Mit Satz 7 von Abschnitt 2 folgt

$$|C_0 \times C_1 \times \cdots \times C_N| = q^{N+1}.$$

Ist $r \in C_0 \times \cdots \times C_N$, so setzen wir

$$f(r) := \sum_{i:=0}^{N} r_i q^i.$$

Dann ist

$$f(r) \le (q-1) \sum_{i:=0}^{N} q^i = q^{N+1} - 1.$$

Also ist f eine Abbildung von $C_0 \times \cdots \times C_N$ in $\{0, \ldots, q^{N+1} - 1\}$. Weil f nach der Vorbemerkung injektiv ist, ist f nach dem Taubenschlagprinzip auch surjektiv, da ja auch $|\{0, \ldots, q^{N+1} - 1\}| = q^{N+1}$ ist.

Für alle $n \in \mathbf{N}$ gilt (man erinnere sich an die bernoullische Ungleichung)

$$q^n = (q - 1 + 1)^n = \sum_{i:=0}^{n} \binom{n}{i} (q-1)^i \ge 1 + n(q-1).$$

Ist nun $a \in \mathbf{N}_0$, so gibt es wegen $q - 1 \ge 1$ ein $N \in \mathbf{N}_0$ mit $(N+1)(q-1) \ge a$. Es folgt

$$q^{N+1} - 1 \ge (N+1)(q-1) \ge a.$$

Daher gibt es ein $r \in C_0 \times \cdots \times C_N$ mit $f(r) = a$. Setzt man noch $r_i := 0$ für alle $i > N$, so hat man zu a ein r der verlangten Art gefunden. Damit ist alles bewiesen.

Korollar. *Für die in Satz 1 beschriebene Folge r gilt $\sum_{i:=0}^{n} r_i q^i < q^{n+1}$ für alle n.*

Beweis. Es ist ja

$$\sum_{i:=0}^{n} r_i q^i \le (q-1) \sum_{i:=0}^{n} q^i = q^{n+1} - 1.$$

Es ist hier zu erwähnen, dass schon Euklid die geometrische Reihe zu summieren wusste (Elemente VIIII, 35). Wählt man $q = 2$, so erhält man den folgenden verblüffenden Satz.

Satz 2. *Ist X eine endliche Teilmenge von $\mathbf{N}_0$ und ist χ ihre charakteristische Funktion, so ist die durch*

$$f(X) := \sum_{i:=0}^{\infty} \chi_i 2^i$$

definierte Abbildung f eine Bijektion der Menge der endlichen Teilmengen von $\mathbf{N}_0$ auf $\mathbf{N}_0$.

Beweis. Injektivität wie Surjektivität dieser Abbildung folgen aus Satz 1.

Der Satz ist deswegen so verblüffend, weil es scheinbar viel, viel mehr endliche Teilmengen als Elemente von $\mathbf{N}_0$ gibt. Die einelementigen Teilmengen von $\mathbf{N}_0$ schöpfen ja die Menge der endlichen Teilmengen von $\mathbf{N}_0$ bei weitem nicht aus.

Zur Dyadik ließe sich sehr viel sagen. Hier nur ein paar Anmerkungen, die ich in Werken zur Geschichte der Mathematik vergeblich suche.

Schon im 13. Jahrhundert gab es in Frankreich Gewichtssätze, die sogenannten *poids de ville*, die wie w, $2w$, 2^2w, 2^3w, 2^4w, ... gestückelt waren (Houben 1990, S. 60 f.). Die Stücke des längsten bekannten Gewichtssatzes aus dieser Zeit haben die Gewichte $\frac{1}{8}$, $\frac{1}{4}$, $\frac{1}{2}$, 1, 2, 4, 8 Unzen, 1 Pfund und 2 Pfund. Der älteste bekannte Gewichtssatz ist vom Jahre 1229 datiert. Es war den Menschen der damaligen Zeit also klar, dass man jede natürliche Zahl als Summe von Zweierpotenzen darstellen kann. Das hat aber nur indirekt etwas mit Positionssystemen zu tun, da die Zweierpotenzen real vorhanden waren, nämlich in Form der Gewichtsstücke. In der mathematischen Literatur finden sich Aufgaben zu derartigen Gewichtssätzen im *liber abbaci* Fibonaccis aus dem Jahre 1228 wie auch im *General trattato* Tartaglias von 1556, der überdies auch von realen Waagen spricht, bei denen dieser Art Gewichte benutzt würden (siehe Lüneburg 1993a, S. 203 ff.). Auch Leibniz erwähnt solche Gewichtssätze (Zacher 1973, S. 246, 252, 297, 354).

Neper publizierte 1617 in einem Anhang zu seiner Rhabdologie, das ist die Stäbchenrechnung von griechisch Rhabdos der Stab, seine *Arithmetica localis*, in der er rein mechanisch ablaufende Verfahren für die vier arithmetischen Grundoperationen sowie für das Quadratwurzelziehen für dyadisch dargestellte Zahlen angibt, wobei wie bei den Gewichtssätzen zu beachten ist, dass bei seiner dyadischen Darstellung der natürlichen Zahlen die Zweierpotenzen explizit auftauchen. Es steht a, b, c, ... für 1, 2, 2^2, ... Die Grundregeln lauten: $aa = b$, $bb = c$, $cc = d$, usw. Hierauf baut sich alles weitere auf. Nepers Rhabdologie ist nach wie vor leicht zugänglich (Neper 1617/1966).

Zurück zur Mathematik. Die Folge 1, q, q^2, q^3, ... werden wir *q-adische Basis* der natürlichen Zahlen nennen, falls sich die Notwendigkeit ergibt, einen Namen für dieses Konstrukt zu gebrauchen. Die entsprechende Darstellung der natürlichen Zahlen heiße *q-adisch*. Im Falle $q = 10$ sprechen wir natürlich von Dezimalzahlen, dezimaler Darstellung, dezimaler Basis und im Falle $q = 2$ von dualer Basis, dyadischer Darstellung, usw. Was die Geschichte der q-adischen Darstellung der natürlichen Zahlen anbelangt konsultiere man Zacher 1973.

Hat man es mit nur einer q-adischen Basis zu tun, so schreibt man der Kürze halber $a = r_N r_{N-1} \ldots r_0$, wobei man natürlich auch die r_i hinschreibt, die null sind. Das klingt so harmlos, ist aber die großartige Erfindung der Inder, die das Schreiben von Zahlen revolutionierte und nicht nur das Schreiben, auch das schriftliche Rechnen mit auf diese Art dargestellten Zahlen wurde übersichtlich und effizient. „Schriftlich" muss man hier hinzufügen, da die Verfahren für das Rechnen auf dem Rechenbrett nichts zu wünschen übrig ließen: In Rom floss viel Geld, öffentliches wie privates. Man musste in der Lage sein und war es auch, mit großen Summen zu rechnen. Zahlschrift und Rechnen klafften aber damals noch auseinander. Bei Fibonacci treten die indischen Ziffern ins Rampenlicht, womit das Rechnen zum schriftlichen Manipulieren der mit diesen Ziffern schriftlich dargestellten Zahlen wurde, auch wenn das Rechenbrett sich noch bis ins 18. Jahrhundert hielt.

Schreiben wir Zahlen mit ihren Ziffern $r_N r_{N-1} \ldots r_0$, so heißt bei uns r_N die höchste oder auch erste Stelle und r_0 die letzte. Bei Adam Ries und Fibonacci ist dies umgekehrt. Jener nennt r_0 die erste und r_N die letzte Stelle (Ries 1547/78), während dieser r_0 die Stelle ersten und r_n die Stelle n-ten Grades nennt. Ich nehme an, dass der Grund der ist, dass wir die Ziffernschreibweise von den Arabern übernahmen, die ja von rechts nach links schreiben, wenn sie auch die Zahlen von links nach rechts lesen. Ich weiß nicht, seit wann unser Sprachgebrauch üblich ist.

Bei Michael Stifel liest man *Decimumoctauum exemplum capitis huius. Et est Adami Gigantis*, d.h. „Achtzehntes Beispiel dieses Kapitels. Und es ist Adam Riesens." Klingt gewaltig (Stifel 1544, S. 263^{recto}).

Man muss die Null also als Zahl anerkennen. Das ist um so aufregender, als die Alten die Eins nicht als Zahl anerkannten, sie vielmehr als den Ursprung aller Zahl ansahen. Auch das war nicht mehr zu halten. Es ist also nicht verwunderlich, wenn Fibonacci Null und Eins Zahl nannte und auch mit ihnen wie mit den übrigen Zahlen umging, ohne jedoch über den Zahlbegriff zu reflektieren. Mehr zu diesem Thema in Lüneburg 1993a und 1994.

Ist $a \neq 0$, so dürfen wir $r_N \neq 0$ annehmen. In diesem Falle nennen wir $N+1$ die *Länge* der Darstellung von a bezüglich der gegebenen Basis und schreiben dafür auch $l_q(a)$. Ferner setzen wir $l_q(0) := 0$. Dann ist 0 die einzige Zahl mit der Länge 0. Ist $a \in \mathbf{N}$, so folgt mit dem Korollar zu Satz 1, dass

$$q^{l_q(a)-1} \leq a < q^{l_q(a)}$$

ist. Weil die Potenzmenge einer Menge der Länge a ebenso viele Mengen gerader Länge wie ungerader Länge enthält und da die einpunktigen Mengen alle die Länge 1 haben, ist also $a \leq 2^{a-1}$ und Gleichheit gilt genau dann, wenn es keine Teilmenge der Länge 3 gibt, wenn also $a \leq 2$ ist. Es gilt also $a < 2^{a-1}$, wenn $a \geq 3$ ist. Wegen $2 \leq q$ ist also auch $a < q^{a-1}$ für $a \geq 3$. Daher gilt

$$l_q(a) \leq a - 1 < a.$$

Diese Abschätzung ist sehr grob. Bezeichnet man — im Vorgriff auf Späteres — mit $\log_q$ den Logarithmus zur Basis q, so ist

$$l_q(a) = \lfloor \log_q(a) \rfloor + 1.$$

Dabei bezeichne $\lfloor x \rfloor$ für reelle Zahlen x die größte Ganze unterhalb x. Es ist also $\lfloor x \rfloor \in \mathbf{Z}$ und

$$\lfloor x \rfloor \leq x < \lfloor x \rfloor + 1.$$

Diese Beschreibung von $l_q(a)$ zeigt, dass die q-adische Beschreibung von a sehr viel kürzer ist als die Beschreibung von a mittels einer Strichliste, da, wie der Leser wohl weiß, gilt, dass

$$\lim_{a \to \infty} \frac{\log_q(a)}{a} = 0$$

ist.

Sind nun $u, v \in \mathbf{N}_0$ und gilt bezüglich der durch q gegebenen Basis, dass $u = r_M \ldots r_0$ und $v = s_N \ldots s_0$ ist, so ist sehr einfach zu entscheiden, welche der beiden Zahlen die größere ist. Zunächst einmal dürfen wir annehmen, dass $r_M, s_N \neq 0$ ist. Ist dann $M \neq N$, so ist genau dann $u < v$, wenn $M < N$ ist. Dies hätte natürlich nichts zu

bedeuten, wenn nicht $l_q(a) < a$ für $2 < a \in \mathbf{N}$ wäre. Ist $M = N$, so suche man das
größte $i \le M$ mit $r_i \ne s_i$. Dann ist $u < v$ genau dann, wenn $r_i < s_i$ ist. Um dies zu
entscheiden, benötigt man die Anordnung der Ziffernmenge $\{0, \ldots, q-1\}$.

Für die Addition und die partielle Subtraktion gilt, wie wir in Abschnitt 1 gesehen
haben,

$$u + v = (u+1) + (v-1)$$
$$u - v = (u-1) - (v-1),$$

falls nur $v > 1$ ist. Summe und Differenz nach dieser Vorschrift zu berechnen, ist bei
großem v wieder nicht durchführbar. Sind die Zahlen dagegen q-adisch dargestellt,
so sind Addition und Subtraktion auch bei großen Zahlen mit mäßigem Aufwand
durchzuführen. Vom Ergebnis wird eine Stelle nach der anderen berechnet, wozu es
jedoch nötig ist, das kleine Eins-und-eins zu beherrschen, bzw. es als Tabelle vorliegen
zu haben.

Beginnen wir mit der Addition. Ist wieder $u = r_M \ldots r_0$ und $v = s_N \ldots s_0$, so dürfen
wir, indem wir gegebenenfalls mit führenden Nullen auffüllen, $M = N$ annehmen. Dann
ist zunächst

$$u + v = r_M + s_M \ldots r_0 + s_0.$$

Doch dies ist meist noch nicht die Standardform von $u + v$, die wir ja suchen. Man muss
ggf. noch Überträge berücksichtigen. Hier ist das Fragment eines Additionsalgorithmus,
der das tut.

```
ü_0 := 0;
for i := 0 to M do
    t_i := r_i + s_i + ü_i;
    if q ≤ t_i then t_i := t_i − q; ü_{i+1} := 1
        else ü_{i+1} := 0
    endif
endfor;
```

Dann ist $u + v = \ddot{u}_{M+1} t_M \ldots t_0$.

Um zu sehen, dass der Algorithmus wirklich das Verlangte leistet, muss man sich im
Wesentlichen überlegen, dass der Übertrag nie größer als 1 ist. Dies ist wegen $\ddot{u}_0 = 0$
richtig für $i = 0$. Die Behauptung gelte für i. Mit Satz 1 folgt die Existenz von $x, y \in \mathbf{N}_0$
mit $y \le q - 1$ und

$$xq + y = r_i + s_i + \ddot{u}_i \le 2(q-1) + 1 = q + (q-1).$$

Hieraus folgt $x \le 1$ und wegen $\ddot{u}_{i+1} q + t_{i+1} = r_i + s_i + \ddot{u}_i$ dann $x = \ddot{u}_{i+1}$ und $y = t_{i+1}$.
Dies zeigt, dass $\ddot{u}_{i+1}$ wirklich der nächste Übertrag ist, der also immer kleiner oder
gleich 1 ist.

So wie bei der Addition Überträge auftreten, so muss man bei der partiellen Subtraktion gelegentlich borgen. Das nächste Fragment eines Algorithmus zeigt, wie man
das einrichten kann. Dabei sei $a = r_M \ldots r_0$ und $b = s_M \ldots s_0$.

$\ddot{u}_0 := 0;$
for $i := 0$ to M do
$\quad s_i := s_i + \ddot{u}_i;$
$\quad \% \ a - b = (r_M \ldots r_i - s_M \ldots s_i)q^i + t_{i-1} \ldots t_0$
$\quad$ if $s_i > r_i$ then $\ddot{u}_{i+1} := 1$ else $\ddot{u}_{i+1} := 0$ endif;
$\quad \% \ a - b = (r_M \ldots r_{i+1} - (s_M \ldots s_{i+1} + \ddot{u}_{i+1}))q^{i+1}$
$\quad\quad\quad\quad + (r_i + \ddot{u}_{i+1}q - s_i)q^i + t_{i-1} \ldots t_0$
$\quad r_i := \ddot{u}_{i+1}q + r_i;$
$\quad t_i := r_i - s_i$
endfor;

Die beiden Kommentare des Algorithmus muss man mit vollständiger Induktion verifizieren. Ferner muss man auch zeigen, dass für alle i die Ungleichungen $0 \le t_i < q$
gelten. Dies alles sei dem Leser als Übungsaufgabe überlassen. Auf eines sei jedoch
hingewiesen. Es kommt durchaus vor, dass $\ddot{u}_{M+1} = 1$ ist. Dies ist genau dann der
Fall, wenn $a < b$ ist. Treibt man den Algorithmus weiter, so erhält man $t_{M+i} = q - 1$
für alle $i \in \mathbf{N}$. Dies erlebt man bei den noch gelegentlich auf Flohmärkten angebote-
nen Sprossenradmaschinen, das sind mechanische Vier-Spezies-Maschinen, die sich vor
der Ankunft der elektronischen Rechner großer Beliebtheit erfreuten. Subtrahierte man
auf diesen Maschinen eine größere Zahl von einer kleineren, so erschien das Ergebnis
mit führenden Neunen im Register und ein Glockenzeichen ertönte. Gehen wir an die
Beschreibung dessen, was man mit diesen Maschinen machen kann. Es ist die Beschreibung des theoretischen Hintergrundes einer Maschine vom Typ WSR 160 der Firma
Walther Büromaschinen GmbH, Niederstotzingen/Wttbg.

Die Maschine hat drei Register A, B und C, die unterschiedlich lang sind, doch das
soll uns hier nicht weiter interessieren, wie wir überhaupt auf die technische Realisie-
rung nur beiläufig eingehen. Wir stellen uns vor, dass beliebig lange Zahlen in sie passen.
Damit erhalten wir im Folgenden Allgemeingültigkeit. Man kann die Register einzeln
löschen, B und C aber auch simultan, wobei Letzteres die Voreinstellung ist. Dabei
bedeutet „löschen" mit 0 zu initialisieren. Den Zustand „undefiniert" gibt es nicht.

Das Register A kann über Hebelchen Stelle für Stelle initialisiert werden. Das Gleiche gilt für Register C, nur dass hier die Hebelchen durch Rändelscheiben ersetzt sind.
Register B, das als Zählwerk fungiert, erhält einen von null verschiedenen Inhalt indirekt
durch Schiften und Kurbeln. Will man dies erreichen, so muss A mit 0 besetzt sein, da
sonst der Inhalt von A bei jedem Kurbeln den Inhalt von C verändert.

Die Register B und C sind auf einem Schlitten angebracht, der aus der Grundstellung
heraus nach rechts geschiftet werden kann. Ein i-facher Schift nach rechts bedeutet für B
und C eine Zerlegung in $B = B'q^i + B''$ und $C = C'q^i + C''$ und für A eine Multiplikation
mit q^i. Dabei gilt $B'' < q^i$ und $C'' < q^i$. Es bedeutet weiterhin, dass beim Kurbeln B''
und C'' nicht angetastet werden. Ist der Schlitten nicht in der Grundstellung, so kann
man natürlich auch nach links schiften. Jede Kurbelumdrehung verändert B und C
simultan, lässt aber A unangetastet.

Ist $C = C'q^i + C''$, wobei wieder $0 \le C'' < q^i$ ist, so ist auch die Zuordnung $A := C'$
ausführbar. Bei dieser Zuordnung wird gleichzeitig C auf 0 gesetzt, sodass C'' verloren
ist wie auch das, was ursprünglich in A stand. Bei dieser Operation hat man, was B

anbelangt, wieder zwei Optionen, dass nämlich B gleichzeitig gelöscht wird oder dass der Inhalt von B unverändert bleibt, wobei auch hier das gleichzeitige Löschen von B und C voreingestellt ist.

Eine typische Anwendung ist die Berechnung eines Produktes aus mehreren Faktoren. Will man etwa das Produkt abb_1 ausrechnen, so setzt man $A := a$, $B := 0$ und $C := 0$. Dann ist $C = AB$. Bei dem gleich zu besprechenden Multiplikationsalgorithmus wird in B die Zahl b aufgebaut und C dabei so manipuliert, dass stets die Gleichung $C = AB$ gilt. Hält B dann b, so steht in C das Produkt ab. Dann setzt man $A := C$, was man mit Schift 0 erreicht. Dabei löscht man gleichzeitig B und C und wendet das gleiche Verfahren nun auf A und b_1 an. Dies kann man natürlich iterieren.

Es ist noch zu beschreiben, was eine Kurbelumdrehung bewirkt. Man kann die Kurbel vorwärts und rückwärts drehen. Dabei hat man bei jeder solchen Umdrehung noch die Möglichkeit, ihre Wirkung auf B zu beeinflussen. In jedem Falle werden B und C simultan verändert, C aber nur, wenn $A \neq 0$ ist. Dreht man die Kurbel bei Schift i vorwärts, so erhält man

$$C := (C' + A)q^i + C'' = C + Aq^i$$
$$B := (B' + 1)q^i + B'' = B + q^i$$

oder

$$C := (C' + A)q^i + C'' = C + Aq^i$$
$$B := (B' - 1)q^i + B'' = B - q^i,$$

je nachdem, welche Option man für B gewählt hat. Kurbelt man rückwärts, so erhält man

$$C := (C' - A)q^i + C'' = C - Aq^i$$
$$B := (B' + 1)q^i + B'' = B + q^i$$

oder

$$C := (C' - A)q^i + C'' = C - Aq^i$$
$$B := (B' - 1)q^i + B'' = B - q^i.$$

Der mittlere Ausdruck beschreibt, was auf der Maschine geschieht, während der rechte für die folgenden theoretischen Ausführungen bequemer zu handhaben ist. Man darf sich vorstellen, dass die Operationen

$$C' := C' + A$$
$$C' := C' - A$$
$$B' := B' + 1$$
$$B' := B' - 1,$$

wie oben erläutert, auf der Maschine implementiert sind. Das heißt, dass diese Operationen auch sequentiell ablaufen, Stelle um Stelle von B' und C' bestimmend, das alles aber bei einer Kurbelumdrehung.

Sehen wir, wie man diese vier Gruppen von Operationen ausnutzen kann, um Multiplikation, Division mit Rest und das Quadratwurzelziehen mit mäßigem Aufwand auszuführen. Insbesondere werden wir auf diese Weise lernen, dass Division mit Rest in $\mathbf{N}$ möglich ist. Wir führen sie hier im Wesentlichen also so ein, wie wir sie auf der Schule gelernt haben. Das war ein weiterer Grund, für Satz 1 den Beweis zu wählen, der vom Taubenschlagprinzip Gebrauch macht.

Um zwei Zahlen auf der Maschine zu multiplizieren, gibt es zwei Möglichkeiten. Die erste, die ich hier vorführen werde, ist die, die üblicherweise auf der Maschine ausgeführt wurde. Die zweite hat ihren besonderen Charme, den ich aber erst später verraten werde.

Erste Möglichkeit. Es seien a und b gegeben, wobei die q-adische Darstellung von b gleich $r_N \ldots r_0$ sei. Die Darstellung von a benötigen wir nicht explizit.

$$
\begin{aligned}
&A := a; \\
&C := 0; \\
&B := 0; \\
&\text{for } i := 0 \text{ to } N \text{ do} \\
&\quad \% \ C_{\text{alt}} := C, \ B_{\text{alt}} := B, \ C_{\text{alt}} = AB_{\text{alt}} \\
&\quad \text{for } j := 1 \text{ to } r_i \text{ do} \\
&\qquad C := C + Aq^i; \\
&\qquad B := B + q^i; \\
&\qquad \% \ C = C_{\text{alt}} + jAq^i, \ B = B_{\text{alt}} + jq^i, \ C = AB \\
&\quad \text{endfor} \\
&\quad \% \ C = AB, \ j = r_i, \ B = r_i \ldots r_0 \\
&\text{endfor}; \\
&\% \ i = N, \ C = AB, \ A = a, \ B = b
\end{aligned}
$$

Eine einfache Induktion, die für die zweite for-Schleife eine weitere Induktion in sich birgt, zeigt die Korrektheit des Algorithmus.

Bei dem Aufbau von B fallen keine Überträge an, da die r_i ja alle kleiner als q sind. Bei der Zuweisung $C := C + Aq^i$ ist aufgrund des Schiftens C in $C'q^i + C''$ zerlegt und die Maschine führt die Addition $C' := C' + A$ aus. Wie das geschieht, wurde oben erläutert, erscheint also nicht mehr explizit in unserem Algorithmus.

Wenn wir schriftlich multiplizieren, ersetzen wir die innere for-Schleife durch die Multiplikation von a mit einer jeweils einstelligen Zahl. Dazu haben wir auf der Schule das kleine Einmaleins gelernt. Außerdem addieren wir erst, wenn wir alle Zwischenprodukte ausgerechnet haben. Als Algorithmus aufgeschrieben, sieht das dann so aus, wenn wieder $b = r_N \ldots r_0$ ist. Die Korrektheit des Algorithmus beruht auf dem Distributivgesetz.

$$\text{for } i := 0 \text{ to } N \text{ do } Z_i := ar_i q^i \text{ endfor };$$

$$C := \sum_{i=0}^{N} Z_i$$

Dieses Verfahren lehrt Adam Ries, natürlich nur für $q = 10$ (Ries 1574/1978). Ries nutzt beim Multiplizieren von Ziffern auch die durch die Kongruenz

$$(a + b)q + (q - a)(q - b) \equiv ab \mod q^2$$

gegebene Möglichkeit. Sie gilt natürlich für beliebige a und b und nicht nur für Ziffern. Dabei gilt *per definitionem* $u \equiv v \mod n$ genau dann, wenn $u - v$ durch n teilbar ist. Sind a und b Ziffern, so ist $0 \leq ab < q^2$, sodass ab der kleinste nicht-negative Rest in der Äquivalenzklasse von $ab \mod q^2$ ist. Es ist also

$$6 \cdot 7 \equiv (6 + 7) \cdot 10 + 4 \cdot 3 \equiv 30 + 12 = 42 \quad \mod 100$$

und folglich $6 \cdot 7 = 42$. Das sieht umständlich aus, ist es aber nicht, wenn man daran gewöhnt ist. Soweit ich weiß, ist diese Bemerkung insbesondere nützlich beim Rechnen auf dem Rechenbrett und vor allem auf dem römischen Abacus, dem japanischen Soroban, dem chinesischen Suanpan und dem russischen Stschoty, bei denen man pro Stelle nur eine feste Zahl von Marken zur Verfügung hat, nämlich 5, 7, bzw. 10, die bei dem japanischen Gerät noch in $4 + 1$ und bei dem chinesischen in $5 + 2$ unterteilt sind. Das Rechnen auf dem Rechenbrett war zu Riesens Zeiten noch üblich und so erklärt er in seinem Rechenbuch auch zuerst dieses, wobei mir nicht klar ist, ob dies nicht nur der Didaktik halber geschieht.

Fibonacci lehrt in seinem *liber abbaci* von 1228 ebenfalls das noch heute gebräuchliche Verfahren und betont, dass es sich vor allem für große Zahlen eigne. Er selbst bevorzugt ein anderes Verfahren. Gilt nämlich $a = \sum_{i:=0}^{\infty} r_i q^i$ und $b = \sum_{i:=0}^{\infty} s_i q^i$, so ist ja

$$ab = \sum_{n:=0}^{\infty} \sum_{i:=0}^{n} r_i s_{n-i} q^n.$$

Dies ist zunächst die Faltung, wie sie auch bei Polynomen auftritt. Fibonacci rechnet nun der Reihe nach $r_0 s_0$, $r_0 s_1 + r_1 s_0$, $r_0 s_2 + r_1 s_1 + r_2 s_0$, etc., wobei natürlich noch Überträge zu berücksichtigen sind. Die werden, so scheint es, rasch sehr groß, sodass es schwierig wird, den Übertrag „im Sinn" zu behalten. Doch da kommt Fibonacci zugute, dass es im Mittelmeerraum mit seinen weitläufigen Handelsbeziehungen die allen geläufigen Fingerzahlen gab. Mit Gesten der linken Hand war es möglich, alle Zahlen von 1 bis 99 darzustellen, und die gleichen Gesten mit der rechten Hand ausgeführt bedeuteten das jeweils Hundertfache, sodass man mit beiden Händen die Zahlen von 1 bis 9999 darstellen konnte. So heißt es bei Fibonacci dann immer, dass man den Übertrag in der Hand behalten solle. Wie groß dürfen also Faktoren sein, damit die Überträge nicht mehr als zweistellig werden? Dazu betrachten wir das Quadrat der Zahl $10^{n+1} - 1$, die aus $n+1$ Neunen besteht. Die Dezimaldarstellung dieses Quadrates ist schnell gefunden. Es ist ja

$$(10^{n+1} - 1)^2 = \left(\sum_{i:=1}^{n} 9 \cdot 10^i + 8 \right) \cdot 10^{n+1} + 1.$$

Verfolgen wir dies im Einzelnen.

Wir setzen $U_{-1} := 0$, $U_l := 8 + l \cdot 9$ für $l := 0, \ldots, n$ und $U_{n+1+l} := (n - l) \cdot 9$ für $l := 0, \ldots, l - 1$. Schließlich definieren wir V_l durch

$$V_l := \sum_{i:=0}^{l} r_i r_{l-i} + U_{l-1}$$

für $l := 0, \ldots, 2n$. Dabei ist $r_i = 9$ für $i \leq n$ und $r_i = 0$ für $i > n$. Dann ist $V_0 = 81 = U_0 \cdot 10 + 1$, sodass U_0 der erste Übertrag ist. Es sei $1 \leq l \leq n$ und U_{l-1} sei der l-te Übertrag. Dann ist

$$V_l = (l+1) \cdot 81 + 8 + (l-1) \cdot 9 = (l-1) \cdot 9 \cdot 10 + 170 = U_l \cdot 10.$$

Dies zeigt, dass U_l der nächste Übertrag ist. Also sind $U_0, \ldots, U_n$ die ersten $n+1$ Überträge. Die entsprechenden Ziffern des Produktes sind $t_0 = 1$, $t_1 = \cdots = t_n = 0$.

Es ist

$$V_{n+1} = \sum_{i:=0}^{n+1} r_i r_{n-i} + U_n = n \cdot 81 + 8 + n \cdot 9 = U_{n+1} \cdot 10 + 8.$$

Also ist U_{n+1} der nächste Übertrag und $t_{n+1} = 8$. Es sei U_{n+1+l} als Übertrag erkannt. Dann ist

$$V_{n+2+l} = \sum_{i:=0}^{n+2+l} r_i r_{n+2+l-i} + U_{n+1+l} = (n-l-1) \cdot 81 + (n-l) \cdot 9 = U_{n+1+l+1} \cdot 10 + 9.$$

Damit sind auch die $U_{n+1}, \ldots, U_{2n}$ als Überträge erkannt. Ferner kommt heraus, dass die restlichen Ziffern alle gleich neun sind, was wir aber schon wussten.

Der größte Übertrag, der vorkommt, ist $U_n = 8 + n \cdot 9$. Nun folgt aus $8 + n \cdot 9 \geq 100$, dass $n > 10$, d.h. dass $n \geq 11$ ist. Wenn Fibonacci also sagt, dass das Verfahren, das wir heute beim schriftlichen Rechnen benutzen, sich besonders für große Zahlen eignet, so meint er wirklich große Zahlen.

Näheres zu den Fingerzahlen nebst einem Bild dieser Zahlen findet der Leser in Lüneburg 1993a.

Zweite Möglichkeit. Ich sprach von einer zweiten Möglichkeit, die Multiplikation auf der Maschine durchzuführen. Diese besteht grob gesagt darin, dass man A und B mit den Zahlen a und b lädt, und dann B abarbeitet und darauf achtet, dass stets die Gleichung $AB + C = ab$ erfüllt ist.

Wir definieren die Funktion russ durch $\text{russ}(A, B, C) := AB + C$. Dann gilt

a) Es ist $\text{russ}(A, B, 0) = AB$.
b) Es ist $\text{russ}(A, 0, C) = C$
c) Es ist $\text{russ}(A, B+1, C) = \text{russ}(A, B, A+C)$
d) Es ist $\text{russ}(A, kB, C) = \text{russ}(Ak, B, C)$.
e) Es ist $\text{russ}(A, B, C) = \text{russ}(B, A, C)$.

Die letzte Eigenschaft ist nur der Vollständigkeit halber aufgeführt. Wir werden sie nicht benutzen.

Bei dem nun folgenden Algorithmus benutzen wir nicht die Zifferndarstellung von b. Dies hat seinen Grund, wie wir gleich sehen werden.

Input: Natürliche Zahlen a und b.
Output: Die natürliche Zahl P mit $P = ab$.

```
begin A := a; B := b; C := 0;
  % russ(A, B, C) = ab
  while B ≠ 0 do
    while not B ≡ 0  mod q do
      B := B − 1;
      C := C + A;

      % B_neu < B_alt
      % russ(A, B, C) = ab

    endwhile;

    % B ist durch q teilbar
    A := qA;
    B := B/q;

    % B_neu < B_alt oder B_neu = B_alt = 0
    % russ(A, B, C) = ab

  endwhile;

  % russ(A, B, C) = ab
  % B = 0
  P := C
  % P = ab
end;
```

Operiert man bei diesem Algorithmus mit q-adisch dargestellten Zahlen, so ist die Frage nach der Gültigkeit der Bedingung $B \equiv 0 \mod q$ eine Frage an die letzte Ziffer von B. Ist sie null, so ist B durch q teilbar, andernfalls nicht. Ferner sind die beiden Zuweisungen $A := qA$ und $B := B/q$ nichts als Schifte. Denkt man aber an dezimal dargestellte Zahlen und nimmt $q = 2$, so ist es ebenfalls einfach zu entscheiden, ob B durch 2 teilbar ist oder nicht. Auch dies entscheidet sich ja an der letzten Ziffer. Das Verdoppeln und Halbieren ist auch kein Problem. Diese beiden Operationen wurden früher häufig als eigene Operationen gelehrt, so auch bei Adam Ries. Wenn Sie dies bei ihm nachlesen, so denken Sie daran, dass er die letzte Ziffer die erste nennt.

Der Multiplikationsalgorithmus für $q = 2$ durchgeführt heißt *russische Bauernmultiplikation*, die wir ihrer Schönheit wegen als eigenen Algorithmus notieren. Dieser Multiplikationsalgorithmus ist unabhängig von der Darstellung der Zahlen. Er war schon im alten Ägypten bekannt. Dies zeigt, wie absurd es ist, sie auf die dyadische Darstellung der natürlichen Zahlen zurückzuführen. Das ist zwar möglich, aber hässlich.

Input: Natürliche Zahlen a und b.
Output: Die natürliche Zahl P mit $P = ab$.

```
begin A := a; B := b; C := 0;
  % russ(A, B, C) = ab
  while B ≠ 0 do
    if odd(B) then
      B := B − 1;
      C := C + A;
```

```
        % B_neu < B_alt
        % russ(A, B, C) = ab
    endif;
    % B ist gerade
    A := 2A;
    B := B/2;
    % B_neu < B_alt oder B_neu = B_alt = 0
    % russ(A, B, C) = ab
  endwhile;
  % russ(A, B, C) = ab
  % B = 0
  P := C
  % P = ab
end;
```

Aufgaben

1. Es sei $1 < q \in \mathbf{N}$ und F sei die Menge der Folgen r auf $\mathbf{N}_0$ mit Werten in $\{0, \dots, q-1\}$ sodass es zu r ein N gibt mit $r_i = 0$ für alle $i > N$. Es gibt dann eine Bijektion von F auf $\mathbf{N}_0$.

2. Es sei q eine natürliche Zahl mit $q > 1$. Ferner sei $n \in \mathbf{N}_0$. Bestimmen Sie die q-adische Darstellung von $(q^{n+1} - 1)^2$. (Beachten Sie die Besonderheit bei $q = 2$. Beim Rechnen spielt sie keine Rolle.)

3. Es sei $r_N r_{N-1} \dots r_0$ die q-adische Darstellung von $a \in \mathbf{N}$. Zeigen Sie, dass a genau dann durch $q - 1$ teilbar ist, wenn die *Quersumme* $\sum_{i:=0}^{N} r_i$ durch $q - 1$ teilbar ist (Kriterium für die Teilbarkeit durch 9 und 11, wenn $q = 10$ bzw. $q = 12$. Siehe auch Abschnitt 5)

4. Rekapitulieren Sie die Teilbarkeitskriterien für die Zahlen 3, 4, 5 und 6, die Sie auf der Schule für dezimal dargestellte natürliche Zahlen gelernt haben.

5. Es gibt für dezimal dargestellte Zahlen auch ein Teilbarkeitskriterium für die Zahlen 7, 11 und 13. Es beruht darauf, dass $1001 = 7 \cdot 11 \cdot 13$ ist. Dieses wird auf der Schule wohl nicht gelehrt. Überlegen Sie sich, wie es lautet.

6. Entwerfen Sie einen Algorithmus, der für q-adisch dargestellte Zahlen die Multiplikation einer einstelligen mit einer beliebigstelligen Zahl unter Berücksichtigung von Überträgen bewerkstelligt. Dabei werde die Kenntnis des kleinen Einmaleins bis $(q-1) \cdot (q-1)$ vorausgesetzt. Überlegen Sie sich dabei, wie groß die Überträge höchstens werden können.

7. Bei den beiden oben diskutierten Algorithmen für die Multiplikation q-adisch dargestellter Zahlen ist die Anzahl der nötigen Kurbelumdrehungen gleich $\sum_{i=0}^{N} r_i$ und die Anzahl der Schifte gleich N. Die Anzahl der Kurbelumdrehungen ist also durch $(q-1)(N+1)$ beschränkt. Um die Kosten einer Multiplikation abzuschätzen, muss man

die Anzahl der Kurbelumdrehungen noch mit den Kosten einer Addition einer $(N+1)$-stelligen Zahl zu einer $(M+1)$-stelligen Zahl multiplizieren. Diese Kosten sind linear in $\max(M, N)$. Ist ohne Beschränkung der Allgemeinheit $N \leq M$, so sind die Kosten also durch CMN beschränkt, wobei C eine Konstante ist. Die Kosten der N Schifte sind durch Vergröbern der Abschätzung in C mit untergebracht, ebenso die Schranke $q-1$ für die Ziffern.

8. Es sei $n \in \mathbf{N}$. Ist n^2 dezimal dargestellt, so endet n^2 mit einer der folgenden Ziffernfolgen

$$
\begin{array}{ccccc}
01 & 21 & 41 & 61 & 81 \\
04 & 24 & 44 & 64 & 84 \\
025 & 225 & & 625 & \\
16 & 36 & 56 & 76 & 96 \\
09 & 29 & 49 & 69 & 89
\end{array}
$$

oder aber mit einer geraden Anzahl von Nullen (Bombelli 1572/1966, S. 40). Alle diese Ziffernfolgen kommen auch vor. (Bombelli schließt die Ziffernfolgen 425 und 825 nicht aus.)

9. Ist $n \in \mathbf{N}$, so ist der Neunerrest von n^2 gleich 0, 1, 4, 7 (Bombelli 1572/1966, S. 40).

4. Division mit Rest. Mein Interesse an Sprossenradmaschinen rührte daher, dass auf ihnen die Division mit Rest genauso durchgeführt wird, wie Adam Ries sie lehrt. Im Gegensatz zu ihm lehrt Fibonacci gut dreihundert Jahre vor ihm die Division mit Rest so, wie wir sie auf der Schule gelernt haben: Man schätze die erste Ziffer des Quotienten, multipliziere den Divisor mit ihr, schreibe das Produkt unter die ersten Ziffern des Dividenden und subtrahiere. Verfahre ebenso mit dem Rest als neuem Dividenden und dem alten Quotienten. War die erste Schätzung korrekt, so liefert dies die zweite Ziffer des Quotienten. Iteriere! War die Schätzung nicht korrekt, so wird der Leser wissen, wie er zu korrigieren hat.

Bei Ries dagegen wird klar, dass die Division mit Rest eine verkürzte mehrfache Subtraktion ist, so wie die Multiplikation eine verkürzte mehrfache Addition ist, was bei Ries nicht herauskommt, aber beim Rechnen mit der Sprossenradmaschine klar zu erkennen ist, wie wir im letzten Abschnitt gesehen haben. Auch Clavius weist ausdrücklich daraufhin, dass die Verfahren der Division mit Rest und der Multiplikation verkürzte mehrfache Subtraktionen und Additionen sind (Clavius 1607, S. 101).

Hier nun ein Algorithmus, der die Division mit Rest etabliert und gleichzeitig zeigt, wie sie durchzuführen ist. Dem Leser wird die repeat-Schleife in diesem Algorithmus sicher ungeschickt vorkommen. Sie steht hier, weil der Algorithmus das wiedergeben soll, was auf der Sprossenradmaschine passiert. Auf das Erfülltsein der Abbruchbedingung $C < 0$ macht die Maschine durch ein Klingelzeichen und führende Neunen im Register aufmerksam. Eine Kurbeldrehung vorwärts stellt den vorletzten Zustand dann wieder her.

Input. Natürliche Zahlen n und a.
Output. Nicht-negative ganze Zahlen Q und r mit $n = Qa + r$ und $r < a$.
Bemerkung. Die natürliche Zahl $q > 1$ ist bekannt. Die Zahlen sind nicht notwendig q-adisch dargestellt.

begin Bestimme $e \in \mathbf{N}_0$ minimal mit $n < aq^{e+1}$;
    $i := e$;
    $Q := 0$;
    $r := n$;
    % russ$(Q, a, r) = n$
    % $r < aq^{i+1}$
    while $i \geq 0$ do
       repeat
          $r := r - aq^i$;
          $Q := Q + q^i$;
          % russ$(Q, a, r) = n$
       until $r < 0$;
       $r := r + aq^i$;
       % $0 \leq r < aq^i$
       $Q := Q - q^i$;
       $i := i - 1$;
       % russ$(Q, a, r) = n$
       % $r < aq^{i+1}$
    endwhile;
    % russ$(Q, a, r) = n$
    % $i = -1$
    % $r < a$
end;

Nehmen wir an, es sei auch $a = Q'b + r'$ mit $0 \leq r' < b$, so folgt

$$(Q - Q')b = r' - r, \quad \text{bzw.} \quad (Q' - Q)b = r - r'.$$

Wir dürfen annehmen, dass $r \leq r'$ ist. Dann ist

$$0 \leq (Q - Q')b = r' - r \leq r' < b$$

und folglich $Q = Q'$ und dann auch $r = r'$. Quotient und Rest sind also aufgrund der Nebenbedingung $0 \leq r < a$ eindeutig bestimmt. Wir definieren daher die Operatoren DIV und MOD durch a DIV $b := Q$ und a MOD $b := r$.

Sind a, $b \in \mathbf{N}_0$, so heißt b *Teiler* von a, wenn es ein $c \in \mathbf{N}_0$ gibt mit $a = bc$. Es ist klar, dass b im Falle $b > 0$ genau dann Teiler von a ist, wenn die Division mit Rest von a durch b den Rest 0 ergibt. Die Division mit Rest gibt uns also ein Verfahren in die Hand, Teilbarkeit von natürlichen Zahlen zu testen und im Falle der Teilbarkeit den *Kofaktor* c von b zu bestimmen. Man kann mit der Division mit Rest aber noch mehr anfangen.

Es seien a, b, $t \in \mathbf{N}_0$. Wir nennen t *gemeinsamen Teiler* von a und b, falls t Teiler von a und auch von b ist. Wir nennen t *größten gemeinsamen Teiler* von a und b, wenn t gemeinsamer Teiler von a und b ist und jeder gemeinsame Teiler von a und b Teiler von t ist. Wir zeigen zunächst, dass a und b höchstens einen größten gemeinsamen Teiler haben. Sind nämlich t und t' größte gemeinsame Teiler von a und b, so ist t Teiler von t' und t' Teiler von t. Ist t oder t' gleich null, so sind t und t' beide null. Sind beide verschieden von null, so folgt $t \leq t' \leq t$ und damit auch hier $t = t'$. Ist a oder b null, so ist die jeweils andere Zahl der größte gemeinsame Teiler von a und b. Dies gilt auch, wenn a und b beide null sind. Die Zahlen a und b haben also einen größten gemeinsamen Teiler, wenn $ab = 0$ ist. Es sei $ab > 0$ und alle Paare c, d mit $cd < ab$ haben einen größten gemeinsamen Teiler. Wir nehmen zunächst an, dass $a \geq b$ ist. Dann ist $(a - b)b < ab$, sodass $t := \text{ggT}(a - b, b)$ existiert. Dann ist t ein gemeinsamer Teiler von $a - b + b = a$ und b. Ist andererseits s gemeinsamer Teiler von a und b, so ist s auch gemeinsamer Teiler von $a - b$ und b und damit Teiler von t. Also ist t größter gemeinsamer Teiler von a und b. Ist $a < b$, so haben b und a nach dem gerade Bewiesenen einen größten gemeinsamen Teiler, der dann aber auch größter gemeinsamer Teiler von a und b ist. Damit ist die Existenzaussage bewiesen. Dieser Existenzbeweis liefert gleichzeitig ein Verfahren, den ggT zweier nicht-negativer ganzer Zahlen zu bestimmen. Es ist dies das Verfahren, das sich bei Euklid findet, der die Division mit Rest noch nicht kennt, sie zumindest in seinen Büchern nicht propagiert. (Wir haben zwar bei der Division mit Rest q-adisch argumentiert, man kann die Existenz von Quotient und Rest aber auch auf andere Weise beweisen, sodass man nicht argumentieren kann, dass Euklid ja auch noch nicht die q-adische Darstellung natürlicher Zahlen kannte. Siehe Aufgabe 1.) Zahlen, deren größter gemeinsamer Teiler 1 ist, heißen *teilerfremd*.

Was wir heute als euklidischen Algorithmus bezeichnen, beruht auf der Beziehung

$$\text{ggT}(a, b) = \text{ggT}(b, a \ \text{MOD} \ b).$$

Dies iteriere man, bis das zweite Argument null ist. Dann ist das erste Argument der größte gemeinsame Teiler der beiden Ausgangszahlen. Dieser Algorithmus findet sich (zum ersten Male?) bei Luca Pacioli, der in seiner *Summa* ausführlich auf verschiedene Methoden der Bestimmung des größten gemeinsamen Teilers eingeht (Pacioli 1494, Fol. 49^r ff.). Er braucht ihn zum Kürzen von Brüchen, wie auch schon Euklid den größten gemeinsamen Teiler zweier natürlicher Zahlen benutzte, um den Standardvertreter für das Verhältnis zweier natürlicher Zahlen zu bestimmen.

Der früheste mir bekannte Beleg für die Verwendung der Division mit Rest bei der Bestimmung des größten gemeinsamen Teilers zweier Zahlen findet sich in Fibonaccis *liber abbaci* aus dem Jahre 1228. Er benutzt in der Handschrift, die Boncompagni 1857 zugrunde liegt, eine Mischung aus euklidischem und einem anderen Algorithmus, den man gelegentlich den binetschen Algorithmus nennt und den man nie benutzt. Fibonaccis Formulierung seines Algorithmus ist nicht besonders klar, sodass nicht herauskommt, dass er im ersten Durchlauf, wie auch der binetsche, nicht immer den ggT wirklich berechnet. (Boncompagni 1857, S. 51). Fibonacci benötigt den größten gemeinsamen Teiler ebenfalls zum Kürzen von Brüchen. Für den binetschen Algorithmus sehe man Binet 1841 oder auch Bachmann 1902, S. 118 ff.

Man müsste die von Boncompagni nicht benutzten Handschriften des *liber abbaci* zu Rate ziehen um zu sehen, ob die Bestimmung des größten gemeinsamen Teilers zweier Zahlen in ihnen allen auf die gleiche Weise geschieht oder ob den Kopisten hier Fehler unterlaufen sind.

Der heutige euklidische Algorithmus dürfte dem Leser bekannt sein. Ich mache ihn daher hier nicht explizit, zitiere stattdessen zu des Lesers Ergötzen die Formulierung dieses Algorithmus, wie ich sie bei Simon Jacob fand (Jacob 1571, Fol. 48^r).

Wie findet mann ein zal vnd die größt/
die disen bruch $\frac{27002051219739}{124591936076998}$ der vori-
gen Regeln nit vnderworffen ist/
zum kleinsten macht?

Die allgemeyne Regel ist/ Theil des Bruchs nenner durch seinen zeler/ nim nach dem den zeler vñ teil durch die zal/ di vberblieben/ ferner theil weiter den theiler diser andern Division durch den rest so bliben ist/ vnd solche theilung widerhole so offt/ biß endlich ein mal nichts vberbleibt/ welche zal dañ in solcher arbeit der letste theyler ist/ die macht den bruch kleiner an seinen zaln/ vnd ist in dem fürgebrachten Bruch 19/ Hat solche Regel ihr Beweisung auß der 2 Proposition des 7 Buchs Euclidis/ darauß dann auch vernommen wird/ wann der letste theyler eins/ daß der Bruch kleiner zumachen vnmöglich were/ vnd durch solche regel findt mann alle mal ein solche zal/ die die zalen des bruchs so erkleinert/ daß sie kleinerzumachen vnmöglich sein. Vnd hat obgesatzter Bruch ein wunderbarlich art in ihm/ Nemlich daß er sich 54 mal diuidirn leßt/ ehe mann das gemein maß oder die größt zal damit er auffgehaben wirdt/ findet/ mag derhalb wol ein Arithmetisch labyrint genant werden/ wird gemacht auß der vorgesatzten ordnung der zaln/ da je die zwo so nechst vff einander folgen/ souil thun als die dritt folgend/ bringen je die erst vnd dritt inn einander multiplicirt eins weniger dann das quadrat der mittleren/ darumb je weiter mann solche ordnung erstreckt/ je näher man zu der Proportz kommt/ Dauon Euclide die 11 Proposi. des 2/ vnnd 30 des 6 Buch handeln/ vnnd wiewol mann jmmer jhe näher kompt/ mag doch nimmermehr dieselb erreicht/ auch vbertretten werden.

Die „obgesatzt ordnung" ist die Folge der Fibonaccizahlen von 1 bis 317811, die als Marginalie auf Blatt 48^r erscheint. Statt 54 muss es 64 heißen, wohl ein Druckfehler. Bemerkenswert auch das Ende des Zitats, wo Jacob bemerkt, dass für die Fibonaccizahlen F_n die Gleichung

$$F_n^2 = F_{n+1}F_{n-1} - (-1)^n$$

gilt (was er schreibt ist wohl als $|F_n^2 - F_{n+1}F_{n-1}| = 1$ zu interpretieren), was

$$\lim_{n \to \infty} \frac{F_n}{F_{n-1}} = \tau$$

zur Folge habe, wobei τ die Verhältniszahl des goldenen Schnitts ist. Jacob sagt weder, wo er die Fibonaccizahlen her hat, noch, wie er auf den Grenzwert gekommen ist.

Das Beispiel, das Jacob bringt, um den euklidischen Algorithmus zu erläutern, zeigt, dass man mithilfe der Fibonaccizahlen sich Zahlen verschaffen kann, bei denen man die Division mit Rest sehr häufig durchführen muss, um den größten gemeinsamen Teiler der gegebenen Zahlen zu finden. Dass diese Zahlenfolge besonders schlecht ist im Hinblick auf den euklidischen Algorithmus, zeigt Lamés Beweis für seine Abschätzung für die Anzahl der Rechenschritte, die bei Anwendung dieses Algorithmus auszuführen sind. Lamé formuliert seine Abschätzung folgendermaßen:

Théorème. *Le nombre des divisions à effectuer, pour trouver le plus grand commun diviseur entre deux entiers* A, *et* B < A, *est toujours moindre que cinq fois le nombre des chiffres de* B.

Der nun folgende Beweis dieses Satzes ist der von Lamé.

Wir definieren zunächst die Fibonaccizahlen noch einmal explizit. Dabei indizieren wir sie so, dass die Indizierung Fibonaccis Kaninchenzählung entspricht, der am Ende des ersten Monats zwei Kaninchenpaare vorfindet (Boncompagni 1857, S. 283/284). Wir setzen $F_0 := 1$ und $F_1 := 2$ sowie

$$F_{n+2} := F_{n+1} + F_n$$

für $n \geq 0$. Die Fibonaccizahlen haben bei Lamé *loc. cit.* keinen Namen. Wenn meine Erinnerung nicht täuscht, nennt Binet sie lamésche Zahlen und erst Lucas gibt ihnen den Namen Fibonaccizahlen. Ich finde jedoch die Belege nicht mehr. Kaiser (1929) weiß jedenfalls, dass sie lamésche Zahlen genannt werden, nennt die Folge F aber keplersche Reihe, da Kepler sie schon vor Lamé gekannt und benutzt habe. Als seine Quelle nennt er „Sonnenburg, Programmabhandlung des Kgl. Gymnasiums zu Bonn, 1881, S. 17". Diese Begründung zeigt, dass er Fibonaccis Kaninchenaufgabe nicht kannte. Bei Kepler finden sich die Fibonaccizahlen in seiner Schrift über den sechseckigen Schnee, wo er auch darauf hinweist, dass

$$\tau = \lim_{n \to \infty} \frac{F_n}{F_{n-1}}$$

ist (Kepler 1611/1982, S. 18).

Lamé stellt und beantwortet nun die Frage nach der Anzahl der k-stelligen Fibonaccizahlen, wobei sich k-stellig auf ihre Darstellung als Dezimalzahlen bezieht.

Satz 1. *Es sei $k \in \mathbf{N}$. Es gibt dann mindestens vier und höchstens fünf k-stellige Fibonaccizahlen.*

Beweis. Die ersten sechs Fibonaccizahlen sind 1, 2, 3, 5, 8, 13, sodass es genau fünf einstellige Fibonaccizahlen gibt. Es sei $k \geq 1$ und der Satz gelte für k. Es sei F_n die kleinste Fibonaccizahl mit mehr als k Stellen. Dann ist $n \geq 5$, da ja $F_4 = 8$ ist. Wegen der Minimalität von n gilt $F_{n-1}, F_{n-2} < 10^k$ und folglich

$$F_n = F_{n-1} + F_{n-2} < 2 \cdot 10^k.$$

Es folgt weiter

$$F_{n+1} = F_n + F_{n-1} < 3 \cdot 10^k$$
$$F_{n+2} = F_{n+1} + F_n < 5 \cdot 10^k$$
$$F_{n+3} = F_{n+2} + F_{n+1} < 8 \cdot 10^k.$$

Die vier Fibonaccizahlen F_n, F_{n+1}, F_{n+2} und F_{n+3} sind also $(k+1)$-stellig, sodass es mindestens vier $(k+1)$-stellige Fibonaccizahlen gibt.

Es ist $F_{n-2} < F_{n-1}$. Also ist

$$10^k \leq F_n = F_{n-1} + F_{n-2} < 2 \cdot F_{n-1}.$$

und damit

$$F_{n-1} > \frac{1}{2} \cdot 10^k.$$

Hiermit folgt der Reihe nach

$$F_{n+1} = F_n + F_{n-1} > \frac{3}{2} \cdot 10^k$$

$$F_{n+2} = F_{n+1} + F_n > \frac{5}{2} \cdot 10^k$$

$$F_{n+3} = F_{n+2} + F_{n+1} > \frac{8}{2} \cdot 10^k$$

$$F_{n+4} = F_{n+3} + F_{n+2} > \frac{13}{2} \cdot 10^k$$

$$F_{n+5} = F_{n+4} + F_{n+3} > \frac{21}{2} \cdot 10^k.$$

Also ist $F_{n+5} > 10^{k+1}$, sodass F_{n+5} mindestens $k + 2$-stellig ist. Damit ist der Satz bewiesen.

Satz 2. *Ist F_n die n-te Fibonaccizahl und ist k die Anzahl ihrer Dezimalstellen, so ist $n < 5k$.*

Beweis. Dies ist richtig für $k = 1$. Es sei also $k \geq 1$ und der Satz gelte für k. Ist F_n nun $(k+1)$-stellig, so ist F_{n-5} nach Satz 1 höchstens k-stellig. Nach Induktionsannahme ist daher $n - 5 < 5k$ und folglich $n < 5(k + 1)$.

Satz 3. *Es seien a, $b \in \mathbf{N}$. Ferner seien q, $r \in \mathbf{N}_0$ und es gelte $a = qb + r$ und $r < b$. Sind F_n, F_{n-1}, F_{n-2} drei aufeinanderfolgende Fibonaccizahlen und gilt*

$$F_n \geq a > b \geq F_{n-1} \quad und \quad r \geq F_{n-2},$$

so ist $F_n = a$, $F_{n-1} = b$ und $F_{n-2} = r$.

Beweis. Wegen $a > b$ ist $q \geq 1$. Also gilt

$$F_n \geq a = qb + r \geq b + r \geq F_{n-1} + F_{n-2} = F_n.$$

Hieraus folgt alles weitere.

Wir definieren den Algorithmus GGT durch

Input: Natürliche Zahlen a und b.
Output: GGT, der größte gemeinsame Teiler von a und b.

$\qquad$ GGT$(a, b) :=$ if $b = 0$ then a else GGT$(b, a \ \text{MOD} \ b)$ endif

Die Anzahl der Aufrufe von GGT innerhalb von GGT(a, b) bezeichnen wir mit $w(a, b)$. Es gilt:

Satz 4. *Es seien a, $b \in \mathbf{N}$. Sind F_{n-1} und F_n aufeinanderfolgende Fibonaccizahlen und gilt $F_{n-1} \leq b < F_n$, so ist $w(a, b) \leq n$.*

Beweis. Ist a MOD $b = 0$, so ist $w(a,b) = 1 \leq n$. Es sei also a MOD $b \neq 0$. Setze $r := a$ MOD b. Dann ist $r \neq 0$ und

$$w(a,b) = w(b,r) + 1.$$

Es gibt ein $i \in \mathbf{N}$ mit $F_{i-1} \leq r < F_i$. Dann ist

$$F_{i-1} \leq r < b < F_n$$

und folglich $i \leq n$. Nach Induktionsannahme ist $w(b,r) \leq i$. Ist $i < n$, so folgt

$$w(a,b) = w(b,r) + 1 \leq i + 1 \leq n.$$

Es sei $i = n$. Dann ist
$$F_{n-1} \leq r < b < F_n.$$

Setze $s := b$ MOD r. Dann ist $w(b,r) = w(r,s) + 1$ und folglich $w(a,b) = w(r,s) + 2$. Wäre nun $F_{n-2} \leq s$, so folgten mit Satz 3 die Gleichungen $s = F_{n-2}$, $r = F_{n-1}$ und insbesondere $b = F_n$ im Widerspruch zu $b < F_n$. Also ist $s < F_{n-2}$ und daher $w(r,s) \leq n - 2$. Somit gilt

$$w(a,b) = w(r,s) + 2 \leq n.$$

Damit ist alles bewiesen.

Die Abschätzung in Satz 4 ist bestmöglich, da $w(F_n, F_{n-1}) = n$ ist. Sie ist aber andererseits nicht sehr handlich. Handlicher ist die aus ihr von Lamé hergeleitete Schranke, die man unmittelbar an b ablesen kann. Sie gilt es nun noch zu beweisen.

Es sei $F_{n-1} \leq b < F_n$. Nach Satz 4 ist $w(a,b) \leq n$. Nach Satz 2 ist $n-1 < 5 \operatorname{dez}(F_{n-1})$ und damit $n \leq 5 \operatorname{dez}(b)$. Daher ist

$$w(a,b) \leq n \leq 5 \operatorname{dez}(F_{n-1}) \leq 5 \operatorname{dez}(b).$$

Damit ist die lamésche Schranke etabliert.

Claude Gaspar Bachet de Meziriac stellte in der zweiten (nicht in der ersten) Auflage seiner *Problemes plaisans et delectables qui se font par les nombres* auf Seite 18 die folgende Aufgabe (Bachet 1624):

Deux nombres premiers entre eux estant donnéz, treuuer le moindre multiple de chascun d'iceux, surpassant de l'vnité vn multiple de l'autre.

Es sind also zwei teilerfremde Zahlen A und B gegeben und gesucht ist das kleinste Vielfache V_A von A und das kleinste Vielfache W_B von B, sodass es Vielfache V_B und W_A von B und A gibt mit $V_A = V_B + 1$ und $W_B = W_A + 1$. Zuvor hat Bachet schon gezeigt, dass es höchstens ein V_A gibt mit $V_A < \operatorname{kgV}(A,B) = AB$. Das Gleiche gilt natürlich auch für W_B. Zu beachten ist, dass Zahl bei Bachet stets natürliche Zahl heißt. Und das macht seinen Algorithmus so schön, dass er keinen Gebrauch von negativen Zahlen macht, dass Subtraktion bei ihm stets partielle Subtraktion bedeutet, dass also nur kleinere Zahlen von größeren subtrahiert werden.

Bachet beginnt seine Konstruktion, indem er sagt, man möge B so oft von A subtrahieren, wie es gehe. Es bliebe noch etwas übrig, da sonst B der größte gemeinsame Teiler von A und B wäre. Das widerspräche aber der Teilerfremdheit. Hieraus wird klar, dass er $B > 1$ annimmt.

Es bleibt also etwas übrig. Er nimmt zunächst an, es bliebe 1 übrig. Es sei also

$$A = QB + 1.$$

Wegen $B > 1$ ist $A < AB$. Dann berechnet er

$$E := AB + 1 - A.$$

Es ist klar, dass E um eins größer ist als ein Vielfaches von A und dass dieses Vielfache kleiner ist als AB. Es folgt

$$E = AB + 1 - QB - 1 = (A - Q)B.$$

In diesem Falle tun also $V_A := A$ und $W_B := (A - Q)B$ das Verlangte. Ist

$$A = QB + C$$

mit $C > 1$, so geht das Spiel mit B, C weiter, bis schließlich, so sage ich Bachets Argument verkürzend, irgendwann der Rest 1 auftritt. Zur Begründung zitiert er Campanus und Clavius, die dies bewiesen hätten, ohne die Literaturstellen zu präzisieren. Bei seinem Verfahren merkt Bachet sich die Reste, berechnet aber hier noch nicht die Quotienten. Damit wir nicht die Übersicht verlieren, gebe ich von nun an Bachets Algorithmus und Argumentation in unserer Sprache wieder.

Wir setzen $a_{-1} := A$ und $a_0 := B$ und berechnen weitere a_i, q_i, sodass gilt:

$$a_{-1} = q_{-1}a_0 + a_1$$
$$a_0 = q_0a_1 + a_2$$
$$\vdots$$
$$a_{n-2} = q_{n-2}a_{n-1} + a_n$$
$$a_{n-1} = q_{n-1}a_n + 1$$

mit $a_i < a_{i-1}$ für alle fraglichen i. Weil a_n nicht der letzte Rest ist, ist $a_n > 1$. Wie schon erwähnt, berechnet Bachet an dieser Stelle nur die a_i, indem er sagt, man solle a_{i-1} so oft von a_{i-2} subtrahieren, wie es ginge. Später, wenn er die q_i dann doch benötigt, berechnet er sie aus obigen Gleichungen.

Ist n gerade, so setzen wir $R_n := 1$ und $R_{n-1} := q_{n-1}$. Dann ist $R_n < a_n$ und $R_{n-1} < a_{n-1}$ und

$$R_n a_{n-1} = R_{n-1}a_n + 1.$$

Ist n ungerade, so setzen wir $R_n := a_n - 1$ und $R_{n-1} := a_{n-1} - q_{n-1}$. Dann gilt wiederum $R_n < a_n$ und $R_{n-1} < a_{n-1}$. Wir haben zu Beginn des Beweises schon gesehen, dass

$$R_{n-1}a_n = R_n a_{n-1} + 1$$

gilt. Für $i \leq n$ setzen wir schließlich

$$R_{i-2} := q_{i-2}R_{i-1} + R_i.$$

Dann ist, falls i gerade und $|i - j| = 1$ ist,

$$R_i a_j = R_j a_i + 1.$$

Ferner ist $R_i < a_i$ für alle i. Insbesondere ist $R_0 < B$ und

$$R_0 A = R_{-1} B + 1.$$

Die erste Aussage gilt für $i = n$ und $j = n-1$, falls n gerade ist, und für $i = n-1$ und $j = n$, falls n ungerade ist. Eine banale Induktion zeigt die Gültigkeit der Ungleichung $R_i < a_i$.

Es gelte nun

$$R_i a_j = R_j a_i + 1$$

mit geradem i und $|i - j| = 1$. Es folgt $j = i+1$ oder $j = i-1$. Es sei zunächst $j = i+1$. Wir addieren auf beiden Seiten der Gleichung $R_i q_{i-1} a_i$. Dann ist

$$\begin{aligned}
R_i a_{j-2} = R_i a_{i-1} &= R_i(a_{i+1} + q_{i-1}a_i) = R_i a_j + R_i q_{i-1} a_i \\
&= R_j a_i + R_i q_{i-1} a_i + 1 = (R_j + R_{j-1}q_{j-2})a_i + 1 \\
&= R_{j-2} a_i + 1.
\end{aligned}$$

Ferner gilt $|i - (j - 2)| = |i - (i + 1 - 2)| = 1$.

Es sei $j = i - 1$. Dann addieren wir auf beiden Seiten der Gleichung $R_j q_{j-1} a_j$. Dann ist

$$\begin{aligned}
R_{i-2} a_j = (R_i + R_j q_{j-1})a_j &= R_j a_i + R_j q_{i-2} a_{i-1} + 1 \\
&= R_j a_{i-2} + 1
\end{aligned}$$

und $|i - 2 - j| = 1$. Überdies ist $i - 2$ gerade, da ja i gerade ist. Damit ist die Zwischenbehauptung bewiesen. Offenbar ist $R_0 A$ das gesuchte V_A.

Wir sind noch nicht fertig mit der Lösung von Bachets Aufgabe, da wir erst V_A bestimmt haben. Bevor wir aber auch noch W_B bestimmen, will ich auf die Frage eingehen, wie Bachet mit dieser Induktion fertig wird. Nun, er geht nur bis $n = 3$, nimmt also an, dass schon beim vierten Schritt der Rest eins auftaucht, wobei er keinerlei Indizes benutzt, noch irgendwelche Formeln schreibt. Er rechnet dann jeden einzelnen der drei Schritte vor, die er zu rechnen hat, um V_A zu erhalten. Seine Zahlen sind, jedenfalls im eigentlichen Text, nur mit ihren Namen A, B, C, usw. gegeben. In einem Kasten außerhalb kann man die Belegung der Variablen an dem Beispiel $A = 67$ und $B = 60$ verfolgen, wobei die Kontrolle der Rechnung dem Leser überlassen bleibt. Er diskutiert das Verfahren aber weiter. Um nämlich W_B auszurechnen gibt es zwei Möglichkeiten, die erste nutzt die Kenntnis von V_A, während die zweite den gleichen Algorithmus benutzt wie die Berechnung von V_A, nur dass in diesem Falle R_n und R_{n-1} ihre Rollen tauschen, d.h. R_{n-1}, so wie hier definiert, wird zu R_n und R_n zu R_{n-1}. Die übrigen R_i werden mit der gleichen Rekursion wie zuvor berechnet. Die Voraussetzung an i muss überdies lauten, dass i ungerade sei. Auch diese Möglichkeit wird von Bachet

Schritt für Schritt durchgerechnet. Schließlich sagt er noch, dass man so wie gerade bei der Berechnung von W_B vorgehen solle, wenn n gerade sei. Bei seinem Beispiel ist ja $n = 3$, also ungerade. Dabei lässt er es bewenden.

Dieses Vorgehen von Bachet bei der Etablierung des Algorithmus ist typisch für die Beweise, bei denen wir heute Induktion verwenden. Man rechnet einige wenige Beispiele vor, wobei man stets das zuletzt verifizierte Ergebnis benutzt, um das nächste als richtig zu erkennen. Man macht also den Induktionsschritt von 1 nach 2, von 2 nach 3, von 3 nach 4 etwa und hofft, dass der Leser auf diese Weise sieht, dass auch der allgemeine Fall gilt. Uns Heutigen fällt es in aller Regel nicht schwer, anhand dieser Information einen im heutigen Sinne korrekten Induktionsbeweis zu führen. — Wir sind noch nicht fertig mit Bachets Aufgabe.

Hier Bachets erstes Verfahren, W_B aus der Kenntnis von V_A zu berechnen. Er setzt

$$W_B := AB + 1 - V_A.$$

Dann ist klar, dass W_B um eins größer ist als ein Vielfaches von A, da V_A ja ein Vielfaches von A ist. Außerdem ist $W_B < AB$, da A und damit V_A als Zahlen nicht eins sind. (Hier interpretiere ich wieder.) Andererseits ist

$$W_B = AB + 1 - V_B - 1 = AB - V_B,$$

sodass W_B ein Vielfaches von B ist.

Bachet schließt die Diskussion der Aufgabe mit einem *Advertissement*, dass man sich nämlich einen Teil der Rechnung sparen könne, indem man nur die R_i und nicht auch die $R_i a_j$ mit $|i - j| = 1$ berechne, wobei er die Rechnung für den Fall $n = 3$ vollständig durchführt. Für uns ist das selbstverständlich, da wir die $R_i a_j$ immer faktorisiert vor Augen haben, für Bachet ist es dies aber nicht, da er keine Formeln schreibt.

Es ist nicht relevant, dass A und B teilerfremd sind. Setzt man $t := \mathrm{ggT}(A, B)$ und ersetzt man im bachetschen Algorithmus die 1, so sie als ggT von A und B vorkommt, überall durch t, so liefert der Algorithmus Zahlen u und v mit $uA = vB + t$.

Bemerkenswert finde ich an diesem Beweis, dass Bachet keine negativen Zahlen benutzt, mit denen man damals gerade anfing zu rechnen, und dass er nur sehr sparsam subtrahiert. Bemerkenswert auch die Tatsache, dass er die Produkte $R_i a_{i+1}$ und $R_i a_{i-1}$ abschätzt und zwar durch $a_i a_{i+1}$ bzw. $a_i a_{i-1}$. Wir, die wir das Produkt stets faktorisiert vor Augen haben, schätzen natürlich R_i durch a_i nach oben ab. Bachet führt all diese Abschätzungen durch, um V_A abschätzen zu können. Wir schließen mehr daraus, dass nämlich beim Rechnen mit der Maschine alle R_i in ein Maschinenwort passen, wenn A und B in ein Maschinenwort passen. Was Bachets Analyse des Algorithmus nur noch fehlt, ist, die Anzahl der Rechenoperationen abzuschätzen. Die lamésche Schranke, zeitlich lange nach dem bachetschen Algorithmus etabliert, gilt aber auch hier.

Bachet berechnet also zuerst die Reihe a_i der Reste, die mit eins endet, und deren Anzahl $n+1$. Er benötigt die Parität von n, sowie die Quotienten q_i, die er nachträglich mittels der a_i berechnet, und, wenn n ungerade ist, auch noch a_n und a_{n-1} zur Bestimmung der R_i. Sein Verfahren ist also das der Rückwärtssubstitution, wie man sagt. Dieses Verfahren wird auch von Euler in seiner „Vollständigen Anleitung zur Algebra", die in erster Auflage 1770 erschien, benutzt (Euler 1942, S. 336–350). Euler wird immer

wieder als der Erste angegeben, der eine praktikable Lösung für diophantische Gleichungen ersten Grades gegeben habe. Dabei hat schon Lagrange an mindestens zwei
Stellen auf die Lösung von Bachet hingewiesen (Lagrange 1770, Euler, l'an IIIe de L'ÈRE
Républicaine, Band II, S. 376, 525). Lagrange selbst gibt eine andere Lösung für das
gleiche Problem, die heute auch das Verfahren der Vorwärtssubstitution heißt und die
aus Lagranges Theorie der Kettenbrüche fließt. Dieses Verfahren ist rechnerisch genauso
aufwändig wie das bachetsche, benötigt aber weniger Speicherplatz, sodass es heute
allgemein verwandt wird. Es findet sich ebenfalls in den *Additions* zu Eulers Algebra.
Siehe auch Aufgabe 6.

In Betriebsanleitungen von zwei Sprossenradmaschinen fand ich ein Verfahren, die
größte Ganze aus der Quadratwurzel einer natürlichen Zahl zu bestimmen, welches
ich nun vorstellen möchte. Beide Betriebsanleitungen schrieben dieses Verfahren einem
Professor Toepler, Dresden, zu. Einige Recherchen führten dann zu der ursprünglichen
Publikation dieses bemerkenswerten Verfahrens durch F. Reuleaux (Reuleaux 1866).
Dieses Verfahren kommt mit Addition und Subtraktion sowie dem Schiften von Zahlen
aus, sofern die Zahlen dezimal darstellt sind.

Der toeplersche Algorithmus basiert auf der Formel

$$(k+1)^2 = k^2 + 2k + 1 = \sum_{i:=0}^{k}(2i+1)$$

und der Darstellung der natürlichen Zahl n, deren Quadratwurzel gesucht wird, im
Dezimalsystem. Man stelle sich vor, man hätte ein a mit

$$a^2 \cdot 10^{2(f+1)} \le n < (a+1)^2 \cdot 10^{2(f+1)}.$$

Dann suche man ein k mit

$$(a \cdot 10 + k)^2 \cdot 10^{2f} \le n < (a \cdot 10 + k + 1)^2 \cdot 10^{2f}.$$

Dabei berufe man sich auf die Formel

$$(a \cdot 10 + k)^2 = (a \cdot 10)^2 + 2a \cdot 10 \cdot k + k^2$$

$$= (a \cdot 10)^2 + \sum_{i:=1}^{k}(2a \cdot 10 + (2i - 1)),$$

indem man, wenn $a \cdot 10 + k$ in die Formel eingesetzt noch nicht die zweite Ungleichung
erfüllt,

$$2a \cdot 10 + 2k + 1$$

zur rechten Seite und die 1 zu $a \cdot 10 + k$ addiert. Man sieht, dass k am Ende die
$(f+1)$-ste Dezimale von $\lfloor\sqrt{n}\rfloor$ ist. Es folgt hieraus, dass die Anzahl der Rechenschritte
gleich $O(\log n)$ ist. Der Algorithmus ist so eingerichtet, dass man schon einmal gemachte
Rechnungen nicht zu wiederholen braucht. Dazu betrachtet man jeweils die Differenz
$n - a^2 \cdot 10^{2(f+1)}$ und verkleinert sie in jedem Schritt auf geeignete Weise.

Ersetzt man im folgenden Algorithmus 10 überall durch q, so sieht man, dass der
Algorithmus auch q-adisch funktioniert.

Die Kommentare des folgenden Algorithmus enthalten unter anderem die Schleifen-invarianten, die man zum Verifizieren des Algorithmus benötigt. Ferner auch noch Vari-able, die einen früheren Zustand festhalten, damit man die Induktion, die die Schleifen-invarianten verifiziert, bequem durchführen kann.

Die repeat-Schleife wird für jedes f höchstens zehnmal durchlaufen. Das k im Kom-mentar vor dem „endfor" ist die $(f+1)$-ste Dezimale von A. Dies zeigen die mit %% bezeichneten Kommentare, die zur Verifikation des Algorithmus nicht benötigt werden.

Hier nun der Algorithmus.

Input. Eine natürliche Zahl n.

Output. Eine natürliche Zahl A und eine ganze Zahl $C \geq 0$ mit $n = A^2 + C < (A+1)^2$.

begin $C := n$;
  Bestimme e mit $10^{2e} \leq C < 10^{2(e+1)}$

  % Dies geschieht durch Abzählen der Dezimalen von C.
  % Es ist $e + 1$ die Anzahl der zu bestimmenden Dezimalen von A.
  $A := 0$; $B := 0$;

  % 1) $n = A^2 + C$
  % 1) $B = 2A$
  %% $A \equiv 0 \mod 10^{e+1}$

  for $f := e$ downto 0 do
    % Bestimmung der $(f+1)$-sten Dezimalen von A.
    $k := 0$

    % 2) $b := B$
    % 2) $a := A$
    % 2) $b = 2a$
    % 2) $c := C$
    % 2) $n = a^2 + c$
    %% $a \equiv 0 \mod 10^{f+1}$

    repeat $k := k + 1$;
      if $k = 1$ then $B := B + 10^f$ else $B := B + 2 \cdot 10^f$ endif;
      % 3) $B = b + (2k - 1) \cdot 10^f$
      % 3) $B = 2a + (2k - 1) \cdot 10^f$

      $A := A + 10^f$;
      % 4) $A = a + k \cdot 10^f$
      %% $A \equiv 0 \mod 10^f$

      $C := C - B \cdot 10^f$
      % 5) $C = c - bk \cdot 10^f - k^2 \cdot 10^{2f}$
      % 5) $C = c - 2ak \cdot 10^f - k^2 \cdot 10^{2f}$
      % 5) $n = A^2 + C$

    until $C < 0$;
    $C := C + B \cdot 10^f$;
    $B := B - 10^f$;
    $A := A - 10^f$

% 6) $k := k - 1$;
% 6) $n = A^2 + C < (A + 10^f)^2$
% 6) $B = 2A$
%% $A \equiv 0 \mod 10^f$
  endfor
% 7) $f = 0$
% 7) $n = A^2 + C < (A + 1)^2$
end;

Beweis der Korrektheit. Der nicht nummerierte erste Kommentar versteht sich von selbst. Bei Kommentar 1) ist C mit n belegt und A und B mit 0. Also gilt $n = A^2 + C$ und $B = 2A$. Dies ist die Induktionsverankerung. Im Kommentar 2) wird den Variablen a, b, c die Werte A, B, C zugewiesen. Diese Zuweisungen dienen dem Zweck, den derzeitigen Zustand der Variablen einen Durchlauf der repeat-Schleife lang festzuhalten. Dass $b = 2a$ und $n = a^2 + c$ ist, folgt beim ersten Betreten der for-Schleife aus der Gültigkeit von 1) und ist bei weiterem Betreten der for-Schleife Induktionsannahme. Es ist dann zu beweisen, dass auch 6) gilt.

Betritt man die repeat-Schleife zum ersten Male, so ist $k = 1$ und es wird die Anweisung $B := B + 10^f$ ausgeführt. Hier ist also $B_{\text{neu}} = B_{\text{alt}} + 10^f$, sodass die erste Aussage von 3) gilt. Die zweite Aussage gilt dann auch, da ja $b = 2a$ ist. Betritt man die repeat-Schleife zum wiederholten Male, so gilt

$$B_{\text{neu}} = B_{\text{alt}} + 2 \cdot 10^f = b + (2k - 3)10^f + 2 \cdot 10^f = b + (2k - 1)10^f.$$

Die Aussage über A im Kommentar 4) beweist eine noch simplere Induktion.

Um 5) zu beweisen, bemerken wir zuerst, dass

$$C_{\text{neu}} = C_{\text{alt}} - B \cdot 10^f$$

ist. Ferner gilt

$$C_{\text{alt}} = c - b(k - 1) \cdot 10^f - (k - 1)^2 \cdot 10^{2f}$$
$$B = b + (2k - 1) \cdot 10^f.$$

Also gilt — hier passiert die Zauberei mit der binomischen Formel —

$$C_{\text{neu}} = c - b(k - 1) \cdot 10^f - (k - 1)^2 \cdot 10^{2f} - b \cdot 10^f - (2k - 1) \cdot 10^{2f}$$
$$= c - bk \cdot 10^f - k^2 \cdot 10^{2f}.$$

Dies zeigt die Gültigkeit der ersten Aussage von 5). Die zweite gilt wegen $b = 2a$. Mit 4), der zweiten Zeile von 5) und 2) folgt nun

$$A^2 + C = (a + k \cdot 10^f)^2 + c - 2ak \cdot 10^f - k^2 \cdot 10^{2f}$$
$$= a^2 + c = n,$$

sodass auch die letzte Aussage von 5) gilt.

Da bei jedem Durchlaufen der repeat-Schleife von C eine natürliche Zahl abgezogen wird, muss einmal $C < 0$ sein, sodass diese Schleife nur endlich oft durchlaufen wird. Nach Verlassen der repeat-Schleife werden A, C und k auf den vorletzten Stand zurückgesetzt und von B die Zahl 10^f subtrahiert, wobei k jedoch nur noch in Gedanken um 1 erniedrigt wird. Es gilt dann auch die erste Aussage der mittleren Zeile von 6), wobei dies noch zweifelhaft ist, wenn nun $k = 0$ sein sollte. Doch dann ist $A = a$ und $B = b$ und $C = c$, sodass diese Aussage wie auch die letzte Zeile mit 2) übereinstimmt. Die Ungleichung ist natürlich die Information, die wir durch den Abbruch der repeat-Schleife erhalten. Ist $k > 0$, so folgt schließlich

$$B_{\text{neu}} = B_{\text{alt}} - 10^f = b - (2k - 1) \cdot 10^f - 10^f = 2a - 2k \cdot 10^f = 2A.$$

Damit ist die Gültigkeit von 6) nachgewiesen.

Ist die for-Schleife abgearbeitet, so gilt neben 6) auch noch $f = 0$, also 7). Damit ist die Korrektheit des Algorithmus etabliert.

Aufgaben

1. Es seien a und b natürliche Zahlen. Zeigen Sie, dass die Menge

$$\{n \mid n \in \mathbf{N}_0, nb \leq a\}$$

nicht-leer ist und ein größtes Element q enthält. Setzen Sie ferner $r := a - qb$ und zeigen Sie, dass $r < b$ ist. (Dies ergibt einen von jeder Q-adik freien Beweis für die Durchführbarkeit der Division mit Rest.)

2. Ist $a \in \mathbf{N}_0$ und sind b, $c \in \mathbf{N}$, so gilt

$$a \text{ DIV } (bc) = (a \text{ DIV } b) \text{ DIV } c$$

und

$$a \text{ MOD } (bc) = ((a \text{ DIV } b) \text{ MOD } c)b + a \text{ MOD } b.$$

3. Es seien a, $b \in \mathbf{N}_0$, es seien jedoch a und b nicht beide null. Ist dann $g := \text{ggT}(a, b)$, so ist $\text{ggT}(\frac{a}{g}, \frac{b}{g}) = 1$.

4. Es seien a, b, $c \in \mathbf{N}$. Ist a Teiler von bc und sind a und b teilerfremd, so ist a Teiler von c.

5. Es seien a, b, $c \in \mathbf{N}$. Ist a zu b und auch zu c teilerfremd, sind auch a und bc teilerfremd.

6. Der bachetsche Algorithmus, so schön wie er ist, hat den Nachteil, zuviel Speicherplatz zu verbrauchen. Der folgende Algorithmus von Lagrange, der das Gleiche leistet wie der bachetsche, geht mit dieser Ressource viel sparsamer um. Wir formulieren ihn hier gleich für den Ring $\mathbf{Z}$ der ganzen Zahlen, auch wenn dieser noch nicht eingeführt ist. Der Leser, der dies bemängelt, löse diese Aufgabe, die im Verifizieren des Algorithmus besteht, nachdem er das Kapitel II gelesen hat.

Input. Nicht-negative ganze Zahlen a und b.
Output. Ganze Zahlen x, y und t, sodass $t = \text{ggT}(a, b) = ax + by$ ist.

Bemerkung. Dass in der while-Schleife zweimal das im Wesentlichen Gleiche gemacht wird, dient dazu, Umspeicherungen zu vermeiden und den Überblick über den Wechsel von Plus- und Minuszeichen zu wahren.

var $r_0, r_1, p_0, p_1, q_0, q_1, u$: integer
begin $r_0 := a$; $r_1 := b$;
  $p_0 := 0$; $p_1 := 1$;
  $q_0 := 1$; $q_1 := 0$;
  % 1) $p_0 r_1 + p_1 r_0 = a$
  % 2) $q_0 r_1 + q_1 r_0 = b$
  % 3) $a q_0 - b p_0 = r_0$
  % 4) $a q_1 - b p_1 = -r_1$
  while $(r_0 > 0)$ and $(r_1 > 0)$ do
    $u := r_0$ DIV r_1;
    $r_0 := r_0$ MOD r_1;
    $p_0 := u p_1 + p_0$;
    $q_0 := u q_1 + q_0$;
    % 1') $p_0 r_1 + p_1 r_0 = a$
    % 2') $q_0 r_1 + q_1 r_0 = b$
    % 3') $a q_0 - b p_0 = r_0$
    % 4') $a q_1 - b p_1 = -r_1$
    if $r_0 > 0$ then
      $u := r_1$ DIV r_0;
      $r_1 := r_1$ MOD r_0;
      $p_1 := u p_0 + p_1$;
      $q_1 := u q_0 + q_1$
    % 1'') $p_0 r_1 + p_1 r_0 = a$
    % 2'') $q_0 r_1 + q_1 r_0 = b$
    % 3'') $a q_0 - b p_0 = r_0$
    % 4'') $a q_1 - b p_1 = -r_1$
    endif
  endwhile;
  % $p_0 r_1 + p_1 r_0 = a$
  % $q_0 r_1 + q_1 r_0 = b$
  % $a q_0 - b p_0 = r_0$
  % $a q_1 - b p_1 = -r_1$
  % $(r_0 = 0)$ oder $(r_1 = 0)$
  if $r_0 = 0$ then
    % $p_0 r_1 = a$
    % $q_0 r_1 = b$
    % $a q_1 - b p_1 = -r_1$
    $t := r_0$;
    $x := -q_1$; $y := p_1$

```
    else
      % p₁r₀ = a
      % q₁r₀ = b
      % aq₀ − bp₀ = r₀
      t := r₁;
      x := q₀; y := −p₀
    endif
end;
```

5. Teilbarkeitskriterien. Weshalb interessiert man sich eigentlich für den größten gemeinsamen Teiler zweier Zahlen? Weshalb interessierte sich Euklid für ihn? Ich habe in Abschnitt 4 schon erwähnt, dass Fibonacci und auch Luca Pacioli ihn benutzen, um Brüche zu kürzen. Euklid benutzte ihn im Grunde für das Gleiche, indem er die Aufgabe stellte, zu a, $b \in \mathbf{N}$ die kleinsten natürlichen Zahlen m und n zu bestimmen, für die $a : b = m : n$ gilt. Er bewies, dass es genau ein solches Paar m, n gibt, nämlich $m = \frac{a}{\mathrm{ggT}(a,b)}$ und $n = \frac{b}{\mathrm{ggT}(a,b)}$ (Elemente, Buch VII). Euklid benutzte diesen *Standardvertreter* von Äquivalenzklassen von Paaren natürlicher Zahlen gleichen Verhältnisses nur zu theoretischen Zwecken, während es Fibonacci und Pacioli darum ging, die Zahlen beim Rechnen mit Brüchen klein zu halten. Hier hatte der größte gemeinsame Teiler also einen sehr handfesten Zweck. Bemerkenswert ist, dass die Mathematik von Beginn an Verknüpfungen von Äquivalenzklassen betrachtete und für diese Äquivalenzklassen nach Standardvertretern suchte.

Wenn Sie sich, lieber Leser, an Ihre Schulzeit erinnern, so suchte man damals zunächst auf andere Weise gemeinsame Teiler von Zähler und Nenner zu finden und sie herauszukürzen. Diese gemeinsamen Teiler zu erkennen, dienten die Teilbarkeitsregeln für die Zahlen 2, 4, 8, 3, 5, 6 und 9, die alle auf dem Dezimalsystem beruhen. Sucht man nach diesen Teilbarkeitskriterien in der abendländischen Literatur, so braucht man erst mit den lateinischen Nachdichtungen der Arithmetik Al-Hwarizmis zu beginnen, da erst in ihnen das Rechnen mit den indischen Ziffern erklärt ist. Dort finde ich nichts über Teilbarkeitsregeln und ggT (Al-Hwarizmi 1992).

In Fibonaccis *liber abbaci* aber, der Quelle der nächsten Generation, wird man fündig. Dort finden sich Teilbarkeitskriterien für die Zahlen 2, 3, 4, 5, 6, 8 und 9. Das Interessante ist aber, dass sie sich nicht im Umkreis des Kürzens von Brüchen finden, sondern im Zusammenhang mit der Faktorisierung natürlicher Zahlen. Dabei geht es Fibonacci um ganz praktische Dinge. Für uns zunächst unverständlich faktorisiert er nämlich beim Dividieren den Divisor mit der Begründung, dass es sich durch kleinere Zahlen leichter und sicherer dividieren ließe. Dies ist sicherlich richtig, doch das Faktorisieren ist, wie wir wissen, bei großen Zahlen ein schwieriges Unterfangen, sodass wir sogar unsere Datensicherheit auf Zahlen bauen, die Produkte großer Primzahlen sind. Leonardos Divisoren liegen aber häufig schon faktorisiert vor, sodass er bei seinen Aufgaben aus der Praxis meist nicht zu faktorisieren braucht. Dass die Divisoren bei Fibonacci faktorisiert sind, wird von ihm insbesondere dazu ausgenutzt, seine Ergebnisse gleich im richtigen Maß- und Münzsystem zu erhalten. Diesen Hauptvorteil sieht er aber offensichtlich nicht als feiernswert an. Er nutzt ihn ganz einfach. Näheres hierzu findet der Leser in meinem „Lesevergnügen".

Ob eine Zahl gerade oder ungerade ist, sieht man an der letzten Ziffer. Es ist ja

$$n = a \cdot 10 + b$$

mit $0 \leq b \leq 9$. Weil $a \cdot 10$ gerade ist, ist n genau dann gerade, wenn b gerade ist. Weil $a \cdot 10$ durch 5 und auch durch 10 teilbar ist, ist n genau dann durch 5 teilbar, wenn $b = 0$ oder $b = 5$ ist, und genau dann durch 10 teilbar, wenn $b = 0$ ist.

Es ist

$$10^{n+1} - 1 = 9 \cdot \sum_{i:=0}^{n} 10^i.$$

Hieraus folgt für $a = \sum_{i:=0}^{n} a_i 10^i$, dass

$$a = a_0 + \sum_{i:=1}^{n} a_i 10^i = \sum_{i:=0}^{n} a_i + 9 \cdot F$$

ist mit einem $F \in \mathbf{N}_0$. Setzt man $Q(a) := \sum_{i:=0}^{n} a_i$, so gilt also

$$a \equiv Q(a) \mod 9.$$

Hieraus folgt natürlich sofort, dass a genau dann durch 3 bzw. 9 teilbar ist, wenn die *Quersumme* von a — nichts anderes ist ja $Q(a)$ — durch 3 bzw. 9 teilbar ist. Kombiniert liefert das, dass a genau dann durch 6 teilbar ist, wenn a gerade und die Quersumme von a durch 3 teilbar ist.

Fibonaccis Teilbarkeitskriterium für die 8 sieht etwas anders aus als unseres. Er nimmt von vornherein an, dass die zu testende Zahl gerade ist. Dies sieht man ja auf den ersten Blick. Ist die Zahl aus den letzten beiden Ziffern durch 8 teilbar und ist die drittletzte Ziffer gleich 2, 4, 6, 8 oder 0, so ist die gegebene Zahl durch 8 teilbar. Ist der Achterrest gleich 4 und die dritte Ziffer gleich 1, 3, 5, 7 oder 9, so ist die gegebene Zahl ebenfalls durch 8 teilbar. In beiden Fällen ist die gegebene Zahl durch 4 teilbar, gleichgültig wie die dritte Ziffer aussieht. Ist der Achterrest der Zahl aus den letzten beiden Ziffern 2 oder 6, so ist die Zahl durch 2 aber nicht durch 4 teilbar. All dies liest man an der Zerlegung

$$a = a_3 \cdot 1000 + a_2 \cdot 100 + a_1 \cdot 10 + a_0$$

ab. Wir sagen natürlich, dass a genau dann durch 4 teilbar ist, wenn $a_1 a_0$ durch 4 teilbar ist, und dass a genau dann durch 8 teilbar ist, wenn $a_2 a_1 a_0$ durch 8 teilbar ist. Dies ist weniger umständlich als die fibonaccische Formulierung.

Man beachte, dass sich hier wie auch bei der damals schon bekannten Neunerprobe und den Proben mit anderen Zahlen die Anfänge des Rechnens mit Kongruenzen finden.

Fibonacci benutzt die Teilbarkeitskriterien beim Faktorisieren von Zahlen. Wenn diese Kriterien keine Teiler mehr brächten, so probiere man, ob 7 und dann 11, usw., d.h. die Primzahlen der Tabelle 11, 13, 17, 19, 23, 29, 31, 37, 41, 43, 47, 53, 59, 61, 67, 71, 73, 79, 83, 89, 97 teilten, bis man entweder einen Teiler fände oder die Wurzel der Ausgangszahl erreicht sei. Im letzteren Falle sei die gegebene Zahl eine Primzahl. Es ist Fibonacci klar, dass er mit diesem Verfahren alle Zahlen unterhalb 10000 faktorisieren kann.

Bei Luca Pacioli fand ich im Zusammenhang mit dem Kürzen keine Teilbarkeitskriterien, was nicht besagt, dass sie sich nicht vielleicht doch an anderer Stelle in dem umfangreichen Buch verbergen.

In der Anmerkung zu Aufgabe 3 von Abschnitt 3 wurde festgestellt, dass die Zahl $a = \sum_{i:=0}^{n} a_i 12^i$ genau dann durch 11 teilbar ist, wenn $\sum_{i:=0}^{n} a_i$ durch 11 teilbar ist. In diesem Zusammenhang wird immer auf Pascal verwiesen. Dies aber vor allem deswegen, weil er in der fraglichen Note, die erst postum publiziert wurde (1665), darauf hinweist, das sich seine Teilbarkeitskriterien auf beliebige q-adische Darstellungen von natürlichen Zahlen übertragen ließen, wobei er das 12-adische System ausdrücklich erwähnt. Der Nachdruck liegt bei den Historikern dabei immer auf q-adisch. Was sind aber nun seine Teilbarkeitskriterien? Ist zu testen, ob $a_n a_{n-1} \ldots a_0$ durch b teilbar ist, so setzt er $p_0 := 1$ und berechnet rekursiv $p_{i+1} := (10 p_i)$ MOD b. Dann sagt er, dass a genau dann durch b teilbar sei, wenn

$$Q(a,b) := \sum_{i:=0}^{n} a_i p_i$$

es sei. Hiermit erhält er auf einheitliche Weise alle von uns schon erwähnten Teilbarkeitskriterien (Pascal 1998, S. 267 ff.).

Schmökern in alten Büchern liefert auch hier wieder eine Überraschung. Pascals Verfahren liefert natürlich auch ein Teilbarkeitskriterium für die 7. Hier ist $p_0 = 1$, $p_1 = 3$, $p_3 = 2$, $p_4 = 6$, $p_5 = 4$, $p_6 = 5$ und $p_7 = 1$, womit das Spiel von vorne beginnt. Dies findet sich aber nun schon neben den üblichen Teilbarkeitskriterien bei Simon Jacob (Jacob 1571, Blatt 46^{verso}). Hier, was er rund hundert Jahre vor Pascal schreibt:

Wie erkennt mann/ob ein zal

in 7 getheilt weggeht?

Die geschwindest Regel/ solchs zu erkennen/ ist/ theil oder vberschlahe im Sinn/ ob die zal in 7 sich theylen läßt/ nach gemeiner art/ Oder merck dise ordnung/1.3.2.6.4.5. Setz die erst/ als 1/ vnder die erst Figur bei der rechten hand/ 3 / vnder die ander/ 2 / vnder die dritt &c. Auch ob eine Figur derselben Zahl 7 vbertrette/ so wirff 7 hinweg/ den Rest laß stehen/ multiplicir als dann ein jede vndergeschriebne zal/ inn die so ob jhr stehet/ erwechst ein zal vber 7, so wirff 7 hinweg/ das vbrig setz gerade darunder/ gib alsdañ alle gefundenen Rest (vnangesehen der stet bedeutung) zusamen/ geht dann solch Collect in 7/ so geht auch die gantze zal in 7. Obgesatzte ordnung magstu auch von anfang repetirn/ so offt du bedarffst. Nim das folgend exempel:

		1	0		0	1	
5	6	7̸	8̸	6	7̸	8̸	2
3	1	5	4	6	2	3	1
1	6	0	4	1	0	3	2

Darunter steht dann: „17 geht nit auff." Es muss natürlich 7 heißen. In der Tabelle sind auch die ersten beiden Ziffern 1 und 0 zu vertauschen. Es folgt die Frage:

Woher kompt solcher weg?

Kürtzlich ist solche arbeit nichts anders/ dann wann du ein jede Figur in jhrer statt durch 7 getheylet hettest/ biß zu der ersten statt/ als bei 2789/ so theylt ich erstlich 2000/ darnach 700/ nach dem 80/ letzlich 9. So ich dann weiß/ was ein tausent/ hundert/ oder zehen/ &c durch 7 getheylet vberleßt/ schleuß bald durchs multiplicirn/ was derselben vil thun.

Auch hier heißt Ziffer noch Figur und die letzte Ziffer ist die „erst Figur". In der Tat, Rechnen mit Kongruenzen.

Aufgaben

1. Ist $1 \neq n \in \mathbf{N}$ und ist n keine Primzahl, so gibt es eine n teilende Primzahl p mit $p \leq \sqrt{n}$.

2. Es sei $a = \sum_{i:=0}^{n} a_i 10^{3i}$. Zeigen Sie, dass a genau dann durch 7, 11 oder 13 teilbar ist, wenn

$$\sum_{i:=0}^{n} (-1)^i a_i$$

durch 7, 11, oder 13 teilbar ist (siehe Aufgabe 5 von Abschnitt 3).

6. Induktion und Rekursion. Dedekind bemerkte in seiner Schrift „Was sind und was sollen die Zahlen", dass Induktion und Rekursion nicht dasselbe seien. Er betrachtete die Menge G aus den Zahlen 1 und 2 und er sagte, dass die 1 der 2 folge und die 2 der 1. Hat man dann eine Teilmenge T von G, ist $1 \in T$ und ist $T' \subseteq T$, so ist natürlich $T = G$. Das Tripel $(G, 1,')$ gestattet also Induktion, aber gewiss keine Rekursion, da man bei einer Rekursion den Wert von 1 nicht unabhängig von dem Wert, den 2 annimmt, vorschreiben kann, da dieser Wert ja wieder den Wert von 1 beeinflusst. Wir wollen nun einen Überblick über alle Tripel $(G, 1,')$ gewinnen, für die $'$ eine Abbildung von G in sich ist und für die weiterhin gilt, dass aus $1 \in T \subseteq G$ und $T' \subseteq T$ stets $T = G$ folgt. Diese Gebilde gestatten immer Induktion, sodass wir sie *Indukte* nennen.

Es sei f eine Abbildung der Menge M in eine weitere Menge. Sind $x, y \in M$, so setzen wir $x \operatorname{Kern}(f) y$ genau dann, wenn $f(x) = f(y)$ ist. Dann ist $\operatorname{Kern}(f)$ eine Äquivalenzrelation auf M, genannt *Kern* von f. Mit $M / \operatorname{Kern}(f)$ bezeichnen wir wie üblich die Menge der Äquivalenzklassen dieser Äquivalenzrelation.

Satz 1. *Es sei* $(G, 1,')$ *ein Indukt. Es gibt dann genau einen Epimorphismus f von* $(\mathbf{N}, 1,')$ *auf* $(G, 1,')$. *Ist f injektiv, so ist* $(G, 1,')$ *ein Dedekindtripel. Ist f nicht injektiv, so gibt es ein $a \in \mathbf{N}_0$ und ein $b \in \mathbf{N}$ mit*

$$\mathbf{N} / \operatorname{Kern}(f) = \{\{i\} \mid 1 \leq i < a\} \cup \{a + i + b\mathbf{N} \mid 0 \leq i < b\}.$$

In diesem Falle sind $\mathbf{N} / \operatorname{Kern}(f)$ *und damit G endlich.*

Beweis. Die Rekursionsregel R sei die durch $R(x) := x'$ erklärte Abbildung von G in sich. Es gibt dann nach dem Rekursionssatz genau eine Abbildung σ von $\mathbf{N}$ in G mit $\sigma(1) = 1$ und $\sigma(n') = \sigma(n)'$. Dann ist $1 \in \sigma(\mathbf{N})$ und $\sigma(\mathbf{N})' \subseteq \sigma(\mathbf{N})$. Daher ist $\sigma(\mathbf{N}) = G$, sodass σ surjektiv ist.

Ist σ injektiv, so folgt, dass $(G, 1,')$ ein Dedekindtripel ist. Es sei also σ nicht injektiv. Wir beachten zunächst, dass aus $\sigma(x) = \sigma(y)$ folgt, dass $\sigma(x+t) = \sigma(y+t)$ gilt für alle $t \in \mathbf{N}$. Es ist ja

$$\sigma(x + 1) = \sigma(x') = \sigma(x)' = \sigma(y)' = \sigma(y') = \sigma(y + 1),$$

sodass der Satz für $t = 1$ gilt; gilt er für t, so folgt

$$\sigma(x + t') = \sigma\big((x + t)'\big) = \sigma(x + t)' = \sigma(y + t)' = \sigma(y + t').$$

Daher gilt er auch für t' und damit für alle t.

Es sei L die Menge aller $x \in \mathbf{N}$, für die es ein $y \in \mathbf{N}$ gibt mit $x \neq y$ und $\sigma(x) = \sigma(y)$. Weil σ nicht injektiv ist, ist L nicht leer, enthält also ein kleinstes Element a. Es bezeichne K_x die Menge der y mit $x \, \mathrm{Kern}(\sigma) \, y$. Dann ist $K_a - \{a\}$ nicht leer, sodass es ein kleinstes c in $K_a - \{a\}$ gibt. Es folgt $a < c$, sodass es ein $b \in \mathbf{N}$ gibt mit $a + b = c$.

Es ist $\sigma(a) = \sigma(a + b)$. Es sei $a \leq x$ und es gelte $\sigma(x) = \sigma(x + b)$. Dann ist

$$\sigma(x') = \sigma(x)' = \sigma(x + b)' = \sigma\big((x + b)'\big) = \sigma(x' + b).$$

Also gilt $\sigma(x) = \sigma(x + b)$ für alle $x \geq a$. Eine weitere Induktion zeigt, dass auch $\sigma(x) = \sigma(x + bq)$ gilt für alle $x \geq a$ und alle $q \in \mathbf{N}_0$.

Es sei $y \in \mathbf{N}$. Ist $y < a$, so ist $K_y = \{y\}$. Es sei also $a \leq y$ und r sei das kleinste Element in K_y. Dann ist auch $a \leq r$ und nach der Vorbemerkung ist

$$\{r + bq \mid q \in \mathbf{N}_0\} \subseteq K_r = K_y.$$

Es sei $z \in K_y$. Dann ist $a \leq z$. Es gibt daher ein $v \in \mathbf{N}_0$ mit $z = a + v$. Division mit Rest liefert q und i mit $0 \leq i < b$ und $v = qb + i$. Setzt man $s := a + i$, so ist $z = s + qb$ und $a \leq s < a + b = c$ — man erinnere sich an die Definition von c und b. Es ist $\sigma(z) = \sigma(s)$ und daher $s \in K_z = K_y = K_r$ und somit $r \leq s$. Es gibt ein $x \in \mathbf{N}_0$ mit $s + x = c$. Es folgt

$$a < r + x \leq s + x = c.$$

Wegen $\sigma(s) = \sigma(z) = \sigma(r)$ ist $\sigma(r + x) = \sigma(s + x) = \sigma(c) = \sigma(a)$ nach unserer Vorbemerkung. Aus der Definition von c folgt $r + x = c = s + x$ und weiter $r = s$. Also ist $z = r + qb$. Dies zeigt, dass

$$K_y = \{r + bq \mid q \in \mathbf{N}_0\} = \{a + i + bq \mid q \in \mathbf{N}_0\}$$

ist.

Ist schließlich $i < b$, so ist

$$\{a + i + bq \mid q \in \mathbf{N}_0\} \subseteq K_{a+i}.$$

Daher ist $K_{a+i} = \{a + i + bq \mid q \in \mathbf{N}_0\}$, womit der Satz bewiesen ist.

Satz 2. *Es sei $a \in \mathbf{N}_0$ und $b \in \mathbf{N}$. Auf $\mathbf{N}$ definieren wir die Relation $\sim$ durch $x \sim y$ genau dann, wenn $x = y$ oder wenn $a \leq x$, y und $(x - a)$ MOD $b = (y - a)$ MOD b ist. Dann ist $\sim$ eine Äquivalenzrelation und aus $x \sim y$ folgt stets $x' \sim y'$.*

Beweis. Es ist klar, dass $\sim$ reflexiv und symmetrisch ist. Es gelte $x \sim y$ und $y \sim z$. Ist $x = y$ oder $y = z$, so ist natürlich $x \sim z$. Es sei also $x \neq y$ und $y \neq z$. Dann ist $a \leq x$, y und folglich $(x - a)$ MOD $b = (y - a)$ MOD b und $(y - a)$ MOD $b = (z - a)$ MOD b. Es folgt $(x - a)$ MOD $b = (z - a)$ MOD b und folglich $x \sim z$. Damit ist gezeigt, dass $\sim$ eine Äquivalenzrelation ist.

Es gelte $x \sim y$. Ist $x = y$, so ist $x' = y'$ und folglich $x' \sim y'$. Es sei $x \neq y$. Dann ist $a \leq x$, y und $(x - a)$ MOD $b = (y - a)$ MOD b. Setze $r := (x - a)$ MOD b. Es gibt dann u, $v \in \mathbf{N}_0$ mit

$$x - a = ub + r$$

und

$$y - a = vb + r.$$

Es ist $a + (x - a) = x$ und daher

$$a + (x - a)' = \big(a + (x - a)\big)' = x'.$$

Dies impliziert $(x - a)' = x' - a$. Daher ist

$$x' - a = (ub + r)' = ub + r'.$$

Ebenso folgt

$$y' - a = vb + r'.$$

Wegen $r < b$ ist $r' \leq b$. Ist $r' < b$, so ist also

$$(x' - a) \text{ MOD } b = r' = (y' - a) \text{ MOD } b$$

und folglich $x' \sim y'$. Es sei $r' = b$. Dann ist

$$x' - a = ub + b = u'b$$

und

$$y' - a = vb + b = v'b.$$

Es folgt

$$(x' - a) \text{ MOD } b = 0 = (y' - a) \text{ MOD } b.$$

Also gilt auch in diesem Falle $x' \sim y'$. Damit ist Satz 2 bewiesen.

Wir behalten die Bezeichnungen von Satz 2 bei. Ist $x \in \mathbf{N}$, so bezeichnen wir mit K_x die Äquivalenzklasse von x bei der Relation $\sim$. Dann ist also

$$\mathbf{N}/\!\sim \; = \{K_x \mid x \in \mathbf{N}\}.$$

Wir definieren eine Abbildung σ von $\mathbf{N}/\!\sim$ in sich, von der sich herausstellen wird, dass sie die Nachfolgerfunktion ist, durch

$$\sigma(K_x) := K_{x'}.$$

Diese Abbildung ist nach Satz 2 wohldefiniert. Es sei T Teilmenge von $\mathbf{N}/\!\sim$ und es gelte $K_1 \in T$ und $\sigma(T) \subseteq T$. Wir haben zu zeigen, dass $T = \mathbf{N}/\!\sim$ ist. Dazu sei

$$W := \{x \mid x \in \mathbf{N}, K_x \notin T\}.$$

Wäre W nicht-leer, so enthielte W ein kleinstes Element w. Wegen $K_1 \in T$ wäre $w > 1$. Es gäbe also ein $u \in \mathbf{N}$ mit $u' = w$. Es folgte $K_u \in T$ und aufgrund der Voraussetzung über T dann auch

$$K_x = K_{u'} = \sigma(K_u) \in T.$$

Dieser Widerspruch zeigt, dass doch $T = \mathbf{N}/\!\sim$ ist. Damit ist der folgende Satz bewiesen.

Satz 3. *Ist $a \in \mathbf{N}_0$ und $b \in \mathbf{N}$ und ist $\sim$ die in Satz 2 definierte Äquivalenzrelation, so ist $(\mathbf{N}/\!\sim, K_1, \sigma)$ ein Indukt.*

Damit haben wir einen Überblick über alle Indukte gewonnen.

Aufgaben

1. Jede Äquivalenzrelation ist Kern einer Abbildung.

2. Man zeige, dass die endlichen Indukte allesamt keine Rekursion gestatten.

7. Der binäre gespiegelte Gray-Code. Satz 2 von Abschnitt 3 zeigte, dass man die dyadische Entwicklung der nicht-negativen ganzen Zahlen auffassen kann als eine Bijektion der Menge der endlichen Teilmengen von $\mathbf{N}_0$ auf $\mathbf{N}_0$. Hier wollen wir eine andere solche Bijektion studieren, die sehr bemerkenswert ist. Sie liefert eine Darstellung von $\mathbf{N}_0$, bei der das Addieren keinen Übertrag erfordert.

Es sei zunächst M eine Menge. Wir definieren eine binäre Operation $\oplus$ auf $P(M)$ durch

$$X \oplus Y := (X \cup Y) - (X \cap Y)$$

für alle $X, Y \in P(M)$. Diese Verknüpfung heißt auch *symmetrische Differenz* von X und Y.

Satz 1. *Ist M eine Menge, so ist $(P(M), \oplus)$ eine elementar-abelsche 2-Gruppe, d.h. eine abelsche Gruppe mit $X \oplus X = \emptyset$ für alle $X \in P(M)$.*

Beweis. Aus der Definition folgt unmittelbar, dass $X \oplus X = \emptyset$ und dass $X \oplus Y = Y \oplus X$ ist. Ferner ist $X \oplus \emptyset = X$ für alle X. Es ist also nur noch die Assoziativität von $\oplus$ zu zeigen. Es seien $X, Y, Z \in P(M)$. Ferner sei $w \in X \oplus (Y \oplus Z)$.

1. Fall: Es ist $w \in X$. Dann ist $w \notin Y \oplus Z$. Das ergibt zwei Unterfälle.

    1.1: $w \in Y$ und $w \in Z$.

    1.2: $w \notin Y$ und $w \notin Z$.

Im Falle 1.1 haben wir $w \notin X \oplus Y$ und $w \in Z$ und folglich $w \in (X \oplus Y) \oplus Z$.

Im Falle 1.2 haben wir $w \in X \oplus Y$ und $w \notin Z$ und folglich $w \in (X \oplus Y) \oplus Z$.

2. Fall: Es ist $w \notin X$. Dann ist $w \in Y \oplus Z$. Auch hier haben wir zwei Unterfälle.

2.1: $w \notin Y$ und $w \in Z$.

2.2: $w \in Y$ und $w \notin Z$.

Im Falle 2.1 haben wir $w \notin X \oplus Y$ und $w \in Z$ und folglich $w \in (X \oplus Y) \oplus Z$.

Im Falle 2.2 haben wir $w \in X \oplus Y$ und $w \notin Z$ und folglich $w \in (X \oplus Y) \oplus Z$.

Insgesamt erhalten wir also $X \oplus (Y \oplus Z) \subseteq (X \oplus Y) \oplus Z$ für alle X, Y, $Z \in P(M)$, insbesondere also auch für Z, Y und X. Mittels der Kommutativität von $\oplus$ erhalten wir daher

$$(X \oplus Y) \oplus Z = Z \oplus (Y \oplus X) \subseteq (Z \oplus Y) \oplus X = X \oplus (Y \oplus Z)$$

und damit $X \oplus (Y \oplus Z) = (X \oplus Y) \oplus Z$, wie behauptet.

Wir benötigen eine weitere Variante des dedekindschen Rekursionssatzes. Dazu bezeichnen wir mit A^n die Menge aller $(n+1)$-Tupel $(a_0, \ldots, a_n)$ von Elementen aus A.

Satz 2. *Es sei A eine Menge. Wir setzen $B := \bigcup_{n:=0}^{\infty} A^n$. Es sei ferner R eine Abbildung von B in A und $a \in A^n$. Es gibt dann genau eine Abbildung f von $\mathbf{N}_0$ in A mit $f(i) = a_i$ für $i := 0, \ldots, n$ und*

$$f(m+1) = R\big(f(0), \ldots, f(m)\big).$$

für alle $m \geq n$.

Beweis. Für $g \in A^n$ setzen wir $S(g) := (g, R(g))$. Dann ist S eine Abbildung von B in sich. Nach dem dedekindschen Rekursionssatz gibt es also genau eine Abbildung F von $\mathbf{N}_0$ in B mit $F(0) = (a_0, \ldots, a_n)$ und

$$F(m+1) = S\big(F(m)\big) = \big(F(m), R(F(m))\big)$$

für alle $m \in \mathbf{N}_0$. Dann ist $F(m)$ ein $(n+m+1)$-Tupel. Wir definieren nun f durch $f(i) := a_i$ für $i := 0, \ldots, n$ und $f(n+i) := F(i)_{n+i}$ für alle $i \in \mathbf{N}$. Dann erfüllt f die Anfangsbedingungen. Ferner gilt, wie wir nun zeigen werden,

$$f(k) = F(i)_k$$

für alle i und alle $k := 0, \ldots, n+i$. Dies ist sicherlich richtig für $i = 0$. Es sei $i \geq 0$ und die Aussage gelte für i. Dann ist

$$F(i+1) = \big(F(i), R(F(i))\big).$$

Hieraus folgt

$$f(k) = F(i)_k = F(i+1)_k$$

für $k := 0, \ldots, n+i$. Schließlich ist

$$f(n+i+1) = F(i+1)_{n+i+1}.$$

Damit ist die Zwischenbehauptung bewiesen.

Ist nun $m \geq n$, so ist $m = n + i$. Daher ist

$$f(m+1) = f(n+i+1) = F(i+1)_{n+i+1} = R\big(F(i)\big) = R\big(f(0), \ldots, f(n+i)\big)$$
$$= R\big(f(0), \ldots, f(m)\big).$$

Damit ist der Satz bewiesen.

Die in Satz 2 beschriebene Art der Rekursion nennt man auch *Verlaufsrekursion*.

Als nächstes etablieren wir ein Rekursionsschema, das uns viele Möglichkeiten an die Hand gibt, die Menge $E(\mathbf{N}_0)$ der endlichen Teilmengen von $\mathbf{N}_0$ aufzulisten.

Rekursionsschema. *Es sei für jedes $n \in \mathbf{N}_0$ eine Bijektion g_n von $\{2^n, \ldots, 2^{n+1} - 1\}$ auf $\{0, \ldots, 2^n - 1\}$ gegeben. Es gibt dann genau eine Abbildung F von $\mathbf{N}_0$ auf $E(\mathbf{N}_0)$ mit den folgenden Eigenschaften:*

a) Es ist $F(0) = \emptyset$.
b) Ist $n \in \mathbf{N}_0$ und $a \in \{2^n, \ldots, 2^{n+1} - 1\}$, so ist $F(a) = \{n\} \cup F(g_n(a))$.

Die Abbildung F ist eine Bijektion und die Einschränkung von F auf $\{0, \ldots, 2^{n+1} - 1\}$ ist eine Bijektion dieser Menge auf $P(\{0, \ldots, n\})$.

Beweis. Es sei $a \in \mathbf{N}$ und $(X(0), \ldots, X(a-1))$ sei ein a-Tupel endlicher Teilmengen von $\mathbf{N}_0$. Wir definieren $R(X(0), \ldots, X(a-1))$ wie folgt. Es gibt ein $n \in \mathbf{N}_0$ mit $2^n \leq a \leq 2^{n+1} - 1$. Es folgt

$$g_n(a) \leq 2^n - 1 \leq a - 1,$$

sodass $X(g_n(a))$ definiert ist. Wir setzen

$$R\big(X(0), \ldots, X(a-1)\big) := \{n\} \cup X\big(g_n(a)\big).$$

Die Existenz und Eindeutigkeit von F folgt nun aus Satz 2. Wir müssen zeigen, dass F auch die restlichen Eigenschaften hat.

Wir zeigen, dass die Einschränkung von F auf $\{0, \ldots, 2^n - 1\}$ diese Menge auf $P(\{0, \ldots, n-1\})$ abbildet. Dies ist richtig für $n = 0$. Es sei also $n \geq 0$ und die Aussage richtig für n. Es sei nun $X \subseteq \{0, \ldots, n\}$. Ist $n \notin X$, so gibt es nach Induktionsannahme ein $a \leq 2^n - 1$ mit $F(a) = X$. Es sei also $n \in X$. Dann ist $X = \{n\} \cup Y$ mit $Y \subseteq \{0, \ldots, n-1\}$. Es gibt folglich ein $b \leq 2^n - 1$ mit $F(b) = Y$. Setze $a := g_n^{-1}(b)$. Dann ist

$$X = \{n\} \cup F(b) = \{n\} \cup F\big(g_n(a)\big) = F(a).$$

Dies zeigt, dass

$$P\big(\{0, \ldots, n\}\big) \subseteq F\big(\{0, \ldots, 2^{n+1} - 1\}\big)$$

ist. Da die involvierten Mengen gleiche Länge haben, folgt

$$P\big(\{0, \ldots, n\}\big) = F\big(\{0, \ldots, 2^{n+1} - 1\}\big)$$

und die Bijektivität der Einschränkung von F auf $\{0, \ldots, 2^{n+1}\}$. Da dies für alle n gilt, folgt die Bijektivität von F.

Definiert man $g_n(a)$ für $2^n \leq a \leq 2^{n+1} - 1$ durch $g_n(a) := a - 2^n$, so erhält man eine Schar von Abbildungen g_n, wie sie für das Rekursionsschema gebraucht werden. Die Abzählung von $E(\mathbf{N}_0)$, die man so erhält, ist gerade die, die wir durch die Binärentwicklung der nicht-negativen ganzen Zahlen erhielten.

Wir betrachten hier eine andere Schar von Abbildungen g_n, nämlich die, die durch

$$g_n(a) := 2^{n+1} - 1 - a$$

gegeben werden. Statt F werden wir nun G schreiben, um Frank Gray zu ehren, auf den diese Auflistung von $E(\mathbf{N}_0)$ zurückgeht. Er publizierte den *binären gespiegelten Gray-Code* in einer Patentschrift, mit der er sich ein Gerät für die Umwandlung von analogen Signalen in digitale patentieren ließ (Gray 1953). Dass sich der Gray-Code für diese Umwandlung besonders gut eignet, liegt daran, dass $G(a)$ und $G(a+1)$ sich nur um ein Element unterscheiden. Bleibt also der Zeiger eines Messgerätes zwischen den charakteristischen Funktionen von $G(a)$ und $G(a+1)$ stehen und liest die Maschine dann wahllos ein Bit rechts und ein Bit links, so ist das Ergebnis a oder $a+1$. Der Lesefehler ist also nicht groß. Bei der dyadischen Darstellung von a und $a+1$ kann der Fehler beträchtlich sein. Bevor wir diese Eigenschaft des Gray-Codes nachweisen, kümmern wir uns zunächst um das Adjektiv „gespiegelt". Dazu sei $a = 2^n + b$ und $b \leq 2^n - 1$. Dann ist $2^{n+1} - 1 - a = 2^n - 1 - b$ und

$$G(2^n + b) = G(a) = \{n\} \cup G(2^n - 1 - b).$$

Dies zeigt, dass $G(a)$ und das Komplement von $\{n\}$ in $G(a)$ spiegelbildlich zu einer zwischen $2^n - 1$ und 2^n gedachten Linie liegen. Interpretiert man $G(a)$ durch seine charakteristische Funktion, wobei im Folgenden, von der charakteristischen Funktion von $G(0)$ abgesehen, führende Nullen unterdrückt werden, so entsteht die Liste dieser Funktionen wie folgt. Die ersten beiden charakteristischen Funktionen sind

$$0$$
$$1$$

Dann wird diese Liste gespiegelt und den Zeilen des zweiten Teils der Liste jeweils eine 1 angefügt:

$$0$$
$$1$$
$$1 \ 1$$
$$0 \ 1$$

Dann wird wieder gespiegelt und den Zeilen des zweiten Teils eine 1 angefügt, wobei Platz haltende Nullen jetzt aber zu ergänzen sind, ganz im Sinne der Inder.

$$0$$
$$1$$
$$1 \ 1$$
$$0 \ 1$$
$$0 \ 1 \ 1$$
$$1 \ 1 \ 1$$
$$1 \ 0 \ 1$$
$$0 \ 0 \ 1$$

Es ist klar, wie es weiter geht. — Dies ist die typische vordedekindsche Induktion, wie sie unsere Anfänger immer noch lieben. Wenn wir sie ihnen ausgetrieben haben, dürfen sie wieder auf sie zurückgreifen.

Diese Erzeugung macht auch klar, dass sich der Nachfolger von dem Vorgänger nur in einer Ziffer unterscheidet. Gilt dies nämlich im Block der ersten 2^n Zeilen, so gilt es auch im Block der nachfolgenden 2^n Zeilen. An der Nahtstelle gilt es aber auch. Dies wollen wir genauer verfolgen.

Man beachte, dass der binäre gespiegelte Gray-Code durch die Potenzen von 2 strukturiert ist. Dies trifft natürlich auf alle Abzählungen von $E(\mathbf{N}_0)$ zu, die mittels des Rekursionsschemas gewonnen werden.

Satz 3. *Es sei G der binäre gespiegelte Gray-Code. Ist $n \in \mathbf{N}_0$, so gilt:*

a) Es ist $G(2n) \oplus G(2n+1) = \{0\}$.
b) Ist b das kleinste Element in $G(2n+1)$, so ist $G(2n+1) \oplus G(2n+2) = \{b+1\}$.
c) Es ist $|G(n) \oplus G(n+1)| = 1$.

Beweis. a) Es ist $G(0) = \emptyset$ und $G(1) = \{0\}$. Folglich gilt a) für $n = 0$. Es sei $n > 0$. Ferner sei $2^a \leq 2n < 2^{a+1}$. Weil $2n+1$ ungerade ist, ist auch $2n+1 < 2^{a+1}$. Also ist

$$G(2n) = \{a\} \oplus G(2^{a+1} - 2n - 1)$$

und

$$G(2n+1) = \{a\} \oplus G(2^{a+1} - 2n - 2).$$

Mit Satz 1 und der nicht explizit formulierten Induktionsannahme folgt hieraus

$$G(2n) \oplus G(2n+1) = G(2^{a+1} - 2n - 2) \oplus G(2^{a+1} - 2n - 1) = \{0\}.$$

Damit ist a) bewiesen.

b) Es ist $G(1) = \{0\}$ und folglich $b = 0$. Ferner ist $G(2) = \{0,1\}$. Folglich ist $G(1) \oplus G(2) = \{b+1\}$. Es sei $n > 0$ und es gelte $2^a \leq 2n+1 < 2^{a+1}$. Nehmen wir zunächst an, dass $2n+2 < 2^{a+1}$ ist. Dann ist

$$G(2n+1) = \{a\} \oplus G(2^{a+1} - 2n - 2) \quad \text{und} \quad G(2n+2) = \{a\} \oplus G(2^{a+1} - 2n - 3).$$

Hieraus folgt

$$G(2n+1) \oplus G(2n+2) = G(2^{a+1} - 2n - 2) \oplus G(2^{a+1} - 2n - 3) = \{b'+1\},$$

wobei b' das kleinste Element in $G(2^{a+1} - 2n - 3)$ ist. Wir müssen zeigen, dass $b' = b$ ist. Weil b' in einem der Summanden vorkommt, aber kein Element der Summe ist, ist b' auch Element des zweiten Summanden, d.h. von $G(2^{a+1} - 2n - 2)$. Dann ist b' aber auch Element von $G(2n+1)$. Folglich ist $b \leq b'$. Weil a das größte Element von $G(2n+1)$ ist und weil $G(2^{a+1} - 2n - 2)$ nicht-leer ist, ist $b \in G(2^{a+1} - 2n - 2)$. Wegen $b \leq b' < b' + 1$ ist dann aber auch $b \in G(2^{a+1} - 2n - 3)$. Dann ist aber $b' \leq b$ und folglich $b = b'$.

Es sei schließlich $2n+1 = 2^{a+1} - 1$. Dann ist

$$G(2n+1) = \{a\} \oplus G(0) = \{a\}.$$

Es folgt
$$G(2n+2) = \{a+1\} \oplus G(2n+1) = \{a, a+1\}.$$
Es ist also $b = a$ und $G(2n+1) \oplus G(2n+2) = \{b+1\}$. Damit ist auch b) bewiesen.
  c) folgt unmittelbar aus a) und b).

Korollar. *Es ist* $G(2^{a+1} - 1) = \{a\}$ *und* $G(2^{a+1}) = \{a, a+1\}$.

Der Kenner sieht an Satz 3, dass der Gray-Code einen Hamilton-Pfad auf dem n-dimensionalen Würfel liefert.

Will man die Nachfolgerfunktion auf der Menge der zugehörigen Ziffernfolgen beschreiben, so muss man nach Satz 3 wissen, ob die Ziffernfolge eine Teilmenge mit gerader oder ungerader Hausnummer darstellt. Bei der dyadischen Darstellung entscheidet darüber die letzte Ziffer. Beim Gray-Code ist die Situation anders. Hier gilt

Satz 4. *Es ist* $|G(n)| \equiv n \mod 2$ *für alle* $n \in \mathbf{N}_0$.

Beweis. Dies ist richtig für $n = 0$. Nach Satz 3 und Aufgabe 1 ist
$$1 = \big|G(n) \oplus G(n+1)\big| \equiv \big|G(n)\big| + \big|G(n+1)\big| \mod 2,$$
sodass Induktion die Behauptung liefert.

Dieser Satz zeigt einen wesentlichen Unterschied des Gray-Codes G gegenüber dem Code D, den die dyadische Darstellung der natürlichen Zahlen für die endlichen Teilmengen von $\mathbf{N}_0$ liefert. Hier gilt, dass n genau dann gerade ist, wenn $0 \notin D(n)$ ist, während dort gilt, dass n genau dann gerade ist, wenn $|G(n)|$ es ist. Um die Parität von $|G(n)|$ zu bestimmen, empfielt sich *Werimbolds Test*, der schon im Mittelalter bekannt war:

In der Kirche des heiligen Martyrers Gereon zu Köln lebte noch zu unseren Zeiten ein gewisser Kanonikus, Werimbold mit Namen, von Herkunft adlig, sehr reich an kirchlichen Einkünften. Er war von solcher Einfalt, dass er von nichts etwas kapierte, außer dass er die Parität einer Zahl feststellen konnte. Als er zuzeiten viele Schinken in seiner Küche hängen hatte, betrat er sie und zählte die Schinken auf folgende Weise, damit ihm nichts weggenommen werden könne: Da ist ein Schinken und sein Genosse, da ist ein Schinken und sein Genosse, und so mit den übrigen. Einer von diesen war ihm durch die Nichtsnutzigkeit seiner Diener weggekommen, als er wiederum eintrat und seine Schinken auf besagte Weise zählte. Als eine ungerade Zahl herauskam, rief er: Ich habe einen Schinken verloren! Seine Diener antworteten ihm lächelnd: Gut gezählt, Herr!, und schmeichelten ihn aus der Küche hinaus. Sie nahmen einen weiteren weg, um die Anzahl wieder gerade zu machen. Und so hineingeführt zählte er sie ein zweites Mal, und, als Gerades herauskam, sagte er ihnen sehr heiter (und dunkel, Anmerkung H. L.): Eia ihr Herren, allzu lange konnte ich schweigen.
(Caesarius von Heisterbach, *Dialogus miraculorum*, Kapitel VII, 6. Distinktion, Caesarius/Strange 1851. Diese Passage wurde von mir eingedeutscht.)

Die Zeitangabe „zu unseren Zeiten" meint die Zeit um den Wechsel vom 12. zum 13. Jahrhundert.

Die hier erzählte Episode diente Caesarius als Beleg für Werimbolds christliche Einfalt. Sein Buch war Lehrbuch für die Novizen seines Klosters, das Beispiel also ernst gemeint. Ich nehme aber an, dass auch schon Werimbolds Diener über soviel Einfalt sich ins Fäustchen lachten und sich die Hände rieben und dass es auch den Novizen des Klosters Heisterbach (Siebengebirge bei Bonn, heute nur noch Ruine) in den Mundwinkeln zuckte, wenn sie diese Geschichte vernahmen.

Man beachte, dass Werimbolds Test unterstellt, dass natürliche Zahlen Ansammlungen von Einheiten (Schinken) sind.

Wir betrachten die Menge V_n aller $(n+1)$-Tupel $(r_0, \ldots, r_n)$ mit $r_i \in \{0,1\}$ und setzen $V := \bigcup_{n:=0}^{\infty} V_n$. Wir betrachten ferner die Teilmenge W der $r \in V$ mit $n = 0$ oder $r_n = 1$. Wir schreiben in diesem Zusammenhang $r_0 r_1 \ldots r_n$, lesen die $(n+1)$-Tupel also von links nach rechts. Ist $r \in V$, so definieren wir die charakteristische Funktion $f(r)$ durch

$$f(r)_i := \begin{cases} r_i & \text{falls } i \leq n \\ 0 & \text{falls } i > n. \end{cases}$$

Der Zusammenhang zwischen r und der durch r dargestellten Zahl m ist dann der, dass $f(r)$ die charakteristische Funktion von $G(m)$ ist.

Jedes $s \in V$ mit $f(s) = f(r)$ heißt *relevanter Teil* von $f(r)$ oder auch von m. Wir nennen ferner $n + 1$ die Länge des $(n+1)$-Tupels $r \in W$, es sei denn, es ist $n = 0$ und $r_0 = 0$. In diesem Falle setzen wir $l(r) = 0$. Für $r \in V$ gibt es genau ein $s \in W$ mit $f(r) = f(s)$. Hier setzen wir $l(r) := l(s)$.

Wir betrachten hier also auch Ausdrücke der Form $r_0 \ldots r_n$, bei denen wir führende Nullen zulassen. Von dieser Möglichkeit machte auch schon Fibonacci Gebrauch. Wie wir in Abschnitt 3 erläuterten, lehrt Fibonacci zwei Verfahren für die Multiplikation von natürlichen Zahlen, das heute noch übliche und das Verfahren, welches wir bei der Polynommultiplikation verwenden. Dabei lehrt er letzteres Verfahren mit typisch vordedekindscher Induktion für zwei je k-stellige Zahlen für $k := 2, 3, 4, 5$ und 8. Nach dem die Multiplikation zweier achtstelliger Zahlen erklärt ist, rechnet Fibonaccci das Beispiel 345 mal 698541. Diese Zahlen sind aber nicht gleich lang. Um sie gleich lang zu machen, fügt er der Zahl 345 drei führende Nullen hinzu, er rechnet also 000345 mal 698541. Dann sagt er: *Verum quod de positione zephirorum post figuras dictum est, non nisi rudibus necessarium fore arbitrior, quia subtiles non indigent tali positione zephirorum.* Das heißt: Was aber von der Positionierung der Nullen vor (er schreibt *post*, da er, wie schon erwähnt, so tut, als läse er Zahlen wie ein Araber von rechts nach links) die Ziffern gesagt wurde, erscheint mir nur für Unerfahrene nötig zu sein, da die Feinsinnigen solcher Positionierung von Nullen nicht bedürfen (Boncompagni 1857, S. 17). An diese Stelle muss ich immer denken, wenn ich sehe, dass unsere Softwareingenieure und Informatiker ihre Maschinen so programmieren, dass sie Datumsangaben als 01. 04. 2000 ausgeben: *rudes*!

Dem, der versucht, meine Übersetzung nachzuvollziehen, sei gesagt, dass die Null bei Fibonacci *zephirum* heißt. Dies ist seine Transskription des arabischen al-sifr, wo unser Wort Ziffer herkommt. Ziffer heißt bei Fibonacci *figura*.

Da wir, um die Parität von m festzustellen, das Wort r Werimbolds Test unterziehen müssen, ist es naheliegend, um Arbeit zu sparen, die Parität in einer eigenen Ziffer r_{-1} mitzuführen. Wir setzen also $r_{-1} := 0$, falls die Anzahl der Einsen in r gerade ist, andernfalls setzen wir $r_{-1} := 1$. Die Nachfolgerfunktion ist dann aufgrund von Satz 4 beschrieben durch

$$r^+ := \text{if } r_{-1} = 0 \text{ then } r_0 := 1 - r_0 \text{ else}$$
$$i := 0;$$
$$\text{while } r_i = 0 \text{ do } i := i + 1 \text{ endwhile};$$
$$\text{if } i = n \text{ then } r_{n+1} := 1 \text{ else}$$
$$r_{i+1} := 1 - r_{i+1}$$
$$\text{endif}$$
$$\text{endif};$$
$$r_{-1} := 1 - r_{-1};$$

Dabei haben wir die Nachfolgerfunktion hier mit + bezeichnet. Ist die durch r dargestellte Zahl ungerade, so gibt es wenigstens ein i mit $r_i \neq 0$, sodass die while-Schleife terminiert. Es kann dann aber sein, dass $i = n$ ist. Dann ist die Ziffer r_{n+1} noch nicht vorhanden und folglich einzuführen. Bei dieser Art der Implementierung geht das ursprüngliche r verloren.

Die *Vorgängerfunktion* lässt sich für $r \neq 0$ wie folgt beschreiben.

$$r^- := \text{if } r_{-1} = 1 \text{ then } r_0 := 1 - r_0 \text{ else}$$
$$i := 0;$$
$$\text{while } r_i = 0 \text{ do } i := i + 1 \text{ endwhile};$$
$$\text{if } i + 1 = n \text{ then } n := n - 1 \text{ else}$$
$$r_{i+1} := 1 - r_{i+1}$$
$$\text{endif}$$
$$\text{endif};$$
$$r_{-1} := 1 - r_{-1};$$

Ist $r \neq 0$ und ist $r_{-1} = 0$, so gibt es wenigstens zwei Indizes j mit $j \geq 0$ und $r_j = 1$. In diesem Falle ist $i < n$ beim Verlassen der while-Schleife. Ist $i + 1 = n$, so ist r_n abzuändern. Da r_n dann aber die zweite Ziffer von r ist, die gleich 1 ist, müsste r_n auf 0 gesetzt werden. Führende Nullen wollen wir aber unterdrücken. Also wird r_n aufgegeben und n um eins erniedrigt. Eine Möglichkeit, dies technisch zu bewerkstelligen, um nicht am Ende die Maschine mit Müll vollgestopft zu haben, findet man in Lüneburg 1989. Auch hier geht das ursprüngliche r verloren.

Als Nächstes zeigen wir, wie man Elemente des Gray-Codes der Größe nach vergleicht. Die Bedingungen a) und b) des folgenden Satzes schließen sich nicht gegenseitig aus.

Satz 5. *Es seien m, $n \in \mathbf{N}_0$. Ferner seien r und s relevante Teile von m und n. Überdies seien m und n verschieden. Dann gilt:*

a) Sind $l(r)$ und $l(s)$ verschieden, so ist $m < n$, d.h. $r < s$, genau dann, wenn $l(r) < l(s)$ ist.

b) *Ist* $r = r_0 r_1 \ldots r_k r_{k+1} \ldots r_a$ *und* $s = s_0 s_1 \ldots s_k r_{k+1} \ldots r_a$ *mit* $r_k + s_k = 1$, *so ist* $m < n$, *d.h.* $r < s$, *genau dann, wenn*

$$r_k \equiv \sum_{j:=k+1}^{a} r_j \quad \text{mod } 2.$$

Beweis. a) folgt unmittelbar aus der Strukturierung des Gray-Codes durch die Zweierpotenzen.

b) ist richtig für $a = 0$, da dann $k = 0$ und $\{m, n\} = \{0, 1\}$ ist. Es sei nun $a > 0$. Ist $k = a$, so folgt die Behauptung aus a). Es sei also $k < a$. Wir dürfen annehmen, dass $r_a = 1$ ist, da andernfalls Induktion sofort zum Ziele führte. Dann ist

$$G(m) = \{a\} \cup G(2^{a+1} - m - 1) \quad \text{und} \quad G(n) = \{a\} \cup G(2^{a+1} - n - 1).$$

Relevante Teile von $2^{a+1} - n - 1$ und $2^{a+1} - m - 1$ sind

$$s_0 \ldots s_k r_{k+1} \ldots r_{a-1} \quad \text{bzw.} \quad r_0 \ldots r_k r_{k+1} \ldots r_{a-1}.$$

Nun ist genau dann $m < n$, wenn $2^{a+1} - n - 1 < 2^{a+1} - m - 1$ ist. Dies ist nach Induktionsannahme genau dann der Fall, wenn

$$s_k \equiv \sum_{j:=k+1}^{a-1} r_j \quad \text{mod } 2$$

ist. Dies ist gleichbedeutend mit

$$r_a + s_k \equiv \sum_{j:=k+1}^{a} r_j \quad \text{mod } 2.$$

Nun ist aber $r_a = 1 = r_k + s_k$. Daher ist

$$r_a + s_k = r_k + 2s_k \equiv r_k \quad \text{mod } 2.$$

Damit ist alles bewiesen.

Der nächste Satz und sein Korollar geben uns das Verdoppeln und Halbieren in die Hand.

Satz 6. *Für* $n \in \mathbf{N}_0$ *gilt*

a) *Ist* n *gerade, so ist* $G(2n) = \{x + 1 \mid x \in G(n)\}$.
b) *Ist* n *ungerade, so ist* $G(2n) = \{0\} \cup \{x + 1 \mid x \in G(n)\}$.

Beweis. Dies ist richtig für $n = 0$. Es ist $G(1) = \{0\}$ und $G(2) = \{0, 1\}$, sodass der Satz auch für $n = 1$ gilt. Es sei $n > 1$ und es gelte $2^a \leq n < 2^{a+1}$. Dann ist

$$G(n) = \{a\} \cup G(2^{a+1} - 1 - n)$$

und $2^{a+1} \leq 2n < 2^{a+2}$. Hieraus folgt

$$G(2n) = \{a + 1\} \cup G(2^{a+2} - 1 - 2n).$$

Setze $m := 2^{a+1} - 1 - n$. Dann ist also

$$G(n) = \{a\} \cup G(m) \quad \text{und} \quad G(2n) = \{a+1\} \cup G(2m+1).$$

Ist n gerade, so ist m ungerade. Nach Induktionsannahme ist daher

$$G(2m) = \{0\} \cup \{x+1 \mid x \in G(m)\}.$$

Nach Satz 3 ist folglich

$$G(2m+1) = \{x+1 \mid x \in G(m)\}$$

und daher

$$G(2n) = \{x+1 \mid x \in G(n)\}.$$

Ist n ungerade, so ist m gerade. Nach Induktionsannahme ist daher

$$G(2m) = \{x+1 \mid x \in G(m)\}.$$

Mit Satz 3 folgt weiter

$$G(2m+1) = \{0\} \cup \{x+1 \mid x \in G(m)\}$$

und folglich

$$G(2n) = \{0\} \cup \{x+1 \mid x \in G(n)\}.$$

Korollar. *Sind* k, $n \in \mathbf{N}$, *so ist*

$$\inf\big(G(2^k n)\big) \geq k - 1$$

und Gleichheit gilt genau dann, wenn n *ungerade ist. Insbesondere ist genau dann* $0 \in G(2n)$, *wenn* n *ungerade ist.*

Beweis. Dies folgt mittels Induktion unmittelbar aus Satz 6.

Wir sind nun in der Lage zu verdoppeln und zu halbieren. Zunächst das Verdoppeln.

$$
\begin{aligned}
2r := &\text{ for } i := n \text{ downto } 0 \text{ do } r_{i+1} := r_i \text{ endfor;} \\
&n := n + 1; \\
&\text{if } r_{-1} = 1 \text{ then } r_0 := 1 \text{ else} \\
&r_0 := 0 \\
&\text{endif;} \\
&r_{-1} := 0;
\end{aligned}
$$

Und hier das Halbieren von geraden Zahlen.

$$
\begin{aligned}
r/2 := &\text{ for } i := 0 \text{ to } n \text{ do } r_{i-1} := r_i \text{ endfor;} \\
&n := n - 1;
\end{aligned}
$$

Dies halbiert in der Tat Zahlen $2n$, da n genau dann ungerade ist, wenn in der Darstellung $r_0 \ldots r_k$ von $2n$ die Ziffer r_0 gleich 1 ist.

Damit lässt sich dann die Operation DIV 2 wie folgt erklären:

$$r \text{ DIV } 2 \; := \; \text{if } r_{-1} = 1 \text{ then } r^-/2 \text{ else } r/2 \text{ endif;}$$

So wie die beiden Operationen des Verdoppelns und Halbierens hier beschrieben sind, muss man das ganze Wort $r_0 r_1 \ldots r_n$ durchlaufen. Ist dieses Wort aber als Liste gegeben, so hängen die Ziffern mittels Zeiger aneinander, und man braucht nur den Anfang der Liste zu manipulieren. Arbeitet man mit Wörtern fester Länge, so kann man die r_i parallel verarbeiten. Man kann also stets annehmen, dass das Verdoppeln und Halbieren nur eine feste Anzahl von Takten benötigt, die von der Länge des Wortes unabhängig ist.

Wir können verdoppeln und halbieren. Damit können wir fast schon addieren. Um die Addition wirklich zu etablieren, benötigen wir den folgenden Satz.

Satz 7. *Sind k, m, $n \in \mathbf{N}_0$ und ist $m < 2^k$, so ist*

$$G(m + 2^k n) = G(m) \oplus G(2^k n).$$

Beweis. Ist $n = 0$, so ist nichts zu beweisen. Es sei also $n > 0$. Ist $m = 0$, so gilt die Aussage des Satzes ebenfalls. Es sei also auch $m > 0$. Dann ist $k > 0$.

1. Fall: m ist ungerade. Dann ist auch $m + 2^k n$ ungerade, da ja $k > 0$ ist. Mit Satz 3a folgt

$$G(m - 1 + 2^k n) \oplus G(m + 2^k n) = \{0\},$$

was nach Satz 1 die Gleichung

$$G(m + 2^k n) = \{0\} \oplus G(m - 1 + 2^k n)$$

zur Folge hat. Mittels der Induktionsannahme folgt unter nochmaliger Verwendung von Satz 3a, dass

$$\begin{aligned} G(m + 2^k n) &= \{0\} \oplus G(m - 1) \oplus G(2^k n) \\ &= G(m) \oplus G(2^k n) \end{aligned}$$

ist.

2. Fall: m ist gerade. Dann ist auch $m + 2^k n$ gerade. Es sei b das kleinste Element in $G(m - 1 + 2^k n)$. Nach Satz 3b und Induktionsannahme ist dann

$$\begin{aligned} G(m + 2^k n) &= \{b + 1\} \oplus G(m - 1 + 2^k n) \\ &= \{b + 1\} \oplus G(m - 1) \oplus G(2^k n). \end{aligned}$$

Es ist zu zeigen, dass b auch das kleinste Element von $G(m - 1)$ ist. Es sei c das kleinste Element in $G(m - 1)$. Ferner sei $2^a \leq m < 2^{a+1}$. Wegen $m < 2^k$ ist dann $a + 1 \leq k$. Wegen Satz 3b folgt, dass c auch das kleinste Element in $G(m)$ ist. Weil m gerade ist, enthält $G(m)$ mindestens zwei Elemente. Weil a das größte Element in $G(m)$ ist, folgt $c < a \leq k - 1$. Nach dem Korollar zu Satz 6 ist daher $c \notin G(2^k n)$. Folglich ist

$$c \in G(m - 1) \oplus G(2^k n) = G(m - 1 + 2^k n).$$

Hieraus folgt $b \leq c$. Dies impliziert $b \notin G(2^k n)$. Andererseits ist

$$b \in G(m - 1 + 2^k n) = G(m - 1) \oplus G(2^k n)$$

und folglich $b \in G(m - 1)$. Also ist $c \leq b$ und folglich $b = c$, d.h.

$$\{b + 1\} \oplus G(m - 1) = G(m).$$

Somit gilt auch in diesem Falle $G(m + 2^k n) = G(m) \oplus G(2^k n)$. Damit ist alles bewiesen.

Wie spiegelt sich dieser Satz im Rechnen mit den relevanten Teilen wider? Nun, es sei r ein relevanter Teil von m und s ein relevanter Teil von $2^k n$. Dann ist $l(r) \leq k$, sodass wir annehmen dürfen, dass $r = r_0 \ldots r_{k-1}$ ist. Ferner ist $s_0 = 0 = \cdots = s_{k-2}$ aufgrund des Korollars zu Satz 6. Daher ist

$$r + s = r_0 \ldots r_{k-2}(r_{k-1} + s_{k-1} - 2r_{k-1}s_{k-1})s_k \ldots s_N.$$

Ist insbesondere $n = 1$, so ist

$$r + s = r_0 \ldots r_{k-2}(1 - r_{k-1})s_k$$

mit $s_k = 1$.

Hat man die Nachfolger- und Vorgängerfunktion in der Hand, so kann man natürlich addieren und subtrahieren, wie auch multiplizieren und dividieren. Doch die ausschließlich auf diesen beiden Funktionen beruhenden Verfahren sind zu teuer. In Positionssystemen kann man dies sehr verbessern, wenn man nur das kleine Eins-und-eins beherrscht. Noch etwas, wenn auch nur unwesentlich besser wird die Situation, wenn wir auch noch das kleine Ein-mal-eins beherrschen. Hier in der Gray-Codesituation beherrschen wir die Nachfolger- und Vorgängerfunktion, das Halbieren und Verdoppeln und das Addieren von Vielfachen von 2^k zu Zahlen m, die kleiner als 2^k sind. Damit haben wir nun alles in der Hand, um zumindest Addition, Subtraktion und Multiplikation ausführen zu können zu Kosten, die nicht höher sind als die Kosten der entsprechenden Rechenverfahren im Dualsystem.

Unabhängig vom Gray-Code definieren wir eine Funktion add durch

$$\mathrm{add}(a, b, k, c) := (a + b)2^k + c.$$

Dann gilt, wie man sofort sieht:

a) Es ist $\mathrm{add}(a, b, 0, 0) = a + b$.
b) Es ist $\mathrm{add}(a, b, k, c) = \mathrm{add}(b, a, k, c)$.
c) Es ist $\mathrm{add}(a, 0, k, c) = a2^k + c$.
c') Es ist $\mathrm{add}(0, b, k, c) = b2^k + c$.
d) Ist a ungerade und b gerade, so ist

$$\mathrm{add}(a, b, k, c) = \mathrm{add}\big((a - 1)/2, b/2, k + 1, 2^k + c\big).$$

d') Ist a gerade und b ungerade, so ist

$$\mathrm{add}(a, b, k, c) = \mathrm{add}\big(a/2, (b - 1)/2, k + 1, 2^k + c\big).$$

e) Sind a und b beide gerade, so ist

$$\text{add}(a, b, k, c) = \text{add}\big(a/2, b/2, k+1, c\big).$$

f) Sind a und b beide ungerade, so ist

$$\text{add}(a, b, k, c) = \text{add}\big((a-1)/2, (b+1)/2, k+1, c\big).$$

f') Sind a und b beide ungerade, so ist

$$\text{add}(a, b, k, c) = \text{add}\big((a+1)/2, (b-1)/2, k+1, c\big).$$

Mit diesen Algorithmen sind wir nun in der Lage, eine Addition auf W durchzuführen, die ähnlich viel kostet wie der Additionsalgorithmus bei den dyadisch dargestellten Zahlen. Der Algorithmus, so wie er hier formuliert ist, ist unabhängig von der Darstellung der natürlichen Zahlen.

Input: Nicht-negative ganze Zahlen A und B.
Output: Nicht-negative ganze Zahl c mit $c = A + B$.
Bemerkung: Die Berechnung der Parität von c ist im folgenden Algorithmus nicht berücksichtigt. Es gilt $\text{par}(c) = \text{par}(A) + \text{par}(B) - 2\,\text{par}(A)\,\text{par}(B)$.

begin $a := A$; $b := B$; $c := 0$; $k := 0$;

$\%\ \text{add}(a, b, k, c) = A + B$
$\%\ c < 2^k$

while $a > 0$ do

$\%\ \text{add}(a, b, k, c) = A + B$
$\%\ c < 2^k$

if $\text{par}(a) \neq \text{par}(b)$ then
$a := a\ \text{DIV}\ 2$;
$b := b\ \text{DIV}\ 2$;
$c := 2^k + c$

$\%\ \text{add}(a, b, k+1, c) = A + B$
$\%\ c < 2^{k+1}$

else
$a := a\ \text{DIV}\ 2$;
if $\text{par}(b) = 0$ then $b := b\ \text{DIV}\ 2$ else
$b := (b+1)\ \text{DIV}\ 2$

$\%\ \text{add}(a, b, k+1, c) = A + B$
$\%\ c < 2^{k+1}$

endif
endif
$k := k + 1$

$\%\ \text{add}(a, b, k, c) = A + B$
$\%\ c < 2^k$

endwhile;

% add$(a, b, k, c) = A + B$

% $c < 2^k$

% $a = 0$

$c := 2^k b + c;$

% $c = A + B$

end;

Der Algorithmus berechnet die Ziffern von $A + B$ solange, bis a abgearbeitet ist. Dann hängt er $2^k b$ noch vorne an, wobei die führende Ziffer von c möglicherweise noch einmal geändert wird. Bei all diesen Operationen werden höchstens zwei Ziffern bearbeitet, sodass das Addieren keinen Übertrag erfordert. Da alle diese Operationen sich auch im Dualsystem ausführen lassen, stellt sich die Frage, wo dort sich Überträge möglicherweise einstellen. Diese geschehen gelegentlich bei der Zuweisung $b := (b+1)$ DIV 2, d.h. beim Berechnen von $b + 1$. Wenn b aus einer Million Einsen besteht, fallen eine ganze Menge Dominosteine bei der Addition von 1.

Wiederum unabhängig vom Gray-Code definieren wir eine Funktion sub durch

$$\mathrm{sub}(a, b, k, c) := (a - b)2^k + c.$$

Dann gilt, wie man sofort sieht:

a) Es ist sub$(a, b, 0, 0) = a - b$.

b) Es ist sub$(a, 0, k, c) = a2^k + c$.

c) Ist a ungerade und b gerade, so ist

$$\mathrm{sub}(a, b, k, c) = \mathrm{sub}\big((a-1)/2, b/2, k+1, 2^k + c\big).$$

d) Ist a gerade und b ungerade, so ist

$$\mathrm{sub}(a, b, k, c) = \mathrm{sub}\big((a-2)/2, (b-1)/2, k+1, 2^k + c\big).$$

e) Sind a und b beide gerade, so ist

$$\mathrm{sub}(a, b, k, c) = \mathrm{sub}\big(a/2, b/2, k+1, c\big).$$

f) Sind a und b beide ungerade, so ist

$$\mathrm{sub}(a, b, k, c) = \mathrm{sub}\big((a-1)/2, (b-1)/2, k+1, c\big).$$

Der Leser sollte damit in der Lage sein, einen Algorithmus für die partielle Subtraktion zu entwerfen.

Da wir addieren, verdoppeln und halbieren können, können wir auch die Multiplikation in W systemgerecht durchführen, indem wir den Algorithmus der russischen Bauernmultiplikation verwenden. Um auch dividieren zu können, müssen wir in der Lage sein, Division mit Rest modulo 2^k durchzuführen. Diese beruht auf dem folgenden Satz.

Satz 8. *Es sei $r_0 \ldots r_k$ relevanter Teil von m. Für $i := 0, \ldots, k$ definieren wir R_i durch $R_i := (r_i + \cdots + r_k)$ MOD 2. Für $i := 1, \ldots, k$ ist dann $r_0 \ldots r_{i-2} R_{i-1}$ relevanter Teil von m MOD 2^i und $r_i \ldots r_k$ relevanter Teil von m DIV 2^i und R_i ist die Parität von m DIV 2^i.*

Beweis. Nach Satz 7 ist

$$G(m) = G(m \text{ MOD } 2^i) \oplus G\big(2^i(m \text{ DIV } 2^i)\big).$$

Es folgt, dass es s_{i-1} und t_{i-1} gibt, sodass $r_0 \ldots r_{i-2} s_{i-1}$ relevanter Teil von m MOD 2^i und $0 \ldots 0 t_{i-1} r_i \ldots r_k$ relevanter Teil von $2^i(m \text{ DIV } 2^n)$ ist. Mittels Satz 6 folgt weiter, dass $r_i \ldots r_k$ relevanter Teil von m DIV 2^i ist. R_i ist dann natürlich die Parität von m DIV 2^i

Weil $i > 0$ ist, ist $2^i(m \text{ DIV } 2^i)$ gerade. Daher ist

$$r_0 + \ldots r_{i-2} + s_{i-1} \equiv \text{par}(m \text{ MOD } 2^i) \equiv \text{par}(m) \equiv r_0 + \ldots r_{i-2} + R_{i-1} \quad \text{mod } 2.$$

Es folgt $s_{i-1} = R_{i-1}$, sodass der Satz bewiesen ist.

Korollar 1. *Ist $r_0 \ldots r_k$ relevanter Teil von m und ist $R_i := (r_i + \cdots + r_k)$ MOD 2 für $i := 0, \ldots, k$, so ist*

$$m = \sum_{i:=0}^{k} R_i 2^i.$$

Beweis. Dies ist richtig für $k = 0$. Ist $k > 0$, so ist $m = r_0 \ldots r_{k-2} R_{k-1} + R_k 2^k$, sodass Induktion zum Ziele führt.

Korollar 2. *Ist $R_0 \ldots R_k$ die Binärentwicklung von m und setzt man*

$$r_i := (R_i + R_{i+1}) \text{ MOD } 2$$

für $i := 0, \ldots, k-1$ und $r_k := R_k$, so ist $r_0 \ldots r_k$ die Gray-Code-Entwicklung von m.

Beweis. Ist $s_0 \ldots s_k$ die Gray-Code-Entwicklung von m, so folgt mit Korollar 1, dass für alle i die Gleichung $R_i := (s_i + \cdots + s_k)$ MOD 2 gilt. Hieraus folgt dann $r_i = s_i$ für alle i.

Diese beiden Korollare zeigen, dass man die Gray-Code-Entwicklung von m direkt in die Binärentwicklung umwandeln kann und umgekehrt. Die Umwandlung der Gray-Code-Entwicklung in die Binärentwicklung hat aber den Nachteil, dass man die Liste der Ziffern erst invertieren muss, wenn man die Ziffernfolgen in Listen speichert. Hat man aber die Parität in r_{-1} notiert, so ist das nicht nötig. Dann ist nämlich $R_0 = r_{-1}$, sodass man die R_i durch die folgende Rekursion erhält:

$$
\begin{aligned}
&R_0 := r_{-1}; \\
&\text{for } i := 0 \text{ to } k-1 \text{ do} \\
&R_{i+1} := \text{if } r_i \neq R_i \text{ then 1 else 0} \\
&\text{endif};
\end{aligned}
$$

Diese Bemerkung kann man sich auch bei der Division mit Rest von m durch 2^i zunutze machen, die wir, wie wir jetzt sehen werden, bei der Division als Teilverfahren benötigen werden. Ist nämlich $m = r_{-1}r_0 \ldots r_k$ und ist $i > 0$ und ist m DIV $2^i = s_{-1}s_0 \ldots s_l$, so ist

$$m \text{ MOD } 2^i = r_{-1}r_0 \ldots r_{i-2}R_{i-1}$$

und $s_{-1} = R_i$ sowie $s_j = r_{i+j}$ für $j := 0, \ldots k - i$.

Den Algorithmus für die Division formulieren wir wieder so, dass er von der Darstellung der natürlichen Zahlen unabhängig ist.

Input: Eine nicht-negative ganze Zahlen a und eine natürliche Zahl b.

Output: Nicht-negative ganze Zahlen q und r mit $a = qb + r$ und $r < b$.

Bemerkungen. Auch im Gray-Fall ist die Entwicklung des Vorzeichens von Quotient und Rest nach dem bislang Gesagten leicht zu verfolgen.

begin Bestimme k mit $b < 2^k \leq 2b$;
  $R := 2^k - b$;
  % $2^k = b + R$ und $R \leq 2^{k-1}$.

  $q := 0$;
  $A := a$;
  $r := 0$;
  while $A > 0$ do
    % $a = bq + A + r$ und $0 \leq r < b$.
    $s := A$ MOD 2^k;
    $A := A$ DIV 2^k;
    % $a = b(q + A) + RA + s + r$
    % $RA \leq A_{\text{alt}}/2$
    % $0 \leq s + r \leq 3b - 2$
    $q := q + A$;
    $A := RA$;
    $r := s + r$;
    % $a = bq + A + r$
    % $r < 3b$
    % Die folgende while-Schleife wird
    % daher höchstens zweimal durchlaufen.
    while $r > b$ do
      $q := q + 1$;
      $r := r - b$
    endwhile;
    % $a = bq + A + r$ und $0 \leq r < b$
  endwhile;
  % $a = bq + r$ und $0 \leq r < b$
end;

Damit sind die grundlegenden Algorithmen auch für den Gray-Code etabliert. Wer mehr über den Gray-Code wissen möchte, wie man etwa eine im Gray-Code dargestellte Zahl direkt in eine Dezimalzahl verwandelt und umgekehrt und anderes mehr, der konsultiere Lüneburg 1989.

Aufgaben

1. Sind X und Y endliche Mengen, so ist $|X \oplus Y| = |X| + |Y| - 2|X \cap Y|$. (Siehe Aufgabe 1 von Abschnitt 2.)

2. Ist M eine Menge, so ist $E(M)$ eine Untergruppe von $(P(M), \oplus)$ und die Menge $E_g(M)$ der endlichen Teilmengen gerader Länge von M ist eine Untergruppe von $E(M)$. Der Index von $E_g(M)$ in $E(M)$ ist 2.

3. Ist M eine Menge, so ist $R = (P(M), \oplus, \cap)$ ein Ring. Die Menge $K := \{M, \emptyset\}$ ist ein Teilkörper von R, sodass $(P(M), \oplus)$ ein Vektorraum über K ist. Was ist die Dimension dieses Vektorraumes, wenn M endlich ist?

4. Es sei $X \in E(\mathbf{N}_0)$ und $X = \{a_1, \ldots, a_k\}$ mit $a_1 < \cdots < a_k$. Dann ist

$$G^{-1}(X) = -\operatorname{par}(k) + \sum_{i:=1}^{k} (-1)^{k-i} 2^{a_i+1}.$$

8. Brüche. Fibonacci stellt nicht infrage, dass man Brüche addieren kann. Dafür, wie man sie addiert, gibt er zwei Verfahren, die er beide an dem Beispiel $\frac{1}{3} + \frac{1}{4}$ erläutert (Boncompagni 1857, S. 63 f.). Das eine ist das, das auch ich auf der Schule gelernt habe. Bei diesem Verfahren wird der erste Bruch mit 4 und der zweite mit 3 erweitert, also wie folgt gerechnet:

$$\frac{1}{3} + \frac{1}{4} = \frac{4}{12} + \frac{3}{12} = \frac{7}{12}.$$

Hier wird also kein Wort darüber verloren, dass man Brüche addieren kann und dass das Ergebnis der Addition nicht vom Vertreter der Brüche abhängt. Beim Subtrahieren sind die Brüche ebenfalls gleichnamig zu machen. Hierauf werden wir in Abschnitt 2 von Kapitel II zurückkommen.

Das andere Verfahren, das er das volkstümliche nennt, verläuft folgendermaßen. Er rechnet mit 12 als der Zahl, die durch 3 und durch 4 teilbar ist,

$$\left(\frac{1}{3} + \frac{1}{4}\right) \cdot 12 = \frac{12}{3} + \frac{12}{4} = 4 + 3 = 7$$

und schließt hieraus, dass die Summme gleich $\frac{7}{12}$ ist. Die Idee, die hier dahinter steckt, fand ich im modernen Gewande bei Lambek explizit gemacht (Lambek 1966). Sie ist einmal mathematisch sehr reizvoll und hat zum andern in der didaktischen Diskussion der sechziger und siebziger Jahre des 20. Jahrhunderts sowie im Schulunterricht eine Rolle gespielt. Die Diskutierenden der damaligen Zeit scheinen Lambeks Buch nicht gekannt zu haben. Es wird jedenfalls nicht zitiert und was ich zu diesem Gegenstand gesehen habe, ist alles nicht so sorgfältig formuliert wie bei Lambek. Die lambekschen Ideen — so sie denn von ihm stammen, was ich nicht weiß — seien hier für den Fall $\mathbf{N}$ wiedergegeben.

Eine nicht-leere Teilmenge I von $\mathbf{N}$ heiße *Ideal* von $\mathbf{N}$, wenn I unter Addition und partieller Subtraktion abgeschlossen ist. Ist I ein Ideal, ist $a \in I$ und $n \in \mathbf{N}$, so ist auch $na \in I$, wie eine einfache Induktion zeigt. Ist I ein Ideal von $\mathbf{N}$, so ist $I = a\mathbf{N}$, wie man mithilfe der Division mit Rest sofort sieht, und umgekehrt ist $a\mathbf{N}$ stets auch ein Ideal von $\mathbf{N}$. Ferner gilt $a\mathbf{N} \cap b\mathbf{N} = \mathrm{kgV}(a, b)\mathbf{N}$, wobei $\mathrm{kgV}(a, b)$ das *kleinste gemeinsame Vielfache* von a und b bezeichne. Bezeichnet man mit $a\mathbf{N} + b\mathbf{N}$ das kleinste Ideal von $\mathbf{N}$, welches sowohl $a\mathbf{N}$ als auch $b\mathbf{N}$ enthält, so ist $a\mathbf{N} + b\mathbf{N} = \mathrm{ggT}(a, b)\mathbf{N}$. Die Definition von $a\mathbf{N} + b\mathbf{N}$ ist wörtlich zu nehmen. Diese Menge ist also nicht mit der Menge

$$\{au + bv \mid u, v \in \mathbf{N}\}$$

zu verwechseln!

Ist I ein Ideal von $\mathbf{N}$, so bezeichnen wir mit $\mathrm{Hom}(I, \mathbf{N})$ die Menge aller Homomorphismen von I in $\mathbf{N}$, d.h. die Menge aller Abbildungen f von I in $\mathbf{N}$ mit $f(i+j) = f(i)+f(j)$ für alle $i, j \in I$. Ist $f \in \mathrm{Hom}(I, \mathbf{N})$, so ist f sogar ein Monomorphismus. Es ist ja $I = a\mathbf{N}$ mit einem $a \in I$. Ist nun $i \in I$, so gibt es genau ein $n \in \mathbf{N}$ mit $i = an$. Es folgt $f(i) = f(an) = f(a)n$. Hieraus folgt die Behauptung. Man sieht gleichzeitig, dass $f \in \mathrm{Hom}(I, \mathbf{N})$ durch die beiden Zahlen a und $f(a)$ eindeutig festgelegt wird. Die Zahl a gibt den Definitionsbereich $a\mathbf{N}$ und $f(a)$ gibt durch $f(an) = f(a)n$ das Bild von an unter f. Ist andererseits $a, m \in \mathbf{N}$, so wird durch $f(an) := mn$ ein $f \in \mathrm{Hom}(a\mathbf{N}, \mathbf{N})$ definiert mit $f(a) = m$. Der Homomorphismus f wird also letztlich durch den Bruch $\frac{f(a)}{a}$ realisiert, ist doch

$$f(an) = \frac{f(a)}{a} an = f(a)n.$$

Doch soweit sind wir noch nicht.

Satz 1. *Es seien I und J Ideale von $\mathbf{N}$. Ist $f \in \mathrm{Hom}(J, \mathbf{N})$, so ist*

$$f^{-1}(I) := \{x \mid x \in J, f(x) \in I\}$$

ein Ideal von $\mathbf{N}$.

Beweis. Es sei $x \in J$ und $y \in I$. Dann ist $xy \in J$ und

$$f(xy) = f(x)y \in I,$$

sodass $xy \in f^{-1}(I)$ ist. Folglich ist $f^{-1}(I)$ nicht leer. Sind $x, y \in f^{-1}(I)$, so sind $x, y \in J$. Es folgt $x + y \in J$ und weiter

$$f(x + y) = f(x) + f(y) \in I.$$

Also ist $x + y \in f^{-1}(I)$. Ist schließlich $x > y$, so ist $x - y \in J$. Wegen

$$f(x) = f(y + x - y) = f(y) + f(x - y)$$

ist $f(y) < f(x)$ und $f(x - y) = f(x) - f(y) \in I$. Also ist auch $x - y \in f^{-1}(I)$. Damit ist I als Ideal erkannt.

Es sei Δ die Menge der Ideale von $\mathbf{N}$. Wir setzen

$$\Phi := \bigcup_{I \in \Delta} \mathrm{Hom}(I, \mathbf{N}).$$

Die Elemente von Φ nennen wir *Brüche* über $\mathbf{N}$. Den Bruch $e \in \mathrm{Hom}(\mathbf{N}, \mathbf{N})$ definieren wir durch $e(n) := n$ für alle $n \in \mathbf{N}$. Sind f, $g \in \Phi$, so definieren wir $f + g$ und fg wie folgt. Es gibt Ideale I und J mit $f \in \mathrm{Hom}(I, \mathbf{N})$ und $g \in \mathrm{Hom}(J, \mathbf{N})$. Dann ist $I \cap J \in \Delta$. Wir setzen

$$(f + g)(x) := f(x) + g(x)$$

für alle $x \in I \cap J$. Dann ist $f + g \in \mathrm{Hom}(I \cap J, \mathbf{N})$, sodass $f + g$ ein Bruch ist. Ferner setzen wir

$$(fg)(x) = f(g(x))$$

für alle $x \in g^{-1}(I)$. Dann ist $fg \in \mathrm{Hom}(f^{-1}(I), \mathbf{N})$, sodass auch fg ein Bruch ist. Addition und Multiplikation sind assoziativ. Die Addition ist auch kommutativ. Bezüglich der Multiplikation ist e Einselement.

Satz 2. *Ist $f \in \mathrm{Hom}(I, \mathbf{N})$ und $g \in \mathrm{Hom}(J, \mathbf{N})$, so setzen wir $f \sim g$ genau dann, wenn $f(x) = g(x)$ ist für alle $x \in I \cap J$. Dann ist genau dann $f \sim g$, wenn es ein Ideal K von $\mathbf{N}$ gibt mit $K \subseteq I \cap J$ und $f(x) = g(x)$ für alle $x \in K$. Überdies ist $\sim$ eine Kongruenzrelation auf $(\Phi, +, \cdot, e)$, d.h. $\sim$ ist eine mit der Addition, Multiplikation und der Konstanten e verträgliche Äquivalenzrelation auf Φ.*

Beweis. Ist $f \sim g$, so tut's $K = I \cap J$. Es sei also K ein Ideal von $\mathbf{N}$, das in $I \cap J$ enthalten ist. Es sei $d \in I \cap J$ und $d' \in K$. Dann ist $dd' \in K$. Es folgt

$$f(d)d' = f(dd') = g(dd') = g(d)d'$$

und daher $f(d) = g(d)$. Also ist $f \sim g$.

Es ist klar, dass $\sim$ reflexiv und symmetrisch ist. Es seien nun $f_k \in \mathrm{Hom}(I_k, \mathbf{N})$ und es gelte $f_1 \sim f_2$ und $f_2 \sim f_3$. Dann stimmen f_1 und f_2 auf $I_1 \cap I_2$ überein und f_2 und f_3 auf $I_2 \cap I_3$. Dann stimmen f_1 und f_3 auf $I_1 \cap I_2 \cap I_3$ überein, sodass nach dem bereits Bewiesenen $f_1 \sim f_3$ gilt.

Es sei $f \in \mathrm{Hom}(I, \mathbf{N})$, $f' \in \mathrm{Hom}(I', \mathbf{N})$, $g \in \mathrm{Hom}(J, \mathbf{N})$ und $g' \in \mathrm{Hom}(J', \mathbf{N})$. Ferner gelte $f \sim f'$ und $g \sim g'$. Dann stimmen f und f' auf $I \cap I'$ überein und g und g' auf $J \cap J'$. Die Summe $f + g$ ist definiert auf $I \cap J$ und die Summe $f' + g'$ auf $I' \cap J'$. Es folgt, dass $f + g$ und $f' + g'$ auf $I \cap J \cap I' \cap J'$ übereinstimmen, sodass $f + g \sim f' + g'$ gilt.

Es ist fg auf $g^{-1}(I)$ und $f'g'$ auf $g'^{-1}(I')$ definiert. Es sei $x \in g^{-1}(I) \cap g'^{-1}(I')$. Dann ist $g(x) \in I$ und $g'(x) \in I'$. Ferner ist $x \in J \cap J'$. Also ist $g(x) = g'(x)$ und daher $f(g(x)) = f'(g'(x))$. Somit ist $fg \sim f'g'$.

Mit $g' = e$ und $f = f'$ folgt $fg \sim fe$, d.h. $fg \sim f$ und entsprechend $gf \sim f$. Damit ist alles bewiesen.

Satz 3. *Es sei Φ die Menge der Brüche über $\mathbf{N}$ und $\sim$ sei die in Satz 2 definierte Kongruenzrelation auf $(\Phi, +, \cdot, e)$. Ist dann $\mathbf{Q}(\mathbf{N}) := \Phi/\sim$ und bezeichnen wir mit $+$ und $\cdot$ auch die von den entsprechenden Operationen auf Φ induzierten Operationen auf $\mathbf{Q}(\mathbf{N})$ und ist schließlich E die Äquivalenzklasse von e, so gelten für $(\mathbf{Q}(\mathbf{N}), +, \cdot, E)$ die folgenden Aussagen:*

a) $(\mathbf{Q}(\mathbf{N}), \cdot, E)$ ist eine abelsche Gruppe.

b) *Die Addition ist assoziativ und kommutativ. Ferner gilt: Sind A, $B \in \mathbf{Q}(\mathbf{N})$ und ist $A \neq B$, so gibt es ein $C \in \mathbf{Q}(\mathbf{N})$ mit $A + C = B$ oder es gibt ein $D \in \mathbf{Q}(\mathbf{N})$ mit $B + D = A$. Diese beiden Gleichungen sind nicht gleichzeitig erfüllbar. C bzw. D sind überdies einzig.*

c) *Es gelten beide Distributivgesetze.*

d) *Für $n \in \mathbf{N}$ sei f_n der durch $f_n(x) := nx$ definierte Homomorphismus von $\mathbf{N}$ in sich. Ist dann $\sigma(n)$ die Äquivalenzklasse von f_n unter der Relation $\sim$, so ist σ ein Monomorphismus von $\mathbf{N}$ in $\mathbf{Q}(\mathbf{N})$.*

Beweis. Bei der Definition der Addition und Multiplikation von Brüchen vor Satz 2 haben wir schon bemerkt, dass diese beiden Verknüpfungen assoziativ sind und dass die Addition auch kommutativ ist. Weil $\sim$ eine Kongruenzrelation ist, sind daher auch die auf $\mathbf{Q}(\mathbf{N})$ definierten entsprechenden Verknüpfungen assoziativ und die Addition überdies kommutativ.

a) Es sei $f \in \mathrm{Hom}(I, \mathbf{N})$. Es gibt ein $a \in I$ mit $I = a\mathbf{N}$. Setze $b := f(a)$ und $J := b\mathbf{N}$. Wir definieren $g \in \mathrm{Hom}(J, \mathbf{N})$ durch $g(bn) := an$. Dann ist

$$fg(abn) = fg(ban) = f(aan) = ban = abn = e(abn).$$

Also ist $fg \sim e$. Ebenso folgt $gf \sim e$. Folglich hat jedes Element in $(\mathbf{Q}(\mathbf{N}), \cdot, E)$ ein Inverses, sodass $\mathbf{Q}(\mathbf{N})$ bezüglich der Multiplikation eine Gruppe ist.

Es sei $f \in \mathrm{Hom}(I, \mathbf{N})$ und $g \in \mathrm{Hom}(J, \mathbf{N})$. Es gibt $a \in I$ und $b \in J$ mit $I = a\mathbf{N}$ und $J = b\mathbf{N}$. Es folgt

$$\begin{aligned}
fg(abn) = fg(ban) &= f\big(g(b)an\big) \\
&= f\big(ag(b)n\big) = f(a)g(b)n \\
&= g(b)f(a)n = g\big(bf(a)n\big) \\
&= g\big(f(a)bn\big) = gf(abn).
\end{aligned}$$

Hieraus folgt $fg \sim gf$, sodass die Gruppe $\mathbf{Q}(\mathbf{N})$ abelsch ist.

b) Es sei $f \in A$ und $g \in B$. Es gibt a, $b \in \mathbf{N}$ mit $f \in \mathrm{Hom}(a\mathbf{N}, \mathbf{N})$ und $g \in \mathrm{Hom}(b\mathbf{N}, \mathbf{N})$. Ist f' die Einschränkung von f auf $ab\mathbf{N}$, so ist $f'(abn) = f(a)bn$. Entsprechend gilt für die Einschränkung g' von g auf $ab\mathbf{N}$, dass $g'(abn) = ag(b)n$ ist. Es ist $f' \sim f$ und $g' \sim g$. Weil A und B verschieden sind, sind f' und g' verschieden. Daher ist $f(a)b \neq ag(b)$. Wir dürfen annehmen, dass $f(a)b < ag(b)$ ist.

Wir setzen $c := ag(b) - f(a)b$ und definieren $h \in \mathrm{Hom}(ab\mathbf{N}, \mathbf{N})$ durch $h(abn) := cn$. Dann ist

$$(f' + h)(abn) = f'(abn) + h(abn) = f(a)bn + cn = ag(b)n = g'(abn).$$

Es folgt $f' + h \sim g'$ und damit $A + C = B$, wenn C die Äquivalenzklasse von h ist. Die restlichen Aussagen von b) sind ebenso einfach zu beweisen.

c) Es seien A, B, $C \in \mathbf{Q}(\mathbf{N})$. Es seien ferner $f \in A$, $g \in B$ und $h \in C$. Übergang zu äquivalenten Homomorphismen zeigt, dass wir annehmen dürfen, dass f, g und h auf dem gleichen Ideal $I = a\mathbf{N}$ leben. Dann ist

$$
\begin{aligned}
\bigl(f(g+h)\bigr)(a^2 n) &= f\bigl(g(a^2 n) + h(a^2 n)\bigr) \\
&= f\bigl(g(a)an\bigr) + f\bigl(h(a)an\bigr) \\
&= f(a)g(a)n + f(a)h(a)n \\
&= (fg)(a^2 n) + (fh)(a^2 n) \\
&= (fg + fh)(a^2 n).
\end{aligned}
$$

Also ist $f(g+h) \sim fg + fh$, sodass zumindest eines der Distributivgesetze gilt. Die Gültigkeit des anderen folgt aus der Kommutativität der Multiplikation.

d) Es seien m, $n \in \mathbf{N}$. Dann ist

$$(f_m + f_n)(v) = f_m(v) + f_n(v) = mv + nv = (m+n)v = f_{m+n}(v)$$

und folglich $f_m + f_n = f_{m+n}$. Hieraus folgt $\sigma(m+n) = \sigma(m) + \sigma(n)$. Ferner ist

$$(f_m f_n)(v) = f_m\bigl(f_n(v)\bigr) = m(nv) = (mn)v = f_{mn}(v)$$

und daher $f_m f_n = f_{mn}$. Also gilt auch $\sigma(mn) = \sigma(m)\sigma(n)$. Es sei schließlich $\sigma(m) = \sigma(n)$. Es gibt dann ein Ideal I von $\mathbf{N}$, sodass $mi = f_m(i) = f_n(i) = ni$ gilt für alle $i \in I$. Hieraus folgt $m = n$ und damit die Injektivität von σ.

Damit ist alles bewiesen.

Nimmt man statt $\mathbf{N}$ einen Integritätsbereich R mit Eins und statt der in $\mathbf{N}$ definierten Ideale die von $\{0\}$ verschiedenen Ideale von R, so erhält man auf die gleiche Weise den Quotientenkörper von R. Nimmt man für R einen beliebigen kommutativen Ring mit 1 und statt aller Ideale nur diejenigen Ideale, deren Annihilatorideal null ist, so erhält man immer noch einen Ring, den vollen Quotientenring von R. Für Einzelheiten sei der Leser auf Lambek 1966 verwiesen.

Aufgaben

1. Es sei $\sim$ wieder die auf der Menge der Brüche definierte Äquivalenzrelation. Ist dann $f \in \mathrm{Hom}(a\mathbf{N}, \mathbf{N})$ und $g \in \mathrm{Hom}(b\mathbf{N}, \mathbf{N})$, so ist genau dann $f \sim g$, wenn $f(a)b = g(b)a$ ist.

2. Es seien A, $B \in \mathbf{Q}(\mathbf{N})$. Wir setzen $A \leq B$ genau dann, wenn $A = B$ ist oder es ein $C \in \mathbf{Q}(\mathbf{N})$ gibt mit $A + C = B$. Zeigen Sie, dass $\leq$ eine Anordnung von $\mathbf{Q}(\mathbf{N})$ ist, die mit der Addition und der Multiplikation verträglich ist.

3. Es seien I und J Ideale von $\mathbf{N}$. Ferner gelte $I = a\mathbf{N}$ und $J = b\mathbf{N}$. Ist dann $f \in \mathrm{Hom}(J, \mathbf{N})$, so ist

$$f^{-1}(I) = \frac{ab}{\mathrm{ggT}\bigl(a, f(b)\bigr)}\mathbf{N}.$$

II.
Größenbereiche

Zahlen waren den Griechen Haufen, arithmoi, wie wir gesehen haben, und daran hielten sie sich. Dennoch waren sie in der Lage, etwa Geometrie zu betreiben. Sie mussten also andere Werkzeuge haben, wo wir uns der reellen Zahlen bedienen. Sie fanden sie in den Größenbereichen und der zwischen Größen definierten Gleichheit von Proportionen. Dabei sagten sie nirgendwo, was eine Größe denn sei, und auch Größenbereiche wurden nicht definiert. Man muss also, was nicht schwer ist, aus dem Zusammenhang erschließen, was sie gemeint haben könnten. Tut man dies, so ersteht vor den Augen des Betrachters ein Stück Mathematik, schön und frisch wie am ersten Tag. Welch andere Wissenschaft denn die Mathematik kann sich rühmen, dass ihre Ergebnisse auch nach mehr als zweitausend Jahren noch gültig sind? Dieses Stück Mathematik soll hier nun entwickelt und weitergeführt werden, um dann am Ende in den dedekindschen Schnitten in der Menge der positiven rationalen Zahlen einen universellen Größenbereich zu finden, der alle Größenbereiche in sich birgt. Die Männer, die hier neben Euklid und Eudoxos zu nennen sind, sind Rodolfo Bettazzi und einmal mehr Richard Dedekind.

1. Die Proportionenlehre des Eudoxos. In diesem Abschnitt tragen wir die Proportionenlehre des Eudoxos in moderner Fassung vor, wie sie uns in Buch V der Elemente des Euklid überliefert ist. Größen gleicher Art, wie etwa Strecken, lassen sich der Größe nach vergleichen, addieren und die kleinere von der größeren subtrahieren. Bei Gewichten kann man das auch, wobei das Subtrahieren dadurch geschieht, dass man die Gewichte auf verschiedene Waagschalen legt. Hierauf beruht die Lösung des bachetschen Wägeproblems, die schon Fibonacci und Tartaglia bekannt war. Bei diesem Problem geht es um die Frage, welches Gewicht vier Gewichte haben müssen, um alle ganzzahligen Gewichte von 1 bis 40 zu wiegen. Die Antwort lautet 1, 3, 9, 27, d.h. 1, 3, 3^2, 3^3. Nehme man noch 81 hinzu, so Fibonacci, so könne man alles bis 121 wiegen und so ginge es fort *in infinitum* (Boncompagni 1857, S. 297. Tartaglia 1556, Fol. 14^{recto}. Bachet 1624, S. 215–219, und wohl auch schon in der ersten Auflage. Siehe auch Lüneburg 1993a, S. 203 ff.). Größenbereiche gilt es nun zu axiomatisieren.

Es sei P eine Menge und $\leq$ sei eine binäre Relation auf P. Ist $\leq$ *reflexiv*, *antisymmetrisch* und *transitiv*, d.h. gilt

a) Es ist $a \leq a$ für alle $a \in P$,

b) Sind a, $b \in P$, ist $a \leq b$ und $b \leq a$, so ist $a = b$,

c) Sind a, b, $c \in P$, ist $a \leq b$ und $b \leq c$, so ist $a \leq c$, so heißt $\leq$ *Anordnung* oder auch *Ordnung* von P. Ist $\leq$ eine Anordnung von P, so heißt $\leq$ *linear*, falls zwei Elemente von P stets *vergleichbar* sind, wenn also aus a, $b \in P$ stets $a \leq b$ oder $b \leq a$ folgt. Wir werden auch die Zeichen $<$, $>$ und $\geq$ benutzen, deren Interpretation dem Leser wohl keine Schwierigkeiten machen wird.

Ist P eine nicht-leere Menge mit einer auf ihr definierten binären Operation $+$, Addition genannt, die assoziativ und kommutativ ist, für die also $a + (b + c) = (a + b) + c$ und $a + b = b + a$ für alle a, b, $c \in P$ gilt, so definieren wir für $n \in \mathbf{N}$ und $a \in P$ das Element $na \in P$ rekursiv durch $1a := a$ und $(n + 1)a := na + a$. Es gilt dann $n(a + b) = na + nb$ und $(m + n)a = ma + na$, sowie $(mn)a = m(na)$. Dies beweist sich genauso wie die Aussagen b), c) und d) von Satz 12 des Abschnitts 1 von Kapitel I. Dieses Vervielfachen von Elementen von P benötigen wir zur Definition der Größenbereiche.

Ein *Größenbereich* ist eine nicht-leere Menge P versehen mit einer binären Operation $+$ und einer linearen Anordnung $\leq$, sodass gilt:

a) Die Addition $+$ ist *assoziativ* und *kommutativ*.

b) Es ist $a < a + b$ für alle a, $b \in P$.

c) Sind a, $b \in P$ und ist $b < a$, so gibt es genau ein $c \in P$ mit $a = b + c$. Dieses Element c bezeichnen wir auch mit $a - b$.

d) Sind a, $b \in P$, so gibt es ein $n \in \mathbf{N}$ mit $na > b$.

Aufgrund der Eigenschaft d) nennt man die Anordnung *archimedisch*. Diese Eigenschaft spielte nämlich bei Untersuchungen Archimedes' eine Rolle. Eudoxos jedoch, der schon lange tot war, als Archimedes geboren wurde, hat diese Eigenschaft ebenfalls schon postuliert. Anordnungen mit der Eigenschaft d) archimedisch zu nennen verfälscht also den historischen Tatbestand. Wir belassen es aber dabei, da wir den Namen *eudoxisch* für andere Größenbereiche reservieren wollen.

Wegen b) ist $(n + 1)b = nb + b > nb$, sodass $nb = mb$ die Gleichheit von m und n nach sich zieht.

Hat der Größenbereich auch noch die Eigenschaft

e) Ist $a \in P$ und $n \in \mathbf{N}$, so gibt es ein $b \in P$ mit $a = nb$,

so heißt P *dividierbar*.

Für die *partielle Subtraktion* $a - b$, die ja nur für $b < a$ definiert ist, sind einige Rechenregeln herzuleiten. Wie das geschieht, sei hier an folgendem Beispiel vorgeführt. Für die restlichen Rechenregeln sei auf die Aufgaben 2 und 3 verwiesen. Ist $a > b$ und ist $m \in \mathbf{N}$, so ist $ma > mb$ und es gilt

$$m(a - b) = ma - mb.$$

Es ist ja $a = (a - b) + b$. Hieraus folgt, wie oben bemerkt,

$$ma = m(a - b) + mb.$$

Aufgrund der Definition der partiellen Subtraktion ist andererseits

$$ma = (ma - mb) + mb.$$

Mit c) folgt hieraus die Behauptung.

N mit der üblichen Anordnung und Addition ist ein Größenbereich, der nicht dividierbar ist. Es ist dies der einzige Größenbereich, den wir bislang kennen.

Und nun Eudoxos' berühmte Definition der *Verhältnisgleichheit*. Es seien P und Q Größenbereiche. Die Addition in P und die Addition in Q werden jeweils mit $+$ bezeichnet. Ebenso benutzen wir in beiden Größenbereichen das gleiche Symbol $\leq$ für die Anordnung. Sind a, $b \in P$ und c, $d \in Q$, so stehen a und b *im gleichen Verhältnis* wie c und d, wenn für alle m, $n \in \mathbf{N}$ gilt:

1) Ist $ma < nb$, so ist $mc < nd$.

2) Ist $ma = nb$, so ist $mc = nd$.

3) Ist $ma > nb$, so ist $mc > nd$.

Stehen a und b im gleichen Verhältnis wie c und d, so schreiben wir dafür $a : b = c : d$.

Das griechische Wort für Verhältnis ist „logos" und für „im gleichen Verhältnis stehen" benutzten die Griechen das Wort „analogon". Hier kommen unsere Wörter „analog" und „Analogie" her. Dies ist ein seltener, wenn nicht einmaliger Vorgang, dass ein Terminus technicus der Mathematik in die Umgangssprache Eingang gefunden hat.

Jahrhundertelang haben Mathematiker sich daran gestoßen, dass Eudoxos nicht sagt, was ein Verhältnis sei, und auch daran, dass bei der Definition über alle natürlichen Zahlen quantifiziert wird. Als Zeuge sei Borelli zitiert (Borelli 1679, S. 5 ff.). Es wurde immer wieder versucht, die eudoxische Definition anders zu fassen, doch es ist niemandem gelungen, eine bessere Definition zu finden. Eudoxos sagt nicht, was unter einem Verhältnis zu verstehen ist, er sagt nur, wann zwei Paare von Größen im gleichen Verhältnis stehen. Dazu braucht man nicht zu wissen, was ein Verhältnis ist. Nach heutigem Verständnis ist Eudoxos' Definition vollkommen, sodass es nicht verwundert, dass niemand eine bessere fand. Die Verhältnisgleichheit ist eine binäre Relation auf der Menge der Paare (A, B), wobei $A \in P \times P$ und $B \in Q \times Q$ ist. Man kann die Verhältnisgleichheit auch als *quaternäre* Relation auf $P \times P \times Q \times Q$ auffassen.

Es ist wichtig, dass man bei der Definition der Verhältnisgleichheit verschiedene Größenbereiche zuläßt. Das sieht man zum Beispiel beim Beweise der berühmten Proposition X.115a: *Man zeige, dass in jedem Quadrat die Seite zur Diagonale linear inkommensurabel ist.* Wäre dies nämlich nicht der Fall, so gäbe es ein gemeinsames Maß von s und d, etwa g. Weil g ein gemeinsames Maß ist, gäbe es natürliche Zahlen m und n mit $s = mg$ und $d = ng$. Es folgte, dass die Quadrate $Q(s)$ und $Q(d)$ über s und d sich wie m^2 zu n^2 verhielten (das muss man natürlich beweisen), d.h. dass $Q(s) : Q(d) = m^2 : n^2$ wäre. Hier also hätte man zwei verschiedene Größenbereiche in Betracht zu ziehen. Mit dem Satz von Pythagoras folgt andererseits, dass $Q(s) : Q(d) = 1 : 2$ ist. Auch hier sind wieder zwei Größenbereiche betroffen. Hieraus folgte dann $m^2 : n^2 = 1 : 2$. Wie geht es dann weiter? Nun, mit dem nächsten Satz. Es ist ja $(\mathbf{N}, +, \leq)$ ein Größenbereich und der nächste Satz zeigt, wie man entscheiden kann, ob für natürliche Zahlen a, b, c, d gilt, dass $a : b = c : d$ ist.

Satz 1. *Es seien a, b, c, $d \in \mathbf{N}$. Genau dann gilt $a : b = c : d$, wenn $ad = bc$ ist.*

Beweis. Es sei $a : b = c : d$. Wäre $ad \neq bc$, so wäre $ad > bc$ oder $ad < bc$. Wäre $ad > bc$, so gälte wegen $a : b = c : d$ auch die Ungleichung $cd > dc$. Dies ist aber unmöglich, da ja $dc = cd$ ist. Wäre $ad < bc$, so folgte $cd < dc$, was ebenfalls unmöglich ist. Also ist doch $ad = bc$.

Es sei $ad = bc$. Ferner sei $ma > nb$. Es folgt

$$mbc = mad > nbd$$

und damit $mc > nd$. Ist $ma = nb$, so folgt

$$mbc = mad = nbd$$

und weiter $mc = nd$. Schließlich folgt mit $ma < nb$, dass

$$mbc = mad < nbd$$

und damit, dass $mc < nd$ ist. Also ist $a : b = c : d$.

Euklid definiert die Verhältnisgleichheit für Paare von Paaren natürlicher Zahlen auf andere Weise als für allgemeine Größenbereiche. Auf Einzelheiten möchte ich jedoch nicht eingehen. Gesagt sei nur, dass Satz 1 auch für die andere Definition gilt, wie bei Euklid nachzulesen ist. Damit ist der Zusammenhang zwischen den beiden verschiedenen Definitionen hergestellt, worauf Euklid jedoch nicht verweist.

Wir sammeln nun Eigenschaften der Verhältnisgleichheit.

Satz 2. *Es seien P, Q und R Größenbereiche. Dann gilt:*

a) *Es ist $a : b = a : b$ für alle a, $b \in P$.*

b) *Sind a, $b \in P$ und c, $d \in Q$ und ist $a : b = c : d$, so ist $c : d = a : b$.*

c) *Sind a, $b \in P$, c, $d \in Q$ und e, $f \in R$ und ist $a : b = c : d$ und $c : d = e : f$, so ist $a : b = e : f$.*

Beweis. a) ist banal.

b) Es sei $a : b = c : d$. Ferner seien m, $n \in \mathbf{N}$. Ist $mc > nd$, so kann nicht $ma \leq nb$ sein, da wegen $a : b = c : d$ sonst $mc \leq nd$ wäre. Also ist $ma > nb$, da $\leq$ ja linear ist, zwei Elemente also stets vergleichbar sind.

Ist $mc = nd$, so kann wegen $a : b = c : d$ und der Linearität von $\leq$ nicht $ma \neq nb$ sein. Ist schließlich $mc < nd$, so folgt entsprechend $ma < nb$. Folglich ist $c : d = a : b$.

c) Es sei $a : b = c : d$ und $c : d = e : f$. Ferner seien m, $n \in \mathbf{N}$. Ist $ma > nb$, so ist $mc > nd$ und folglich $me > nf$, usw. Also ist $a : b = e : f$.

Damit ist alles bewiesen.

Setzt man $P = Q = R$ in Satz 2, so besagt dieser Satz, dass die Verhältnisgleichheit auf $P \times P$ eine Äquivalenzrelation definiert.

Satz 3. *Es seien P und Q Größenbereiche. Sind a, $b \in P$ und c, $d \in Q$ und gilt $a : b = c : d$, so gilt auch $b : a = d : c$.*

Beweis. Es seien m, $n \in \mathbf{N}$. Gilt $mb > na$, so ist $na < mb$ und folglich $nc < md$, d.h. $md > nc$, usw.

Satz 4. *Es seien P und Q Größenbereiche. Ferner seien a, $b \in P$ und c, $d \in Q$ sowie k, $l \in \mathbf{N}$. Ist $a : b = c : d$, so ist auch $ka : lb = kc : ld$.*

Beweis. Es sei $a : b = c : d$. Ferner seien m, $n \in \mathbf{N}$. Es gelte $m(ka) > n(lb)$. Dann ist

$$(mk)a = m(ka) > n(lb) = (nl)b$$

und folglich

$$m(kc) = (mk)c > (nl)d = n(ld).$$

Ist $m(ka) = n(lb)$, so folgt

$$(mk)a = m(ka) = n(lb) = (nl)b$$

und daher

$$m(kc) = (mk)c = (nl)d = n(ld).$$

Ist $m(ka) < n(lb)$, so folgt

$$(mk)a = m(ka) < n(lb) = (nl)b$$

und damit

$$m(kc) = (mk)c < (nl)d = n(ld).$$

Also ist $ka : lb = kc : ld$.

Satz 5. *Es seien P und Q Größenbereiche. Ferner seien $a_1, \ldots, a_t, b_1, \ldots, b_t \in P$ und $\alpha, \beta \in Q$. Gilt $\alpha : \beta = a_i : b_i$ für alle $i := 1, \ldots, t$, so ist*

$$\alpha : \beta = \sum_{i:=1}^{t} a_i : \sum_{i:=1}^{t} b_i.$$

Beweis. Es seien $m, n \in \mathbf{N}$. Ist $m\alpha > n\beta$, so ist $ma_i > nb_i$ für alle i. Es folgt

$$m \sum_{i:=1}^{t} a_i = \sum_{i:=1}^{t} ma_i > \sum_{i:=1}^{t} nb_i = n \sum_{i:=1}^{t} b_i.$$

Ebenso folgt aus $m\alpha = n\beta$, dass

$$m \sum_{i:=1}^{t} a_i = n \sum_{i:=1}^{t} b_i$$

ist, und aus $m\alpha < n\beta$ folgt die Ungleichung

$$m \sum_{i:=1}^{t} a_i < n \sum_{i:=1}^{t} b_i.$$

Damit ist Satz 5 bewiesen.

Korollar. *Ist P ein Größenbereich und sind $a, b \in P$, so ist $a : b = ka : kb$ für alle $k \in \mathbf{N}$.*

Beweis. Dies folgt mit $t = k$ und $a_i = a = \alpha$, bzw. $b_i = b = \beta$ für $i := 1, \ldots, k$ aus Satz 5.

Es seien P und Q Größenbereiche. Ferner seien $a, b \in P$ und $c, d \in Q$. Per definitionem sei $a : b > c : d$ genau dann, wenn es $m, n \in \mathbf{N}$ gibt mit $ma > nb$ und $mc \leq nd$.

Diese Relation ist wohldefiniert. Um dies einzusehen, sei $a : b > c : d$ und $a' : b' = a : b$ sowie $c : d = c' : d'$. Es gibt dann $m, n \in \mathbf{N}$ mit $ma > nb$ und $mc \leq nd$. Wegen $a : b = a' : b'$ ist $ma' > nb'$ und wegen $c : d = c' : d'$ ist $mc' \leq nd'$. Also ist $a' : b' > c' : d'$.

Die Definition der Relation $>$ ist unsymmetrisch. Diese Unsymmetrie wird behoben durch den folgenden Satz.

Satz 6. *Es seien P und Q Größenbereiche. Ferner seien $a, b \in P$ und $c, d \in Q$. Sind $m, n \in \mathbf{N}$, gilt $ma = nb$ und $mc < nd$, so ist $a : b > c : d$.*

Beweis. Wegen $mc < nd$ ist $nd - mc$ definiert. Es gibt daher eine Zahl $k \in \mathbf{N}$ mit $k(nd - mc) > c$. Es folgt $knd > (km + 1)c$, d.h. $(km + 1)c < knd$. Trivialerweise gilt

$$(km + 1)a = kma + a > kma = knb.$$

Also ist in der Tat $a : b > c : d$.

Wir haben mehr bewiesen, als im Satz formuliert wurde, nämlich

Korollar. *Sind P und Q Größenbereiche, sind $a, b \in P$ und $c, d \in Q$, sind ferner $m, n \in \mathbf{N}$ und gilt $ma = nb$ und $mc < nd$, so gibt es ein $k \in \mathbf{N}$ mit $(km + 1)a > knb$ und $(km + 1)c < knd$.*

Als nächstes beweisen wir

Satz 7. *Es seien P, Q und R Größenbereiche. Dann gilt:*

   a) Sind $a, b \in P$ und $c, d \in Q$, so gilt genau eine der Relationen $a : b > c : d$, $a : b = c : d$ oder $c : d > a : b$.

   b) Sind $a, b \in P$, $c, d \in Q$ und $e, f \in R$ und gilt $a : b > c : d$ und $c : d > e : f$, so ist $a : b > e : f$.

Beweis. Wir beweisen zunächst b). Es gibt $m, n, x, y \in \mathbf{N}$ mit $ma > nb$ und $mc \leq nd$ sowie $xc > yd$ und $xe \leq yf$. Es folgt

$$(nx)d = x(nd) \geq x(mc) = m(xc) > m(yd) = (my)d.$$

Dies hat $nx > my$ zur Folge. Es folgt weiter $mxa > nxb > myb$ und damit $xa > yb$. Andererseits ist $xe \leq yf$ und folglich $a : b > e : f$.

a) Es ist klar, dass nicht gleichzeitig $a : b > c : d$ und $a : b = c : d$, bzw. $c : d > a : b$ und $a : b = c : d$ gelten können. Es sei $a : b > c : d$ und $c : d > a : b$. Nach b) ist dann $a : b > a : b$, was nicht der Fall ist. Also gilt höchstens eine der drei Aussagen.

Es gelte nicht $a : b \geq c : d$. Weil dann insbesondere nicht $a : b > c : d$ ist, folgt aus $ma > nb$ stets $mc > nd$. Gibt es $m, n \in \mathbf{N}$ mit $ma \leq nb$ und $mc > nd$, so ist $c : d > a : b$. Wir dürfen daher annehmen, dass aus $ma \leq nb$ stets $mc \leq nd$ folgt.

Wegen $a : b \neq c : d$ ist wenigstens eine der Bedingungen

1. $ma > nb$ impliziert $mc > nd$,

2. $ma = nb$ impliziert $mc = nd$,

3. $ma < nb$ impliziert $mc < nd$

verletzt. Die erste Bedingung gilt aber, wie wir gesehen haben, sodass die zweite oder dritte Bedingung verletzt ist. Wäre die zweite verletzt, so gäbe es $m, n \in \mathbf{N}$ mit $ma = nb$ und $mc \neq nd$. Wegen $mc \leq nd$ wäre $mc < nd$, woraus mit Satz 6 der Widerspruch $a : b > c : d$ folgte.

Also ist die dritte Bedingung verletzt. Es gibt folglich $m, n \in \mathbf{N}$ mit $ma < nb$ und $mc \geq nd$. Nun ist aber $mc \leq nd$ und folglich $mc = nd$. Mittels Satz 6 folgt hieraus $c : d > a : b$. Damit ist alles bewiesen.

Satz 8. *Es sei P ein Größenbereich. Sind a, b, d $\in$ P, so sind äquivalent:*

a) *Es ist a $>$ b.*

b) *Es ist a : d $>$ b : d.*

c) *Es ist d : b $>$ d : a.*

Beweis. Es sei $a > b$. Es gibt dann ein $c \in P$ mit $a = b + c$. Es gibt ferner ein $k \in \mathbf{N}$ mit $kb > d$ und $kc > d$. Wegen $1d = d < kb$ gibt es ein $n \in \mathbf{N}$ mit

$$nd \leq kb < (n+1)d.$$

Es folgt

$$(n+1)d = nd + d \leq kb + d < kb + kc = ka.$$

Wegen $ka > (n+1)d$ und $kb < (n+1)d$ ist also $a : d > b : d$ und auch $d : b > d : a$. Aus a) folgen also b) und c).

Es gelte b). Dann ist $a \neq b$. Wäre $b > a$, so folgte $b : d > a : d$ und daher $b : d > b : d$, was Satz 7 widerspräche. Also ist $a < b$.

Ebenso zeigt man, dass a) aus c) folgt.

Korollar. *Sind a, b, d Elemente des Größenbereiches P, so ist a = b, falls a : d = b : d oder d : a = d : b ist.*

Dies folgt aus Satz 8, wenn man nur beachtet, dass zwei Größen eines Größenbereiches stets vergleichbar sind.

Satz 9. *Es seien a, b, c, d Elemente des Größenbereiches P. Ferner sei a : b = c : d. Ist a $>$ c, so ist b $>$ d. Ist a = c, so ist b = d. Ist a $<$ c, so ist b $<$ d.*

Beweis. Es sei $a > c$. Nach Satz 8 ist dann $a : b > c : b$. Nun ist $a : b = c : d$. Also ist $c : d > c : b$. Nach Satz 8 ist daher $b > d$.

Ist $a = c$, so ist $a : d = a : b$. Mit dem Korollar zu Satz 8 folgt $d = b$.

Ist schließlich $a < c$, so folgt mit Satz 8 die Ungleichung $a : b < c : b$, d.h. $c : d < c : b$ und weiter $b < d$.

Satz 10. *Es seien a, b, c, d Größen des Größenbereiches P. Ist a : b = c : d, so ist auch a : c = b : d.*

Beweis. Es seien $m, n \in \mathbf{N}$. Dann ist nach Früherem

$$ma : mb = a : b = c : d = nc : nd.$$

Mit Satz 9 folgt

1. Ist $ma > nc$, so ist $mb > nd$.

2. Ist $ma = nc$, so ist $mb = nd$.

3. Ist $ma < nc$, so ist $mb < nd$.

Also ist $a : c = b : d$.

Der nächste Satz imitiert das Hinzufügen von eins auf beiden Seiten einer Verhältnisgleichheit.

Satz 11. *Es seien P und Q Größenbereiche. Ferner seien a, $b \in P$ und c, $d \in Q$. Genau dann gilt $(a + b) : b = (c + d) : d$, wenn $a : b = c : d$ gilt.*

Beweis. Es gelte $(a + b) : b = (c + d) : d$. Es seien m, $n \in \mathbf{N}$. Ist $ma > nb$, so folgt

$$m(a + b) = ma + mb > nb + mb = (n + m)b.$$

Wegen $(a + b) : b = (c + d) : d$ folgt weiter

$$mc + md = m(c + d) > (n + m)d = nd + md$$

und daher $mc > nd$. Ebenso zeigt man, dass aus $ma = nb$ die Gleichung $mc = nd$ und aus $ma < nb$ die Ungleichung $mc < nd$ folgt. Also ist $a : b = c : d$.

Es gelte umgekehrt $a : b = c : d$. Angenommen es wäre $(a + b) : b \neq (c + d) : d$. Dann dürfen wir o.B.d.A. annehmen, dass $(a + b) : b < (c + d) : d$ wäre. Es gäbe dann m, $n \in \mathbf{N}$ mit $m(a + b) \leq nb$ und $m(c + d) > nd$. Es folgte $ma + mb \leq nb$ und damit $mb < nb$. Hieraus folgte $n - m \in \mathbf{N}$ und

$$ma \leq (n - m)b.$$

Wegen $a : b = c : d$ folgte $mc \leq (n - m)d$. Dies ergäbe den Widerspruch

$$m(c + d) = mc + md \leq (n - m)d + md = nd < m(c + d).$$

Satz 12. *Es sei P ein Größenbereich. Ferner seien a, b, c, $d \in P$. Ist $(a + b) : (c + d) = a : c$, so ist auch $(a + b) : (c + d) = b : d$.*

Beweis. Nach Satz 10 gilt $(a + b) : a = (c + d) : c$. Mit Satz 11 folgt $b : a = d : c$. Mit Satz 10 folgt $a : c = b : d$. Hieraus folgt die Behauptung.

Korollar. *Es sei P ein Größenbereich. Ferner seien a, b, c, $d \in P$. Ist $(a + b) : b = (c + d) : d$, so ist auch $(a + b) : a = (c + d) : c$.*

Beweis. Nach Satz 10 gilt $(a + b) : (c + d) = b : d$. Mit Satz 12 folgt $(a + b) : (c + d) = a : c$ und mit Satz 10 dann wieder $(a + b) : a = (c + d) : c$.

Satz 13. *Es seien P und Q Größenbereiche. Ferner seien a, b, $c \in P$ und d, e, $f \in Q$. Ist dann $a : b = d : e$ und $b : c = e : f$, so gilt:*

α) *Ist $a > c$, so ist $d > f$.*

β) *Ist $a = c$, so ist $d = f$.*

γ) *Ist $a < c$, so ist $d < f$.*

Beweis. α) Es sei $a > c$. Nach Satz 8 ist dann $a : b > c : b$. Nun ist $b : c = e : f$ und daher $c : b = f : e$. Also ist

$$d : e = a : b > c : b = f : e.$$

Mit Satz 8 folgt hieraus $d > f$.

β) Ist $a = c$, so ist $a : b = c : b$ und daher $d : e = f : e$. Mittels des Korollares zu Satz 8 folgt hieraus $d = f$.

γ) Ist $a < c$, so folgt mit Satz 8, dass $a : b < c : b$ ist. Dann folgt wieder $d : e < f : e$ und folglich $d < f$.

Beim nächsten Satz sind die Rollen von $d : e$ und $e : f$ gegenüber Satz 13 vertauscht.

Satz 14. *Es seien P und Q Größenbereiche. Ferner seien a, b, $c \in P$ und d, e, $f \in Q$. Ist $a : b = e : f$ und $b : c = d : e$, so gilt:*

α) *Ist $a > c$, so ist $d > f$.*

β) *Ist $a = c$, so ist $d = f$.*

γ) *Ist $a < c$, so ist $d < f$.*

Beweis. Es sei $a > c$. Dann ist $a : b > c : b$. Wegen $b : c = d : e$ ist $c : b = e : d$ und damit $d > f$. Die andern beiden Aussagen beweisen sich analog.

Satz 15. *P und Q seien Größenbereiche. Ferner seien $a_1, \ldots, a_t \in P$ und $b_1, \ldots, b_t \in Q$. Ist dann $a_i : a_{i+1} = b_i : b_{i+1}$ für $i := 1, \ldots, t - 1$, so ist $a_1 : a_t = b_1 : b_t$.*

Beweis. Dies ist richtig für $t = 2$. Es sei $t > 2$ und der Satz gelte für $t - 1$. Dann ist also $a_1 : a_{t-1} = b_1 : b_{t-1}$. Ferner ist $a_{t-1} : a_t = b_{t-1} : b_t$. Setze $a := a_1$, $b := a_{t-1}$, $c := a_t$ und $d := b_1$, $e := b_{t-1}$, $f := b_t$. Dann ist also $a : b = d : e$ und $b : c = e : f$. Es ist zu zeigen, dass $a : c = d : f$ ist.

Es seien $m, n \in \mathbf{N}$. Nach Satz 13 ist dann $ma : nb = md : ne$. Nach dem Korollar zu Satz 5 ist ferner $nb : nc = b : c = e : f = ne : nf$. Nach Satz 13 gilt daher

α) Ist $ma > nc$, so ist $md > nf$.

β) Ist $ma = nc$, so ist $md = nf$.

γ) Ist $ma < nc$, so ist $md < nf$.

Also ist $a : c = d : f$.

Satz 16. *Es seien P und Q Größenbereiche. Ferner seien a, b, $c \in P$ und d, e, $f \in Q$. Ist dann $a : b = e : f$ und $b : c = d : e$, so ist $a : c = d : f$.*

Beweis. Es seien $m, n \in \mathbf{N}$. Dann ist $ma : mb = ne : nf$ und $mb : nc = md : ne$. Mit Satz 14 folgt:

α) Ist $ma > nc$, so ist $md > nf$.

β) Ist $ma = nc$, so ist $md = nf$.

γ) Ist $ma < nc$, so ist $md < nf$.

Also ist $a : c = d : f$.

Satz 17. *Es seien P und Q Größenbereiche. Ferner seien a, b, $c \in P$ und u, v, $w \in Q$. Ist $a : c = u : w$ und $b : c = v : w$, so ist $(a + b) : c = (u + v) : w$.*

Beweis. Es ist $b : c = v : w$ und daher $c : b = w : v$. Ferner ist $a : c = u : w$. Nach Satz 15 ist daher $a : b = u : v$. Mit Satz 11 folgt

$$(a + b) : b = (u + v) : v.$$

Wegen $b : c = v : w$ folgt mit Satz 15 schließlich

$$(a + b) : c = (u + v) : w.$$

Der letzte Satz dieses Abschnitts wird uns später noch gute Dienste leisten. Bei Euklid steht er, ohne noch einmal benutzt zu werden.

Satz 18. *Es sei P ein Größenbereich und a, b, c, d seien Elemente von P. Ferner sei $a \neq b$, c. Ist $a : b = c : d$, so ist die Summe aus Maximum und Minimum der Elemente a, b, c, d größer als die Summe aus den beiden anderen Elementen.*

Beweis. Wegen $c : d = a : b$ dürfen wir annehmen, dass a oder b das größte der vier Elemente ist. Wegen $b : a = d : c$ dürfen wir dann auch noch annehmen, dass a das größte Element ist.

Wegen $a \neq b$, c ist dann $a > b$ und $a > c$. Ferner folgt mit Satz 9 aus $a : b = c : d$ und $1 \cdot a = a > b = 1 \cdot b$, dass $c = 1 \cdot c > 1 \cdot d = d$ ist. Also ist d das kleinste Element. Es ist folglich zu zeigen, dass

$$a + d > b + c$$

ist. Wegen $a > c$ gibt es ein u mit $a = c + u$ und wegen $b > d$ gibt es ein v mit $b = d + v$. Es ist daher

$$(c + u) : (d + v) = a : b = c : d.$$

Nach Satz 12 ist somit

$$a : b = (c + u) : (d + v) = u : v.$$

Wegen $a > b$ ist dann $u > v$. Also ist

$$a + d = u + c + d > v + c + d = b + c.$$

Damit ist der Satz bewiesen.

Wohldefiniertheitsfragen werden in Buch V der Elemente nicht diskutiert und Satz 1 findet sich erst in Buch VII. Alles was ich sonst hier vorgetragen habe, findet sich aber in Buch V. Es ist ein Juwel und wie gut es auch in heutige Mathematik passt, werden wir schon bald sehen.

Aufgaben

1. Es sei P ein Größenbereich. Ferner sei $a \in P$. Sind m, $n \in \mathbf{N}$, so gilt genau dann $ma < na$, wenn $m < n$ ist. Insbesondere gilt $ma = na$ genau dann, wenn $m = n$ ist.

2. Es sei P ein Größenbereich und es sei $a \in P$. Sind m, $n \in \mathbf{N}$ und ist $n < m$, so sind $ma - na$ und $(m - n)a$ definiert und es gilt

$$ma - na = (m - n)a.$$

3. Es sei P ein Größenbereich und es seien a, b, $c \in P$. Ist $c < b$ und $b - c < a$, so ist $b < a + c$ und es gilt

$$a - (b - c) = (a + c) - b.$$

4. Es seien P und Q Größenbereiche. Ferner seien a, $b \in P$ und c, $d \in Q$ sowie m, $n \in \mathbf{N}$. Ist dann $ma = nb$ und $mc < nd$, so gibt es ein $k \in \mathbf{N}$ mit

$$(km + 1)a > knb$$
$$(km + 1)c < knd.$$

(Die erste Ungleichung gilt natürlich für alle $k \in \mathbf{N}$. Um die zweite zu beweisen, muss man sich auf die Archimedizität berufen.)

5. Es seien a, $b \in \mathbf{N}$. Es gibt dann u, $v \in \mathbf{N}$ mit $a = u\, \mathrm{ggT}(a, b)$ und $b = v\, \mathrm{ggT}(a, b)$. Zeigen Sie, dass Folgendes gilt:

1. Es ist $u : v = a : b$.

2. Sind a', $b' \in \mathbf{N}$ und gilt $a' : b' = a : b$, so gibt es ein $k \in \mathbf{N}$ mit $a' = uk$ und $b' = vk$.

6. Es sei P ein Größenbereich. Ferner seien a, $b \in P$. Genau dann heißen a und b *kommensurabel*, wenn es ein $d \in P$ gibt und natürliche Zahlen m, n, sodass $a = nd$ und $b = md$ ist. Man nennt d auch *gemeinsames Maß* von a und b.

Es seien a, $b \in P$. Dann sind die folgenden Aussagen äquivalent:

a) Die Größen a und b sind kommensurabel.

b) Es gibt natürliche Zahlen m und n mit $ma = nb$.

(Anleitung: Hier ist zu zeigen, dass b) eine Folge von a) und dass a) eine Folge von b) ist. Dass b) eine Folge von a) ist, ist nicht sonderlich schwer zu beweisen. Es ist die Umkehrung, die Kopfzerbrechen bereitet. Dazu nehme man an, dass $ma = nb$ sei. Zeigen Sie, dass man annehmen darf, dass m und n teilerfremd sind. Dann gibt es nach dem Satz von Bachet i, $j \in \mathbf{N}$ mit $mi = nj + 1$. Folgern Sie, dass

$$nib = mia = nja + a$$

ist. Schließen Sie weiter, dass $ib > ja$ gilt und dass $ib - ja$ ein gemeinsames Maß von a und b ist.

Von dem in dieser Aufgabe geschilderten Sachverhalt lebt Buch X der Elemente. In ihm werden quadratische und biquadratische Irrationalitäten untersucht. Euklids Beweis für diesen Satz ist lückenhaft. Das schmälert jedoch nicht die Leistung, die er mit Buch X erbracht hat.)

7. Es seien P und Q zwei Mengen, die beide mit einer binären Verknüpfung $+$ versehen seien. Ist f eine Abbildung von P in Q, so heißt f *Isomorphismus* von $(P, +)$ auf $(Q, +)$, wenn für alle a, $b \in P$ die Gleichung $f(a + b) = f(a) + f(b)$ gilt und f überdies bijektiv ist. Zeigen Sie, dass die Umkehrabbildung f^{-1} ein Isomorphismus von $(Q, +)$ auf $(P, +)$ ist, falls f ein Isomorphismus von $(P, +)$ auf $(Q, +)$ ist.

8. Es seien a, b, c und d Elemente eines Größenbereichs. Ist dann $a : b < c : d$, so ist $d : c < b : a$.

9. Zeigen Sie, dass man mit Gewichtsstücken der Form 1, 3, 3^2, ..., 3^n auf einer Waage mit zwei Waagschalen alle ganzzahligen Gewichte von 1 bis $\sum_{i:=0}^{n} 3^i$ wiegen kann.

(Dies ist das eingangs erwähnte bachetsche Wägeproblem, das schon Fibonacci und Tartaglia lösten. Sie sollten bei der Lösung dieser Aufgabe sich nur der partiellen Subtraktion bedienen.)

2. Eudoxische Größenbereiche. Es sei P ein Größenbereich. Sind a, b, c, $d \in P$ und gilt $a : b = c : d$, so heißt d die *vierte Proportionale* zu a, b, c. Sind a, b, c gegeben, so gibt es höchstens eine vierte Proportionale zu a, b, c, da aus $c : d = c : d'$ ja $d = d'$ folgt.

Der Größenbereich P heißt *eudoxisch*, falls es zu drei Elementen von P stets eine vierte Proportionale gibt. Dieser Name scheint in diesem Zusammenhang erstmals von Krull vergeben worden zu sein (Krull 1960).

Euklid beweist mittels des Strahlensatzes, dass es zu drei Strecken stets die vierte Proportionale gibt (Proposition VI.12) und auch die Dividierbarkeit von Strecken findet sich bei ihm bewiesen (Proposition VI.9).

Es sei P ein eudoxischer Größenbereich. Ferner seien a, b, c, $d \in P$. Ist $u \in P$ gegeben, so gibt es ein $v \in P$ mit $a : b = u : v$ und dann auch ein $w \in P$ mit $c : d = v : w$. Diese Eigenschaft nehmen wir zum Anlass für die folgende Definition: Der Größenbereich P heißt *quasieudoxisch*, falls es zu a, b, c, $d \in P$ stets u, v, $w \in P$ gibt mit $a : b = u : v$ und $c : d = v : w$.

$\mathbf{N}$ ist als Größenbereich nicht eudoxisch. Wäre etwa $v \in \mathbf{N}$ die vierte Proportionale zu 2, 3, 5, wäre also $2 : 3 = 5 : v$, so gälte nach Satz 1 von Abschnitt 1 die Gleichung $2v = 3 \cdot 5 = 2 \cdot 7 + 1$, ein Widerspruch. Es gilt aber

Satz 1. $\mathbf{N}$ *ist quasieudoxisch.*

Sind nämlich a, b, c, $d \in \mathbf{N}$, so ist $a : b = ac : bc$ und $c : d = bc : bd$ nach Satz 1 von Abschnitt 1.

Satz 2. *Ist P ein quasieudoxischer Größenbereich und sind a, b, c, $d \in P$, so gibt es u, v, $w \in P$ mit $a : b = u : w$ und $c : d = v : w$.*

Beweis. Da P quasieudoxisch ist, gibt es u, v, $w \in P$ mit $a : b = u : w$ und $d : c = w : v$. Nach Satz 3 von Abschnitt 1 ist dann $c : d = v : w$.

Bislang tauchten Symbole wie $a : b$ nur als rechte oder linke Seiten von Gleichungen auf. Da das Im-gleichen-Verhältnis-Stehen auf $P \times P$ eine Äquivalenzrelation definiert, werden wir von nun an mit $a : b$ auch die Äquivalenzklasse bezeichnen, zu der das Paar (a, b) gehört. Das Gleichheitszeichen in $a : b = c : d$ hat dann zwei verschiedene Bedeutungen:

1. Gleichheit von Verhältnissen.

2. Gleichheit von Äquivalenzklassen, falls a, b, c und d aus dem gleichen Größenbereich stammen.

Da Äquivalenzrelationen und ihre Äquivalenzklassen sich gegenseitig auf eindeutige Weise bedingen, führt die unterschiedliche Interpretation des Gleichheitszeichens aber nicht zur Konfusion.

Ist P ein Größenbereich, so bezeichnen wir mit $Q(P)$ die Menge der Äquivalenzklassen $a : b$ mit a, $b \in P$.

Es sei P ein quasieudoxischer Größenbereich. Wir definieren auf $Q(P)$ eine Addition und eine Multiplikation wie folgt:

Addition. Sind $a : b$, $c : d \in Q(P)$, so gibt es u, v, $w \in P$ mit $a : b = u : w$ und $c : d = v : w$. Wir setzen

$$a : b + c : d := (u + v) : w.$$

Multiplikation. Sind $a : b$, $c : d \in Q(P)$, so gibt es u, v, $w \in P$ mit $a : b = u : v$ und $c : d = v : w$. Wir setzen

$$(a : b)(c : d) := u : w.$$

Die Addition von Verhältnissen, so wie sie hier definiert wurde, kommt im Altertum und bei den Arabern nicht vor. Was wir Multiplikation genannt haben, kommt bei Euklid ganz nebenbei vor, wird von ihm aber nicht zum Gegenstand eigener Untersuchungen gemacht. Die späteren Griechen und die Araber jedoch haben diese Verknüpfung in ihre Untersuchungen einbezogen. Sie nannten sie das Zusammensetzen von Verhältnissen, wobei ihr Wort für Zusammensetzen auch für die Addition benutzt wurde. Dies ist nicht so absurd, wie es uns heute vielleicht erscheint. Interpretiert man dieses Zusammensetzen nämlich mittels Strecken, etwa am Monochord, wie die Pythagoreer es taten, so addieren sich Strecken, wo wir zu multiplizieren glauben.

Wir müssen zunächst zeigen, dass die so definierte Addition und Multiplikation nicht von der Auswahl der Vertreter der verschiedenen Äquivalenzklassen abhängen, dass Addition und Multiplikation also wohldefiniert sind.

Es sei zunächst $a' : b' = a : b$, $c' : d' = c : d$ und $a' : b' = u' : w'$ und $c' : d' = v' : w'$. Dann ist

$$u : w = a : b = a' : b' = u' : w'$$

und

$$v : w = c : d = c' : d' = v' : w'.$$

Nach Satz 17 von Abschnitt 1 ist dann

$$a' : b' + c' : d' = (u' + v') : w' = (u + v) : w = a : b + c : d.$$

Also ist die Addition wohldefiniert. Nun sei $a' : b' = a : b$ und $c' : d' = c : d$ sowie $a' : b' = u' : v'$ und $c' : d' = v' : w'$. Nach Satz 15 von Abschnitt 1 ist dann

$$(a' : b')(c' : d') = u' : w' = u : w = (a : b)(c : d).$$

Also ist auch die Multiplikation wohldefiniert.

Satz 3. *Ist P ein quasieudoxischer Größenbereich, so gilt:*

  a) Die auf $Q(P)$ definierten Verknüpfungen der Addition und Multiplikation sind kommutativ.

  b) Sind X, $Y \in Q(P)$, so ist $X < X + Y$.

  c) Sind X, $Y \in Q(P)$ und ist $X < Y$, so gibt es genau ein $Z \in Q(P)$ mit $X + Z = Y$.

  d) Sind X, $Y \in Q(P)$, so gibt es ein $n \in \mathbf{N}$ mit $nX > Y$.

  e) Es ist $(a : a)X = X$ für alle $a \in P$ und alle $X \in Q(P)$.

  f) Es sei $a \in P$. Zu jedem $X \in Q(P)$ gibt es ein $Y \in Q(P)$ mit $XY = a : a = YX$. Ist $XY' = a : a$ oder $Y'X = a : a$, so ist $Y' = Y$.

Beweis. a) Es sei X, $Y \in Q(P)$. Es gibt dann u, v, $w \in P$ mit $X = u : w$ und $Y = v : w$. Es folgt

$$X + Y = (u + v) : w = (v + u) : w = Y + X.$$

Es gibt auch x, y, $z \in P$ mit $X = x : y$ und $Y = y : z$. Dann ist

$$XY = x : z.$$

Es gibt andererseits x', y', $z' \in P$ mit $Y = x' : y'$ und $X = y' : z'$. Es folgt $YX = x' : z'$. Nun ist $x : y = y' : z'$ und $y : z = x' : y'$. Nach Satz 16 von Abschnitt 1 gilt daher $x : z = x' : z'$ und damit

$$XY = YX.$$

b) Es gibt u, v, $w \in P$ mit $X = u : w$ und $Y = v : w$. Es folgt $u < u + v$. Mit Satz 8 von Abschnitt 1 folgt weiter

$$X = u : w < (u + v) : w = X + Y.$$

c) Es gibt u, v, $w \in P$ mit $X = u : w$ und $Y = v : w$. Wegen $X < Y$ ist $u < v$ nach Satz 8 von Abschnitt 1. Es gibt also ein $z \in P$ mit $v = u + z$. Setze $Z := z : w$. Dann ist

$$X + Z = (u + z) : w = v : w = Y.$$

Es sei $X + Z = X + Z'$. Wir müssen zeigen, dass $Z = Z'$ ist. (Der naheliegende Widerspruchsbeweis: O.b.d.A. $Z < Z'$, dann $Z' = Z + W$, etc. versagt, da nicht bewiesen ist, dass die Addition assoziativ ist.) Es gibt u', w', $z' \in P$ mit $X = u' : w'$, $Z' = z' : w'$. Es folgt

$$(u + z) : w = (u' + z') : w'.$$

Aus $u : w = X = u' : w'$ folgt $w : u = w' : u'$. Mit Satz 15 von Abschnitt 1 folgt

$$(u + z) : u = (u' + z') : u'.$$

Mit Satz 11 von Abschnitt 1 folgt weiter $z : u = z' : u'$. Nochmalige Anwendung von Satz 15 von Abschnitt 1 liefert unter Beachtung von $u : w = u' : w'$ die Gleichung $z : w = z' : w'$. Also ist $Z = Z'$.

d) Es gibt x, y, $w \in P$ mit $X = x : w$ und $Y = y : w$. Es gibt ein $n \in \mathbf{N}$ mit $nx > y$. Dann ist aufgrund von Satz 8 von Abschnitt 1

$$nX = nx : w > y : w = Y.$$

Wir wissen nicht, ob die Addition in $Q(P)$ assoziativ ist. Dennoch kann man nX definieren, so wie wir es früher getan haben. Dann ist also $(n + 1)X = nX + X$. Wegen $nX = nx : w$ und der in P gültigen Assoziativität von $+$ gilt dann immer noch $(m + n)X = mX + nX$. Ist die Verknüpfung multiplikativ geschrieben, so nennt man diese Eigenschaft *Potenzassoziativität*. In unserem Falle müsste man von *Vielfachenassoziativität* reden. Man spricht aber auch in diesem Falle von Potenzassoziativität.

e) Es sei $X = u : v$. Es ist $a : a = u : u$ und daher

$$(a : a)X = (u : u)(u : v) = u : v = X.$$

f) Es sei $X = u : v$. Setze $Y := v : u$. Dann ist

$$XY = (u : v)(v : u) = u : u = a : a = v : v = (v : u)(u : v) = YX.$$

Es gelte $XY' = a : a$. Es gibt dann l, m, $n \in P$ mit $X = l : m$ und $Y' = m : n$. Es folgt $l : n = a : a$ und damit $l = n$. Es ist $u : v = X = l : m$ und damit

$$Y = v : u = m : l = m : n = Y'.$$

Damit ist auch die Einzigkeit von Y nachgewiesen.

Für das unter f) gefundene Element Y schreiben wir im Folgenden X^{-1}. Es ist das *multiplikative Inverse* von X.

Es erhebt sich die Frage, ob die auf $Q(P)$ definierten Verknüpfungen der Addition und Multiplikation assoziativ sind und ob beide Distributivgesetze gelten. Die Antwort lautet „ja", wie wir später sehen werden. Um diese Anwort zu erhalten, werden wir die ganze Kraft der reellen Zahlen einsetzen. Hier begnügen wir uns zunächst mit zwei Spezialfällen. Wir werden zuerst den Fall eines eudoxischen Größenbereichs P betrachten und dann den Fall $P = \mathbf{N}$.

Satz 4. *Es sei P ein eudoxischer Größenbereich. Ferner sei $1 \in P$. Wir setzen*

$$\varphi(x) := x : 1$$

für alle $x \in P$. Dann ist φ eine Bijektion von P auf $Q(P)$ und es gilt

$$\varphi(x + y) = \varphi(x) + \varphi(y)$$

für alle x, $y \in P$. Ferner gilt für x, $y \in P$ genau dann $x < y$, wenn $\varphi(x) < \varphi(y)$ ist.

Beweis. Das Element $1 \in P$ ist irgendein beliebiges Element. Es könnte auch b oder y oder α genannt werden. Dass es 1 genannt wurde, hat seinen Grund darin, dass es später als Eins fungieren wird, wie wir noch sehen werden. Es fungierte im Übrigen auch dann als Eins, wenn es b, y oder α hieße.

Genau dann ist $\varphi(x) = \varphi(y)$, wenn $x : 1 = y : 1$ ist. Nach dem Korollar zu Satz 8 von Abschnitt 1 ist dies genau dann der Fall, wenn $x = y$ ist. Also ist φ injektiv.

Es sei $a : b \in Q(P)$. Weil P eudoxisch ist, gibt es ein $x \in P$ mit $b : a = 1 : x$. Es folgt

$$\varphi(x) = x : 1 = a : b,$$

sodass φ auch surjektiv ist. Damit ist gezeigt, dass φ bijektiv ist.

Es seien x, $y \in P$. Dann ist

$$\varphi(x + y) = (x + y) : 1 = x : 1 + y : 1 = \varphi(x) + \varphi(y).$$

Nach Satz 8 von Abschnitt 1 gilt genau dann $x < y$, wenn $x : 1 < y : 1$, d.h. genau dann, wenn $\varphi(x) < \varphi(y)$ ist. Damit ist alles bewiesen.

Die Abbildung φ ist, was man *Isomorphismus* von $(P, +, \leq)$ auf $(Q(P), +, \leq)$ nennt.

Satz 5. *Ist P ein eudoxischer Größenbereich, so gilt:*

a) Addition und Multiplikation in $Q(P)$ sind assoziativ.

b) In $Q(P)$ gelten beide Distributivgesetze.

Beweis. a) Es sei φ der in Satz 4 definierte Isomorphismus von $(P, +)$ auf $(Q(P), +)$. Sind dann X, Y, $Z \in Q(P)$, so gibt es a, b, $c \in P$ mit $\varphi(a) = X$, $\varphi(b) = Y$ und $\varphi(c) = Z$. Es folgt

$$(X + Y) + Z = \big(\varphi(a) + \varphi(b)\big) + \varphi(c) = \varphi(a + b) + \varphi(c) = \varphi\big((a + b) + c\big)$$
$$= \varphi\big(a + (b + c)\big) = \varphi(a) + \varphi(b + c) = X + (Y + Z).$$

Also ist die Addition assoziativ.

Weil es in P zu drei Elementen stets die vierte Proportionale gibt, gibt es Elemente u, v, w, $x \in P$ mit $X = u : v$, $Y = v : w$, $Z = w : x$. Es folgt

$$(XY)Z = \big((u : v)(v : w)\big)(w : x) = (u : w)(w : x) = u : x$$

und

$$X(YZ) = (u : v)\big((v : w)(w : x)\big) = (u : v)(v : x) = u : x.$$

Also ist auch die Multiplikation assoziativ.

b) Weil die Multiplikation kommutativ ist, genügt es, eines der Distributivgesetze zu beweisen. Dazu seien a, b, $c \in P$. Ferner sei d die vierte Proportionale zu 1, a, $b + c$. Dann ist

$$a : 1 = d : (b + c)$$

und folglich

$$(a : 1)(b : 1 + c : 1) = (a : 1)\big((b + c) : 1\big) = \big(d : (b + c)\big)\big((b + c) : 1\big) = d : 1.$$

Ferner seien d' und d'' die vierten Proportionalen zu 1, a, b, bzw. 1, a, c. Dann ist $a : 1 = d' : b$ und $a : 1 = d'' : c$. Es folgt

$$(a : 1)(b : 1) + (a : 1)(c : 1) = d' : 1 + d'' : 1 = (d' + d'') : 1.$$

Mit Satz 5 von Abschnitt 1 folgt nun

$$d : (b + c) = a : 1 = (d' + d'') : (b + c).$$

Hieraus folgt mit dem Korollar zu Satz 8, dass $d = d' + d''$ ist. Also ist

$$(a : 1)(b : 1 + c : 1) = (a : 1)(b : 1) + (a : 1)(c : 1).$$

Damit ist alles bewiesen.

Soweit die eudoxischen Größenbereiche. Und nun zum Spezialfall, von dem alles Weitere abhängt. Wir setzen

$$\mathbf{Q}_+ := Q(\mathbf{N}).$$

Der nächste Satz macht die Definition der Addition und Multiplikation im Falle $\mathbf{Q}_+$ explizit. Die in diesem Satz aufgelisteten Eigenschaften werden üblicherweise zur Definition verwandt. Das Rechnen in $\mathbf{Q}_+$ scheint im Übrigen nie Kopfzerbrechen bereitet zu haben. Erst Peano gab eine formale Definition der positiven rationalen Zahlen und ihrer Addition und Multiplikation (Peano 1889/1958, S. 46–49).

Satz 6. *In* $\mathbf{Q}_+$ *gilt:*

  a) *Sind* $a:b,\ c:d \in \mathbf{Q}_+$, *so ist* $a:b+c:d = (ad+bc):bd$ *und* $(a:b)(c:d) = ac:bd$.

  b) *Addition und Multiplikation sind assoziativ.*

  c) *Es gelten beide Distributivgesetze, d.h. sind* $r,\ s,\ t \in \mathbf{Q}_+$, *so ist* $r(s+t) = rs+rt$
  und $(s+t)r = sr+tr$.

  d) *Sind* $r,\ s,\ t \in \mathbf{Q}_+$ *und ist* $r < s$, *so ist* $r+t < s+t$ *und* $rt < st$.

Insbesondere ist $(\mathbf{Q}_+, +, \leq)$ *ein Größenbereich.*

Beweis. a) Es ist $a:b = ad:bd$ und $c:d = bc:bd$. Also ist

$$a:b+c:d = (ad+bc):bd.$$

Es ist auch $a:b = ac:bc$ und $c:d = bc:bd$. Daher ist

$$(a:b)(c:d) = ac:bd.$$

b) und c) folgen mittels a) durch einfaches Nachrechnen. Wegen der Kommutativität der Multiplikation braucht man nur ein Distributivgesetz nachzurechnen.

d) Nach Satz 3 gibt es ein $g \in \mathbf{Q}_+$ mit $s = r+g$. Es folgt

$$(r+t)+g = (r+g)+t = s+t$$

und

$$rt+gt = (r+g)t = st.$$

Mit Satz 3 folgt hieraus $r+t < s+t$ und $rt < st$.

Die Archimedizität gilt nach Satz 3 d).

Beim Beweise von d) haben wir von der Assoziativität und der Kommutativität der Addition und dem Distributivgesetz Gebrauch gemacht.

Satz 7. *Sind* $a:b,\ c:d \in \mathbf{Q}_+$, *so gilt genau dann* $a:b < c:d$, *wenn* $ad < bc$ *ist.*

Beweis. Es sei $a:b < c:d$. Es gibt dann $m,\ n \in \mathbf{N}$ mit $mc > nd$ und $ma \leq nb$. Es folgt

$$mnad \leq n^2bd < mncb$$

und hieraus $ad < cb$. Ist umgekehrt $ad < bc$, so folgt aus Satz 6 von Abschnitt 1, da ja auch $cd = dc$ gilt, dass $a:b < c:d$ ist.

Es seien R und S Mengen, die beide eine mit $+$ bezeichnete binäre Verknüpfung tragen. Eine Abbildung f von R in S heißt *Homomorphismus* von $(R, +)$ in $(S, +)$, wenn gilt: Es ist $f(a+b) = f(a)+f(b)$ für alle $a,\ b \in R$. Ist die Verknüpfung als Multiplikation geschrieben, so ist diese Bedingung entsprechend als $f(ab) = f(a)f(b)$ zu lesen. Haben R und S zwei verschiedene Verknüpfungen $+$ und $\cdot$, so heißt f ein Homomorphismus von $(R, +, \cdot)$ in $(S, +, \cdot)$, wenn f ein Homomorphismus von $(R, +)$ in $(S, +)$ wie auch von $(R, \cdot)$ in $(S, \cdot)$ ist.

Injektive Homomorphismen heißen *Monomorphismen* und surjektive *Epimorphismen*. Bijektive Homomorphismen heißen *Isomorphismen* und im Falle $R = S$ *Automorphismen*. Schließlich heißen Homomorphismen im Falle $R = S$ *Endomorphismen*.

Satz 8. *Definiere die Abbildung ψ von $\mathbf{N}$ in $\mathbf{Q}_+$ durch*

$$\psi(n) := n : 1.$$

Dann ist ψ ein Monomorphismus von $(\mathbf{N}, +, \cdot)$ in $(\mathbf{Q}_+, +, \cdot)$, der auch mit $<$ verträglich ist.

Beweis. Genau dann ist $\psi(m) = \psi(n)$, wenn $m : 1 = n : 1$ ist. Dies ist nach dem Korollar zu Satz 8 von Abschnitt 1 gleichbedeutend mit $m = n$. Also ist ψ injektiv.

Es ist

$$\psi(m) + \psi(n) = m : 1 + n : 1 = (m + n) : 1 = \psi(m + n).$$

Ferner ist

$$\psi(m)\psi(n) = (m : 1)(n : 1) = (mn) : 1 = \psi(mn).$$

Ist $m = n + p$, so ist $\psi(m) = \psi(n) + \psi(p)$. Somit folgt aus $n < m$ die Ungleichung $\psi(n) < \psi(m)$. Umgekehrt folgt aus $\psi(n) < \psi(m)$ auch die Ungleichung $n < m$, da aus $n \geq m$, wie bereits gesehen, die Ungleichung $\psi(n) \geq \psi(m)$ folgte.

Satz 9. *Ist $a : b \in \mathbf{Q}_+$ und $n \in \mathbf{N}$, so gilt $n(a : b) = na : b = (n : 1)(a : b)$.*

Beweis. Aufgrund der Definition von $n(a : b)$ und der Definition der Addition in $\mathbf{Q}_+$ folgt die erste Gleichung mittels Induktion. Die zweite folgt aus Satz 6 a).

Satz 8 und Satz 9 zusammen besagen u.a., dass $n(a : b) = \psi(n)(a : b)$ ist. Daher können wir von nun an n mit $\psi(n)$ identifizieren. Die beiden möglichen Interpretationen von $n(a : b)$ liefern ja das gleiche Ergebnis.

Wir wissen, dass $(\mathbf{Q}_+, +, \leq)$ ein Größenbereich ist. Daher können wir fragen, ob sich zwei positive rationale Zahlen stets wie zwei natürliche Zahlen verhalten, wie wir es erwarten. Dies ist in der Tat so, wie der nächste Satz zeigt. In der in diesem Satz formulierten Formel sind $a : b$ und $c : d$ als Äquivalenzklassen, also als positive rationale Zahlen zu interpretieren, während die beiden anderen Doppelpunkte zusammen mit dem Gleichheitszeichen die Verhältnisgleichheit ausdrücken. Es ist also auch für uns noch wichtig, dass man Verhältnisgleichheit auch zwischen Paaren unterschiedlicher Größenbereiche feststellen kann.

Satz 10. *Für a, b, c, $d \in \mathbf{N}$ gilt $(a : b) : (c : d) = ad : bc$.*

Beweis. Es seien $m, n \in \mathbf{N}$. Gilt $m(a : b) > n(c : d)$, so ist nach Satz 9 dann $ma : b > nc : d$. Mit Satz 7 folgt weiter $mad > nbc$. Gilt $m(a : b) = n(c : d)$, so ist $ma : b = nc : d$ und nach Satz 1 von Abschnitt 1 dann $mad = nbc$. Ist $m(a : b) < n(c : d)$, so folgt wiederum mit Satz 9 und Satz 7, dass $mad < nbc$ ist. Also ist in der Tat

$$(a : b) : (c : d) = ad : bc.$$

Satz 10 zeigt, dass man Verhältnisse rationaler Zahlen als rationale Zahlen auffassen darf und dass man andererseits auch jede rationale Zahl als Verhältnis auffassen kann, da ja

$$a : b = (a : b) : (1 : 1)$$

oder auch

$$a : b = (a : 1) : (b : 1)$$

ist. Satz 10 zeigt weiter, wenn man nämlich $ad : bc$ als rationale Zahl interpretiert, dass

$$(a : b) : (c : d) = \frac{a : b}{c : d}$$

ist. Dabei ist für rationale Zahlen r, s der *Bruch* $\frac{r}{s}$ durch

$$\frac{r}{s} := rs^{-1}$$

definiert. Wegen der Kommutativität der Multiplikation ist auch $\frac{r}{s} = s^{-1}r$. Man darf den mittleren Doppelpunkt in $(a : b) : (c : d)$ also als Zeichen für die Division auffassen. Mit unserer Konvention $a : 1$ mit a zu identifizieren erhält man schließlich

$$a : b = \frac{a : 1}{b : 1} = \frac{a}{b}.$$

Aus all dem folgt schließlich, dass auch für rationale Zahlen u, v, x, y genau dann $u : v = x : y$ gilt, wenn $uy = xv$ ist. Die hier beschriebenen positiven rationalen Zahlen verhalten sich also so wie die von der Schule her intuitiv bekannten positiven rationalen Zahlen. Ab sofort dürfen wir daher mit ihnen wie gewohnt umgehen. Insbesondere dürfen wir Verhältnisse als Brüche auffassen.

Satz 11. *Der Größenbereich* $(\mathbf{Q}_+, +, \leq)$ *ist eudoxisch.*

Beweis. Es seien u, v, $x \in \mathbf{Q}_+$. Setze $y := \frac{xv}{u}$. Dann ist

$$uy = u\frac{xv}{u} = xv$$

und daher $u : v = x : y$.

Weil $(\mathbf{N}, +, \leq)$ nicht eudoxisch ist, können $(\mathbf{Q}_+, +, \leq)$ und $(\mathbf{N}, +, \leq)$ nicht isomorph sein. Auch die Anordnungen unterscheiden sich. Es gilt nämlich

Satz 12. *Ist* $\epsilon \in \mathbf{Q}_+$, *so gibt es ein* $n \in \mathbf{N}$ *mit* $\frac{1}{n} < \epsilon$. *Es gibt somit kein kleinstes Element in* $\mathbf{Q}_+$.

Beweis. Weil $(\mathbf{Q}_+, +, \leq)$ ein Größenbereich ist, gibt es ein $n \in \mathbf{N}$ mit $n > \frac{1}{\epsilon}$. Nach Aufgabe 8 von Abschnitt 1 ist dann $\frac{1}{n} < \epsilon$.

Aufgaben

1. Es sei P ein eudoxischer Größenbereich. Ferner sei $1 \in P$ und φ sei die durch $\varphi(x) := x : 1$ für $x \in P$ definierte Abbildung von P auf $Q(P)$. Für a, $b \in P$ definieren wir $ab \in P$ durch

$$ab := \varphi^{-1}\big(\varphi(a)\varphi(b)\big).$$

Zeigen Sie, dass die so auf P definierte Multiplikation assoziativ und kommutativ ist und dass für sie und die bereits vorhandene Addition die beiden Distributivgesetze gelten. Zeigen Sie ferner, dass für alle $a \in P$ die Gleichungen $a1 = a = 1a$ gelten.

2. Es sei P ein eudoxischer Größenbereich. Ist $m \in \mathbf{N}$ und sind a, $b \in P$, so ist $m(ab) = (ma)b$. Dabei ist ab bzw. $(ma)b$ das in Aufgabe 1 definierte Produkt von a und b bzw. von ma und b. (Induktion nach m unter Benutzung von Aufgabe 1.)

3. Es sei P ein eudoxischer Größenbereich. Dann gilt für die in Aufgabe 1 definierte Multiplikation in P die Relation $ab : a = b : 1$ für alle a, $b \in P$. (Um dies zu beweisen, gehe man auf die eudoxische Definition der Verhältnisgleichheit zurück und benutze Aufgabe 2.

Diese Relation hat Descartes benutzt, um eine Multiplikation von Strecken zu definieren, deren Ergebnis keine Fläche, sondern wieder eine Strecke war. Er definierte also das Produkt ab der Strecken a und b als die Strecke, für die die Gleichung $ab : a = b : 1$ gilt. Dieses ab kann man sich mithilfe des Strahlensatzes konstruieren, wenn man vorher eine Strecke als Einheitsstrecke auszeichnet.)

4. Es sei P ein eudoxischer Größenbereich. Ferner seien 1 und e zwei Elemente von P. Wir bezeichnen mit $\cdot$ die mittels 1 und mit $*$ die mittels e definierte Multiplikation auf P. Dann sind $(P, +, \cdot)$ und $(P, +, *)$ isomorph, d.h. es gibt eine bijektive Abbildung f von P auf sich mit $f(a+b) = f(a) + f(b)$ und $f(ab) = f(a) * f(b)$ für alle a, $b \in P$. (Die Abbildungen φ und ψ, die durch $\varphi(a) := a : 1$ bzw. $\psi(a) := a : e$ definiert sind, helfen. Beachten Sie auch Aufgabe 7 von Abschnitt 1.)

5. Zeigen Sie, dass $\mathbf{Q}(\mathbf{N})$ und $\mathbf{Q}_+$ isomorph sind. (Siehe Kapitel I, Abschnitt 8.)

3. Rationale Größenbereiche. In diesem Abschnitt gehen wir einer Frage nach, die den Alten nicht in den Sinn gekommen wäre. Um sie zu stellen, musste zuvor der Wandel der Mathematik hin zur Strukturmathematik vollzogen sein. Dieser Wandel vollzog sich erst im 19. Jahrhundert. Die Frage, die wir stellen, ist die nach einem Überblick über alle Größenbereiche, in denen zwei Elemente stets kommensurabel sind. Diese Frage wird hier eine befriedigende Antwort finden.

Der Größenbereich P heiße *rational*, wenn je zwei Größen aus P kommensurabel sind. Der Name „rational" wäre schlecht gewählt, wenn $\mathbf{Q}_+$ nicht rational wäre. Beeilen wir uns also zu zeigen, dass $\mathbf{Q}_+$ rational ist. Dazu seien x, $y \in \mathbf{Q}_+$. Es gibt dann natürliche Zahlen m, n, u, v mit $x = m : n$ und $y = u : v$. Es folgt

$$x = mv : nv = mv(1 : nv),$$
$$y = nu : nv = nu(1 : nv),$$

sodass $1 : nv$ ein gemeinsames Maß von x und y ist.

Satz 1. *Es sei P ein Größenbereich und x, $y \in P$. Genau dann sind x und y kommensurabel, wenn es m, $n \in \mathbf{N}$ gibt mit $mx = ny$. Ist $mx = ny$, so ist $x : y = n : m$.*

Beweis. Es seien x und y kommensurabel. Es gibt dann ein $e \in P$ und m, $n \in \mathbf{N}$ mit $x = ne$ und $y = me$. Es folgt

$$mx = mne = nme = ny.$$

Es seien umgekehrt m, $n \in \mathbf{N}$ und es gelte $mx = ny$. Wir dürfen annehmen, dass $\mathrm{ggT}(m, n) = 1$ ist. Nach dem Satz von Bachet (Kapitel I, Abschnitt 4) gibt es i, $j \in \mathbf{N}$ mit $i < n$ und $j < m$ sowie $mi = nj + 1$. Es folgt

$$niy = mix = njx + x$$

und daher einmal $iy > jx$ und dann

$$x = n(iy - jx)$$

mit $iy - jx \in P$. Ferner ist

$$m(n - i) + 1 = mn - mi + 1 = mn - nj - 1 + 1 = n(m - j).$$

Es folgt

$$m(m - j)x = n(m - j)y = m(n - i)y + y$$

und weiter

$$y = m(mx - jx - ny + iy) = m(iy - jx).$$

Also ist $iy - jx$ ein gemeinsames Maß von x und y, sodass x und y kommensurabel sind.

Es sei $mx = ny$. Ferner seien $a, b \in \mathbf{N}$. Ist $ax > by$, so folgt

$$any = amx > bmy$$

und daher $an > bm$. Ebenso folgt aus $ax = by$, dass $an = bm$, und aus $ax < by$, dass $an < bm$ ist. Also ist in der Tat $x : y = n : m$.

Damit ist Aufgabe 6 von Abschnitt 1 bewiesen. Wir haben aber noch mehr gezeigt, nämlich:

Korollar. *Es sei P ein Größenbereich. Ferner seien $x, y \in P$ und $m, n \in \mathbf{N}$ und m und n seien teilerfremd. Es gibt dann $i, j \in \mathbf{N}$ mit $mi = nj + 1$. Ist dann $mx = ny$, so ist*

$$x = n(iy - jx),$$
$$y = m(iy - jx).$$

Insbesondere ist $iy - jx$ ein gemeinsames Maß von x und y.

Es sei P eine nicht-leere Teilmenge von $\mathbf{Q}_+$. Gilt für $x, y \in P$ stets $x + y \in P$ und im Falle $x > y$ auch $x - y \in P$, so ist P mit der von $\mathbf{Q}_+$ ererbten Addition, partiellen Subtraktion und Anordnung ein Größenbereich. Um diesen Sachverhalt zu beschreiben, sagen wir, P sei ein in $\mathbf{Q}_+$ enthaltener Größenbereich.

Satz 2. *Ist P ein in $\mathbf{Q}_+$ enthaltener Größenbereich, so sind je zwei Elemente aus P kommensurabel.*

Beweis. Sind $x, y \in P$, so gibt es wegen $P \subseteq \mathbf{Q}_+$ und der Rationalität von $\mathbf{Q}_+$ nach Satz 1 natürliche Zahlen m und n mit $mx = ny$, sodass Satz 1 die Behauptung liefert.

Der nächste Satz sagt, dass es zu jedem rationalen Größenbereich eine isomorphe Kopie in $\mathbf{Q}_+$ gibt.

Satz 3. *Es sei P ein rationaler Größenbereich. Ferner sei $e \in P$. Für $a \in P$ gibt es dann $m, n \in \mathbf{N}$ mit $na = me$. Setzt man*

$$f(a) := m : n,$$

so ist f ein Monomorphismus von P in $\mathbf{Q}_+$. Überdies gilt $f(e) = 1$. Genau dann ist f surjektiv, wenn P eudoxisch ist.

Beweis. Die Existenz von m und n folgt aus Satz 1. Ist überdies $n'a = m'e$, so ist ebenfalls nach Satz 1

$$m' : n' = a : e = m : n,$$

sodass f wohldefiniert ist. Ist $f(a) = f(b)$, so ist $a : e = b : e$ und daher $a = b$, sodass f injektiv ist.

Um die Additivität von f zu beweisen, seien a, $b \in P$. Es gibt m, m', n, $n' \in \mathbf{N}$ mit $na = me$ und $n'b = m'e$. Es folgt

$$nn'(a + b) = (mn' + m'n)e$$

und damit

$$f(a + b) = (mn' + m'n) : nn' = (m : n) + (m' : n') = f(a) + f(b).$$

Aus der Additivität folgt, wie wir schon verschiedentlich bemerkt haben, die Ordnungstreue. Damit ist f als Monomorphismus erkannt. Schließlich ist $f(e) = 1 : 1 = 1$.

Ist f surjektiv, so ist f^{-1} ein Isomorphismus von $\mathbf{Q}_+$ auf P, sodass P mit $\mathbf{Q}_+$ eudoxisch ist.

Es sei P eudoxisch. Ferner sei $x \in \mathbf{Q}_+$. Es gibt dann natürliche Zahlen m und n mit $x = m : n$. Es folgt $m : n = me : ne$. Weil es in P zu drei Elementen stets die vierte Proportionale gibt, gibt es ein $a \in P$ mit $ne : me = e : a$, d.h. mit $me : ne = a : e$; es folgt $m : n = a : e$ und damit $f(a) = x$, sodass f surjektiv ist. Damit ist alles bewiesen.

Wenn es darum geht, die Isomorphietypen von rationalen Größenbereichen zu bestimmen, so genügt es nach diesem Satz und Satz 2, die in $\mathbf{Q}_+$ enthaltenen Größenbereiche zu studieren, die die Eins enthalten.

Satz 4. *Es sei P ein in $\mathbf{Q}_+$ enthaltener Größenbereich mit $1 \in P$. Ist dann $\frac{m}{n} \in P$ und $\mathrm{ggT}(m, n) = 1$, so ist $\frac{1}{n} \in P$.*

Beweis. Nach dem Satz von Bachet gibt es i, $j \in \mathbf{N}$ mit $in = jm + 1$. Es folgt $i > j\frac{m}{n}$ und damit

$$\frac{1}{n} = \frac{in - jm}{n} = i \cdot 1 - j\frac{m}{n} \in P.$$

Sind a, $b \in \mathbf{N}$, so bezeichnen wir mit $r(a, b)$ den größten zu b teilerfremden Teiler von a. Dieses Konzept wurde von O. Helmer (1943) bei seinen Untersuchungen über die smithsche Normalform über Bézout-Bereichen eingeführt und von mir dem algebraischen Rechnen zugänglich gemacht (Lüneburg 1986, 1987a, 1989a, 1993). Es ist ein äußerst nützliches Konzept, das wir jedoch nur im Zusammenhang mit $\mathbf{N}$ untersuchen werden.

Satz 5. *Sind a, $b \in \mathbf{N}$ und ist $g := \mathrm{ggT}(a, b)$, so ist*

$$r(a, b) = r(ag^{-1}, g).$$

Ist $g = 1$, so ist

$$r(a, b) = r(a, 1) = a.$$

Ist v ein zu b teilerfremder Teiler von a, so ist v Teiler von $r(a, b)$.

Beweis. Es ist $a = cg$ mit $c \in \mathbf{N}$. Setze $s := r(a,b)$. Dann sind s und g teilerfremd, da g Teiler von b ist. Weil s Teiler von a ist, ist s folglich ein zu b und damit zu g teilerfremder Teiler von $c = ag^{-1}$. Es sei t ein zu g teilerfremder Teiler von $c = ag^{-1}$. Ferner sei $b = dg$. Weil c zu d teilerfremd ist, ist auch t zu d teilerfremd, sodass t zu d und g und damit nach Aufgabe 5 von Kapitel I, Abschnitt 4 zu $dg = b$ teilerfremd ist. Daher ist $t \leq s$, sodass $s = r(ag^{-1}, g)$ ist.

Die zweite Aussage ist banal.

Es ist $\mathrm{kgV}(v, r(a,b))$ Teiler von a und auch von $vr(a,b)$. Nach Aufgabe 5 von Kapitel I, Abschnitt 4 ist $vr(a,b)$ zu b teilerfremd. Folglich ist auch $\mathrm{kgV}(v, r(a,b))$ zu b teilerfremd. Also ist $\mathrm{kgV}(v, r(a,b)) \leq r(a,b)$ und damit

$$\mathrm{kgV}\big(v, r(a,b)\big) = r(a,b).$$

Dies hat zur Folge, dass v Teiler von $r(a,b)$ ist.

Der gerade bewiesene Satz bietet die Möglichkeit, $r(a,b)$ zu berechnen, ohne die Primfaktorzerlegung von a und b zu benutzen. Darin liegt seine Bedeutung, die er an den nächsten Satz weiterreicht, der es seinerseits gestattet, $\mathrm{kgV}(a,b)$ als Produkt AB' darzustellen mit teilerfremden A und B', wobei A Teiler von a und B' Teiler von b ist, ohne die Primfaktorzerlegung der beiden Zahlen a und b zu benutzen.

Satz 6. *Für a, $b \in \mathbf{N}$ setzen wir $A := r(a, \frac{b}{\mathrm{ggT}(a,b)})$ und $B := r(b, \frac{a}{\mathrm{ggT}(a,b)})$. Dann gilt*

a) $\mathrm{ggT}(A, \frac{B}{\mathrm{ggT}(A,B)}) = 1 = \mathrm{ggT}(B, \frac{A}{\mathrm{ggT}(A,B)})$.

b) $\mathrm{kgV}(a,b) = \mathrm{kgV}(A,B)$.

c) $\mathrm{ggT}(\frac{a}{A}, \frac{b}{B} \mathrm{ggT}(A,B)) = 1 = \mathrm{ggT}(\frac{b}{B}, \frac{a}{A} \mathrm{ggT}(A,B))$.

Beweis. Es ist

$$\mathrm{ggT}\left(\frac{a}{\mathrm{ggT}(a,b)}, \frac{b}{\mathrm{ggT}(a,b)}\right) = 1.$$

Außerdem ist $\frac{a}{\mathrm{ggT}(a,b)}$ Teiler von a. Daher ist $\frac{a}{\mathrm{ggT}(a,b)}$ nach Satz 5 Teiler von A. Dies drücken wir dadurch aus, dass wir

$$A \equiv 0 \quad \mathrm{mod}\ \frac{a}{\mathrm{ggT}(a,b)}$$

schreiben. Nun ist $\mathrm{ggT}(B, \frac{a}{\mathrm{ggT}(a,b)}) = 1$. Also ist auch $\mathrm{ggT}(A,B)$ zu $\frac{a}{\mathrm{ggT}(a,b)}$ teilerfremd. Somit gilt nach Satz 8

$$\frac{A}{\mathrm{ggT}(A,B)} \equiv 0 \quad \mathrm{mod}\ \frac{a}{\mathrm{ggT}(a,b)}.$$

Es folgt

$$\mathrm{ggT}(a,b)\frac{A}{\mathrm{ggT}(A,B)} \equiv 0 \quad \mathrm{mod}\ a.$$

Analog erhält man

$$\mathrm{ggT}(a,b)\frac{B}{\mathrm{ggT}(A,B)} \equiv 0 \quad \mathrm{mod}\ b.$$

Nun zeigen wir, dass

$$\ggT\left(\frac{a}{A},\frac{b}{B}\right) = 1$$

ist. Dazu sei p ein Primteiler von $\frac{a}{A}$. Einen solchen gibt es, wenn $A < a$ ist, da der kleinste nichttriviale Teiler einer von 1 verschiedenen natürlichen Zahl offenbar stets eine Primzahl ist. Nur in diesem Falle ist aber etwas zu beweisen. Es ist $pA > A$, sodass pA nicht zu $\frac{b}{\ggT(a,b)}$ teilerfremd ist. Weil aber A zu $\frac{b}{\ggT(a,b)}$ teilerfremd ist, ist p Teiler von $\frac{b}{\ggT(a,b)}$. Wäre p auch Teiler von $\frac{b}{B}$, so folgte genauso, dass p auch Teiler von $\frac{a}{\ggT(a,b)}$ wäre. Folglich wäre p Teiler von

$$\ggT\left(\frac{b}{\ggT(a,b)},\frac{a}{\ggT(a,b)}\right) = 1.$$

Dieser Widerspruch zeigt, dass

$$\ggT\left(\frac{a}{A},\frac{b}{B}\right) = 1$$

ist.

Aufgrund des gerade Bewiesenen gibt es nach dem Satz von Bachet Zahlen $i, j \in \mathbf{N}$ mit

$$1 = \frac{a}{A}i - \frac{b}{B}j.$$

Es folgt, dass

$$\kgV(A,B) = \frac{AB}{\ggT(A,B)} = a\frac{B}{\ggT(A,B)}i - b\frac{A}{\ggT(A,B)}j$$

ist. Wie schon gezeigt, ist

$$\ggT(a,b)\frac{A}{\ggT(A,B)} \equiv 0 \mod a.$$

Also ist erst recht

$$b\frac{A}{\ggT(A,B)} \equiv 0 \mod a.$$

Also ist

$$\kgV(A,B) \equiv 0 \mod a.$$

Ebenso folgt

$$\kgV(A,B) \equiv 0 \mod b.$$

Nach der Definition des kgV ist folglich

$$\kgV(A,B) \equiv 0 \mod \kgV(a,b).$$

Andererseits ist A Teiler von a und damit von $\kgV(a,b)$. Ebenso ist B Teiler von $\kgV(a,b)$. Aufgrund der Definition des kleinsten gemeinsamen Vielfachen ist folglich $\kgV(A,B)$ Teiler von $\kgV(a,b)$. Also ist $\kgV(A,B) = \kgV(a,b)$. Damit ist b) bewiesen.

Wie oben bemerkt, ist jeder Primteiler von $\frac{a}{A}$ Teiler von $\frac{b}{\text{ggT}(a,b)}$ und damit kein Teiler von A. Folglich ist

$$\text{ggT}\left(\frac{a}{A}, \text{ggT}(A,B)\right) = 1.$$

Ferner gilt

$$\text{ggT}(\frac{a}{A}, \frac{b}{B}) = 1,$$

wie wir schon gesehen haben. Nach der Aufgabe 5 von Kapitel I, Abschnitt 4 ist also

$$\text{ggT}\left(\frac{a}{A}, \frac{b}{B}\,\text{ggT}(A,B)\right) = 1.$$

Ebenso folgt $\text{ggT}(\frac{b}{B}, \frac{a}{A}\,\text{ggT}(A,B)) = 1$, sodass auch c) gilt.

Es bleibt a) zu beweisen. Nach b) ist

$$\frac{AB}{\text{ggT}(A,B)} = \frac{ab}{\text{ggT}(a,b)}.$$

Daher ist

$$\text{ggT}\left(A, \frac{B}{\text{ggT}(A,B)}\right) = \text{ggT}\left(A, \frac{ab}{A\,\text{ggT}(a,b)}\right).$$

Nun ist aber

$$\text{ggT}\left(A, \frac{b}{\text{ggT}(a,b)}\right) = 1 = \text{ggT}\left(A, \frac{a}{A}\right),$$

sodass nach dem Korollar zu Satz 7 gilt, dass $\text{ggT}(A, \frac{ab}{A\,\text{ggT}(a,b)}) = 1$ und folglich auch

$$\text{ggT}\left(A, \frac{B}{\text{ggT}(A,B)}\right) = 1$$

ist. Ebenso folgt $\text{ggT}(B, \frac{A}{\text{ggT}(A,B)}) = 1$. Damit ist alles bewiesen.

Es sei P ein in $\mathbf{Q}_+$ enthaltener Größenbereich. Wir setzen

$$N(P) := \{n \mid n \in \mathbf{N}, \text{ es gibt ein } m \in \mathbf{N} \text{ mit } \text{ggT}(m,n) = 1 \text{ und } \frac{m}{n} \in P\}.$$

Satz 7. *Ist P ein in $\mathbf{Q}_+$ enthaltener Größenbereich, so gilt:*

a) Es ist $1 \in N(P)$.

b) Ist $n \in N(P)$ und ist t Teiler von n, so ist $t \in N(P)$.

c) Sind $n, s \in N(P)$, so ist $\text{kgV}(n,s) \in N(P)$.

Beweis. a) Es ist $N(P) \neq \emptyset$, sodass es ein $n \in N(P)$ gibt. Weil 1 Teiler von n ist, folgt a) aus b), was wir jetzt beweisen werden.

b) Es gibt ein zu n teilerfremdes m mit $\frac{m}{n} \in P$. Es sei $n = st$. Dann ist

$$\frac{m}{t} = s\frac{m}{n} \in P.$$

Weil t Teiler von n und weil n zu m teilerfremd ist, ist auch t zu m teilerfremd. Also ist $t \in N(P)$. Damit ist b) und dann auch a) bewiesen.

c) Nach Satz 6 gibt es einen Teiler A von n und einen Teiler B von s mit $\mathrm{ggT}(A, B) = 1$ — es spielt B hier die Rolle, die $\frac{B}{\mathrm{ggT}(A,B)}$ in Satz 6 spielte — und $AB = \mathrm{kgV}(n, s)$. Nach b) gilt A, $B \in N(P)$. Es gibt also u, $v \in \mathbf{N}$ mit $\mathrm{ggT}(u, A) = 1 = \mathrm{ggT}(v, B)$ und $\frac{u}{A}$, $\frac{v}{B} \in P$. Es folgt

$$\frac{uB + vA}{AB} = \frac{u}{A} + \frac{v}{B} \in P.$$

Es sei p ein Primteiler von AB. Dann ist p Teiler von A oder von B. Wir dürfen annehmen, dass p Teiler von A ist. Dann ist p kein Teiler von u und auch kein Teiler von B. Also ist p kein Teiler von uB. Weil p andererseits Teiler von vA ist, ist p kein Teiler von $uB + vA$, da p sonst uB teilte. Also ist AB zu $uB + vA$ teilerfremd und daher $AB \in N(P)$.

Satz 8. *Es sei M eine Menge von natürlichen Zahlen und es gelte:*

a) M ist nicht leer.

b) Ist $n \in M$ und ist t Teiler von n, so ist $t \in M$.

c) Sind n, $s \in M$, so ist $\mathrm{kgV}(n, s) \in M$.

Ist dann P die Menge aller $\frac{m}{n}$ mit $m \in \mathbf{N}$ und $n \in M$, so ist P ein in $\mathbf{Q}_+$ enthaltener Größenbereich mit $1 \in P$ und es gilt $N(P) = M$.

Beweis. Banal.

Beispiele solcher Mengen M sind:

      die Menge $\mathbf{N}$ aller natürlichen Zahlen

      die Menge aller Teiler einer gegebenen natürlichen Zahl

      die Menge aller quadratfreien Zahlen

      die Menge aller Potenzen einer Primzahl.

Diese vier Beispiele definieren nicht-isomorphe rationale Größenbereiche, wie Satz 12 zeigen wird.

Satz 9. *Es seien P und Q in $\mathbf{Q}_+$ enthaltene Größenbereiche und es gelte $1 \in P$. Ist σ ein Homomorphismus von P in Q, so ist $\sigma(x) = x\sigma(1)$ für alle $x \in P$.*

Beweis. Setze $a := \sigma(1)$. Es sei $n \in N(P)$. Nach Satz 8 ist $\frac{1}{n} \in P$. Es folgt

$$a = \sigma(1) = \sigma\left(\frac{n}{n}\right) = n\sigma\left(\frac{1}{n}\right)$$

und damit $\sigma(\frac{1}{n}) = \frac{1}{n}a$. Ist nun $x \in P$, so gibt es ein $m \in \mathbf{N}$ und ein $n \in N(P)$ mit $x = \frac{m}{n}$. Es folgt

$$\sigma(x) = \sigma\left(\frac{m}{n}\right) = m\sigma\left(\frac{1}{n}\right) = \frac{m}{n}a = xa.$$

Satz 10. *Es seien P und Q in $\mathbf{Q}_+$ enthaltene Größenbereiche und es gelte $1 \in P$, Q. Ferner sei σ ein Isomorphismus von P auf Q mit $\sigma(1) = \frac{\alpha}{\beta}$ und $\mathrm{ggT}(\alpha, \beta) = 1$. Dann ist*

$$N(Q) = \left\{ \frac{n}{\mathrm{ggT}(n, \alpha)}\gamma \;\middle|\; \gamma \text{ teilt } \beta \text{ und } n \in N(P) \right\}.$$

Beweis. Es sei $n \in N(P)$ und $\beta = \delta\gamma$. Mit Satz 4 folgt $\frac{\delta}{n} \in P$ und weiter

$$\sigma\left(\frac{\delta}{n}\right) = \frac{\delta}{n}\frac{\alpha}{\beta} = \frac{\delta}{n}\frac{\alpha}{\delta\gamma} = \frac{\dfrac{\alpha}{\mathrm{ggT}(n,\alpha)}}{\dfrac{n}{\mathrm{ggT}(\alpha,n)}\gamma}.$$

Weil Nenner und Zähler des letzten Bruches teilerfremd sind, gilt

$$\frac{n}{\mathrm{ggT}(\alpha,n)}\gamma \in N(Q).$$

Es sei umgekehrt $v \in N(Q)$. Nach Satz 4 ist $\frac{1}{v} \in Q$. Es gibt ein $m \in \mathbf{N}$ und ein $n \in N(P)$ mit $\mathrm{ggT}(m,n) = 1$ und $\sigma(\frac{m}{n}) = \frac{1}{v}$. Es folgt

$$\frac{1}{v} = \sigma\left(\frac{m}{n}\right) = \frac{m}{n}\frac{\alpha}{\beta} = \frac{\dfrac{m}{\mathrm{ggT}(m,\beta)}\dfrac{\alpha}{\mathrm{ggT}(\alpha,n)}}{\dfrac{n}{\mathrm{ggT}(\alpha,n)}\dfrac{\beta}{\mathrm{ggT}(m,\beta)}}.$$

Zweimalige Anwendung der Aufgabe 5 von Kapitel I, Abschnitt 4 zeigt, dass Zähler und Nenner des letzten Bruches teilerfremd sind. Andererseits folgt, dass

$$\frac{m}{\mathrm{ggT}(m,\beta)}\frac{\alpha}{\mathrm{ggT}(\alpha,n)}v = 1 \cdot \frac{n}{\mathrm{ggT}(\alpha,n)}\frac{\beta}{\mathrm{ggT}(m,\beta)}$$

ist. Mit Aufgabe 4 von Abschnitt 4 des Kapitel I folgt daher

$$1 = \frac{m}{\mathrm{ggT}(m,\beta)}\frac{\alpha}{\mathrm{ggT}(\alpha,n)}$$

und

$$v = \frac{n}{\mathrm{ggT}(\alpha,n)}\frac{\beta}{\mathrm{ggT}(m,\beta)}.$$

Aus der ersten Gleichung folgt unter anderem $m = \mathrm{ggT}(m,\beta)$, sodass $\beta = m\gamma$ ist mit einem $\gamma \in \mathbf{N}$. Also ist

$$v = \frac{n}{\mathrm{ggT}(\alpha,n)}\gamma.$$

Damit ist Satz 10 bewiesen.

Es sei P ein rationaler Größenbereich. Ist p eine Primzahl, so setzen wir

$$E(p) := \{n \mid n \in \mathbf{N}_0, p^n \in N(P)\}.$$

Nach Satz 7 a) ist $1 \in N(P)$ und daher $0 \in E(p)$ für alle Primzahlen p. Wir definieren nun f_P wie folgt: Ist $E(p)$ nicht beschränkt, so setzen wir

$$f_P(p) := \infty.$$

Ist $E(p)$ beschränkt, so setzen wir

$$f_P(p) := \max(E(p)).$$

Ist $N(P) = \mathbf{N}$, so ist $f_P(p) = \infty$ für alle Primzahlen p. Ist $N(P)$ die Menge der quadratfreien Zahlen, so ist $f_P(p) = 1$ für alle Primzahlen p. Ist $N(P)$ die Menge der Teiler von n, so ist

$$n = \prod_p p^{f_P(p)}.$$

Ist $N(P)$ die Menge der Potenzen der Primzahl p, so ist $f_P(p) = \infty$ und $f_P(q) = 0$ für alle von p verschiedenen Primzahlen q.

Die Funktion f_P beschreibt ihrerseits die Menge $N(P)$ vollständig. Ist nämlich $n = \prod_p p^{e(p)}$, wobei $e(p)$ nur für endlich viele Primzahlen von Null verschieden ist, so ist genau dann $n \in N(P)$, wenn $e(p) \leq f_P(p)$ ist für alle p.

Ist $a \in \mathbf{N}$ und ist p eine Primzahl, so sei $f_a(p)$ dadurch definiert, dass $p^{f_a(p)}$ die höchste Potenz von p ist, die a teilt. Dann ist also $f_a(p) \in \mathbf{N}_0$ für alle Primzahlen p.

Satz 11. *Es seien P und Q in $\mathbf{Q}_+$ enthaltene Größenbereiche und es gelte $1 \in P, Q$. Ferner sei σ ein Isomorphismus von P auf Q. Ist $\sigma(1) = \frac{\alpha}{\beta}$ mit teilerfremden α und β, so ist*

$$f_Q(p) = f_P(p) - f_\alpha(p) + f_\beta(p)$$

für alle Primzahlen p. Dabei ist $f_P(p) - f_\alpha(p) + f_\beta(p)$ als ∞ zu interpretieren, falls $f_P(p) = \infty$ ist.

Ist $f_\alpha(p) \neq 0$, so ist $f_\beta(p) = 0$, und ist $f_\beta(p) \neq 0$, so ist $f_\alpha(p) = 0$.

Beweis. Die letzte Aussage folgt aus der Teilerfremdheit von α und β.

Wegen $\sigma(1) = \frac{\alpha}{\beta}$ ist $\beta \in N(Q)$. Mit Satz 9 folgt $\sigma^{-1}(y) = y\frac{\beta}{\alpha}$ für alle $y \in Q$. Mit $y = 1$ folgt daher $\alpha \in N(P)$. Insbesondere ist $f_\alpha(p) \leq f_P(p)$ für alle Primzahlen p.

Es sei p eine Primzahl und es sei n eine natürliche Zahl mit $n \leq f_Q(p)$. Ferner teile p weder α noch β. Es gibt dann nach Satz 10 ein $m \in N(P)$ und einen Teiler γ von β mit

$$p^n = \frac{m}{\mathrm{ggT}(m,\alpha)}\gamma.$$

Weil p kein Teiler von β ist, folgt $\gamma = 1$, sodass p^n als Teiler von m nach Satz 7 b) in $N(P)$ liegt. Also ist $f_Q(p) \leq f_P(p)$. Weil σ^{-1} durch $\frac{\beta}{\alpha}$ vermittelt wird, gilt auch $f_P(p) \leq f_Q(p)$ und damit

$$f_Q(p) = f_P(p) = f_P(p) - f_\alpha(p) + f_\beta(p).$$

Es sei p Teiler von α. Ferner sei $n \in \mathbf{N}_0$ und $n \leq f_P(p) - f_\alpha(p)$. Dann ist

$$m := p^{n+f_\alpha(p)} \in N(P)$$

und folglich

$$p^n = \frac{m}{\mathrm{ggT}(m,\alpha)} \in N(Q).$$

Somit ist $f_P(p) - f_\alpha(p) \leq f_Q(p)$. Es sei umgekehrt $n \leq f_Q(p)$. Weil p kein Teiler von β ist, gibt es ein $m \in \mathbf{N}$ mit

$$p^n = \frac{m}{\mathrm{ggT}(m, \alpha)}.$$

Es folgt, dass m durch p^{n+k} teilbar ist, wobei k dadurch definiert sei, dass dies die höchste Potenz von p ist, die m teilt. Dann muss, wenn $n > 0$ ist, was wir annehmen dürfen, $k = f_\alpha(p)$ sein, da andernfalls $\mathrm{ggT}(m, \alpha)$ durch p^{k+1} teilbar wäre, was nicht geht. Also ist $f_Q(p) \leq f_P(p) - f_\alpha(p)$. Es folgt

$$f_Q(p) = f_P(p) - f_\alpha(p) = f_P(p) - f_\alpha(p) + f_\beta(p).$$

Ist schließlich p Teiler von β, so erhält man, indem man die Rollen von P und Q vertauscht,

$$f_P(p) = f_Q(p) - f_\beta(p)$$

und damit

$$f_Q(p) = f_P(p) + f_\beta(p) = f_P(p) - f_\alpha(p) + f_\beta(p).$$

Satz 12. *Es seien P und Q in $\mathbf{Q}_+$ enthaltene Größenbereiche und es gelte $1 \in P, Q$. Ferner sei $I_{P,Q}$ die Menge der Primzahlen p, für die $f_P(p)$, $f_Q(p) \neq \infty$ und $f_P(p) \neq f_Q(p)$ gelten, und $V_{P,Q}$ sei die Menge der Primzahlen p mit $f_P(p) \neq f_Q(p)$. Genau dann sind P und Q isomorph, wenn $I_{P,Q}$ endlich ist und $V_{P,Q} = I_{P,Q}$ gilt.*

Beweis. Es sei σ ein Isomorphismus von P auf Q. Ferner sei $\sigma(1) = \frac{\alpha}{\beta}$ mit $\mathrm{ggT}(\alpha, \beta) = 1$. Nach Satz 11 ist dann

$$f_Q(p) = f_P(p) - f_\alpha(p) + f_\beta(p)$$

für alle Primzahlen p. Weil α und β nur endliche viele Primteiler haben, folgt, dass $I_{P,Q}$ endlich ist. Außerdem kann $f_Q(p) \neq f_P(p)$ nur dann gelten, wenn beide Werte in $\mathbf{N}$ liegen. Also ist $V_{P,Q} = I_{P,Q}$.

Es sei $I_{P,Q}$ endlich und es gelte $V_{P,Q} = I_{P,Q}$. Wir definieren $a(p)$ für die Primzahl p wie folgt: Ist $p \in I_{P,Q}$ und ist $f_Q(p) < f_P(p)$, so setzen wir

$$a(p) := f_P(p) - f_Q(p).$$

In allen andern Fällen setzen wir $a(p) := 0$. Ferner definieren wir $b(p)$ auf folgende Weise: Ist $p \in I_{P,Q}$ und ist $f_P(p) < f_Q(p)$, so setzen wir

$$b(p) := f_Q(p) - f_P(p).$$

In allen anderen Fällen setzen wir $b(p) := 0$. Mittels a und b definieren wir α und β vermöge

$$\alpha := \prod_p p^{a(p)}$$

und

$$\beta := \prod_p p^{b(p)},$$

wobei die Produkte über alle Primzahlen zu erstrecken sind. Weil $I_{P,Q}$ endlich ist, sind α und β natürliche Zahlen, die aufgrund ihrer Definition teilerfremd sind. Wir definieren einen Monomorphismus σ von P in $\mathbf{Q}_+$ durch

$$\sigma(x) := x\frac{\alpha}{\beta}.$$

Setze $Q' := \sigma(P)$.

Es ist $a(p) \leq f_P(p)$ für alle p. Daher ist $\alpha \in N(P)$. Nach Satz 4 ist folglich $\frac{1}{\alpha}$ und damit $\frac{\beta}{\alpha} \in P$. Also ist $1 \in Q'$. Nach Satz 11 und aufgrund der Voraussetzung $V_{P,Q} = I_{P,Q}$ ist dann

$$f_{Q'}(p) = f_P(p) - f_\alpha(p) + f_\beta(p) = f_Q(p)$$

für alle Primzahlen p. Es folgt $N(Q') = N(Q)$. Wegen $1 \in Q'$ gilt nach Satz 10, dass $\frac{1}{n} \in Q'$ ist für alle $n \in N(Q)$. Also ist

$$Q' = \left\{ \frac{m}{n} \;\middle|\; m \in \mathbf{N} \text{ und } n \in N(Q) \right\} = Q,$$

sodass σ ein Isomorphismus von P auf Q ist. Damit ist Satz 12 bewiesen.

Jeder Automorphismus eines in $\mathbf{Q}_+$ enthaltenen Größenbereichs P, der die Eins enthält, wird ebenfalls durch Multiplikation mit einer rationalen Zahl $\frac{\alpha}{\beta}$ realisiert. Dafür gilt dann

$$f_P(p) = f_P(p) - f_\alpha(p) + f_\beta(p)$$

für alle Primzahlen p. Dies zeigt, dass α und β nur durch solche Primzahlen p teilbar sind, für die $f_P(p) = \infty$ ist. Sind umgekehrt α und β teilerfremde Zahlen, die nur durch Primzahlen p teilbar sind, für die $f_P(p) = \infty$ ist, so ist die durch $\sigma(x) := x\frac{\alpha}{\beta}$ definierte Abbildung σ ein Automorphismus von P.

Eine torsionsfreie abelsche Gruppe G heißt Rang-1-Gruppe, wenn es zu $a, b \in G - \{0\}$ stets $m, n \in \mathbf{Z} - \{0\}$ gibt mit $ma + nb = 0$. Wählt man $e \in G - \{0\}$, so gibt es zu jedem $a \in G$ Zahlen $m, n \in \mathbf{Z}$ mit $n \neq 0$ und $na = me$. Definiert man $\sigma(a)$ durch $\sigma(a) := \frac{m}{n}$ (siehe Satz 3), so wird σ zu einem Monomorphismus von G in die additive Gruppe von $\mathbf{Q}$. Es folgt, dass G archimedisch ist, und mit Satz 2 folgt weiter, dass G lokal zyklisch ist. Satz 12 gibt daher auch einen Überblick über alle Isomorphietypen von torsionsfreien abelschen Rang-1-Gruppen. Die entsprechende Aussage findet sich bei Baer 1937, Theorem 2.8. Der Monomorphismus σ findet sich ebenfalls in der baerschen Arbeit. Dass die additive Gruppe der rationalen Zahlen lokal zyklisch ist, steht schon in dem von Dedekind stammenden Supplementum XI von Dirichlet 1893, §172, S. 515.

4. Dedekindsche Schnitte. Wir geben nun eine von Dedekind (Dedekind 1872) stammende Konstruktion der reellen Zahlen. Sie geht nach Dedekinds Zeugnis zurück in das Jahr 1858 und ist somit die früheste Konstruktion für sie, die je gegeben wurde. Vor Dedekind hat man sich stets auf die geometrische Anschauung berufen, was Dedekind missfiel, zumal die Lückenlosigkeit der Geraden in der euklidischen Geometrie, wie er feststellte, nicht denknotwendig ist: Für die euklidische Geometrie gibt es viele nicht isomorphe Modelle, aber nur eines dieser Modelle hat lückenlose Geraden. Dass es diese Vielzahl an Modellen gibt, kann man, wie es scheint, nur mit algebraischen Methoden beweisen. Ich werde daher die Geometrie, auch wenn sie auf der Schule so sehr hilft, Eigenschaften der reellen Zahlen plausibel zu machen, völlig aus dem Spiel lassen und sie auch nicht zum Motivieren benutzen.

Ein wenig werde ich aber doch versuchen, das Folgende zu motivieren. Dazu sei $r \in \mathbf{Q}_+$. Setzt man dann

$$A := \{x \mid x \in \mathbf{Q}_+, x \leq r\} \quad \text{und} \quad B := \{x \mid x \in \mathbf{Q}_+, r < x\},$$

so hat das Paar (A, B) die folgenden Eigenschaften:

a) Es ist $A \cup B = \mathbf{Q}_+$.

b) Es ist $A \cap B = \emptyset$.

c) Es ist $a < b$ für alle $a \in A$ und alle $b \in B$.

Die gleichen Eigenschaften hat aber auch das durch

$$A' := \{x \mid x \in \mathbf{Q}_+, x < r\} \quad \text{und} \quad B' := \{x \mid x \in \mathbf{Q}_+, r \leq x\}$$

definierte Paar (A', B'). Im ersten Fall enthält A ein größtes, B aber kein kleinstes Element und im zweiten Fall enthält B' ein kleinstes, A' aber kein größtes Element. In beiden Fällen haben A und A' ein Supremum und B und B' ein Infimum, nämlich r. Setzt man schließlich

$$A'' := \{x \mid x \in \mathbf{Q}_+, x^2 \leq 2\} \quad \text{und} \quad B'' := \{x \mid x \in \mathbf{Q}_+, 2 < x^2\},$$

so erfüllt das Paar (A'', B'') ebenfalls die Eigenschaften a), b) und c), aber A'' hat kein größtes und B'' kein kleinstes Element, da es, wie man seit alters weiß, keine rationale Zahl gibt, deren Quadrat 2 ist. So wird in Buch VI der Elemente bewiesen — ohne dass von der eindeutigen Primfaktorzerlegung natürlicher Zahlen Gebrauch gemacht wird —, dass für natürliche Zahlen a, b, n genau dann a^n Teiler von b^n ist, wenn a Teiler von b ist. Dann folgt — und das ist nun mein Argument —, aus $a^2 : b^2 = 2 : 1$, dass b Teiler von a ist. Setzt man $c := a/b$, so ist $c^2 : 1 = 2 : 1$ und damit $c^2 = 2$, was offenbar nicht der Fall ist.

Hat man nun zwei Teilmengen A und B von $\mathbf{Q}_+$ und erfüllen diese Teilmengen die Bedingungen a), b) und c), so nennt man (A, B) einen *dedekindschen Schnitt*. Hat A ein Supremum r, so ist r Infimum von B, und es gibt zwei sich gegenseitig ausschließende Möglichkeiten, nämlich r ist größtes Element von A oder r ist kleinstes Element von B. In beiden Fällen bestimmt der Schnitt (A, B) die rationale Zahl r. Hat A kein Supremum, so hat auch B kein Infimum und dem Schnitt (A, B) entspricht keine rationale Zahl. In diesem Falle „erschafft" Dedekind eine neue Zahl — im obigen Beispiel (A'', B'') die Zahl $\sqrt{2}$ —, worauf er sehr viel Wert legt. Definiert man dann in geeigneter Weise Addition und Multiplikation auf der Menge der rationalen und der neu geschaffenen Zahlen, so erhält man den Halbkörper der positiven reellen Zahlen. Dedekind operiert hier im Übrigen mit ganz $\mathbf{Q}$, was bei diesem Vorgehen wenig geschickt ist.

Bei allen drei Beispielen ist klar, dass A bereits den Schnitt völlig festlegt. Die Zweideutigkeit im Falle, dass der Schnitt durch eine rationale Zahl definiert wird, kann man dadurch beheben, dass man sich dafür entscheidet, dass $\sup(A) \in A$ gilt, falls $\sup(A)$ existiert. Wie das alles technisch durchzuführen ist, wird nun gezeigt.

Es sei $(M, \leq)$ eine angeordnete Menge. Ist $X \subseteq M$ und $s \in M$, so heißt s *obere Schranke* von X, falls $y \leq s$ für alle $y \in X$ gilt. Entsprechend heißt s *untere Schranke* von X, falls $s \leq y$ für alle $y \in X$ gilt. Mit $\mathrm{Ma}(X)$ bezeichnen wir die Menge der oberen und mit $\mathrm{Mi}(X)$ die Menge der unteren Schranken von X. Dabei erinnere Ma an Majorante und Mi an Minorante. Enthält $\mathrm{Ma}(X)$ ein kleinstes Element, so heißt dieses *Supremum* von X und enthält $\mathrm{Mi}(X)$ ein größtes Element, so heißt dieses *Infimum* von X. Wir schreiben $\sup(X)$ und $\inf(X)$.

Satz 1. *Es sei* $(M, \leq)$ *eine angeordnete Menge. Dann gilt:*

1) Sind X, $Y \subseteq M$ *und ist* $X \subseteq Y$, *so ist* $\mathrm{Mi}(Y) \subseteq \mathrm{Mi}(X)$ *und* $\mathrm{Ma}(Y) \subseteq \mathrm{Ma}(X)$.

2) Ist $X \subseteq M$, *so ist* $X \subseteq \mathrm{Ma}\,\mathrm{Mi}(X)$ *und* $X \subseteq \mathrm{Mi}\,\mathrm{Ma}(X)$.

3) Es ist $\mathrm{Ma}\,\mathrm{Mi}\,\mathrm{Ma} = \mathrm{Ma}$ *und* $\mathrm{Mi}\,\mathrm{Ma}\,\mathrm{Mi} = \mathrm{Mi}$.

Beweis. 1) und 2) sind trivial.
3) Wegen $X \subseteq \mathrm{Mi}\,\mathrm{Ma}(X)$ ist

$$\mathrm{Ma}(X) \supseteq \mathrm{Ma}\,\mathrm{Mi}\,\mathrm{Ma}(X).$$

Andererseits ist $Y \subseteq \mathrm{Ma}\,\mathrm{Mi}(Y)$ für alle $Y \subseteq M$. Mit $Y := \mathrm{Ma}(X)$ folgt

$$\mathrm{Ma}(X) \subseteq \mathrm{Ma}\,\mathrm{Mi}\,\mathrm{Ma}(X).$$

Also ist $\mathrm{Ma}\,\mathrm{Mi}\,\mathrm{Ma} = \mathrm{Ma}$. Ebenso beweist man, dass $\mathrm{Mi}\,\mathrm{Ma}\,\mathrm{Mi} = \mathrm{Mi}$ ist.

Es sei $(M, \leq)$ eine angeordnete Menge. Ist $A \subseteq M$, so heißt A ein *Anfang* von M, falls aus $x \in A$, $y \in M$ und $y \leq x$ stets folgt, dass $y \in A$ ist.

Satz 2. *Es sei* $(M, \leq)$ *eine angeordnete Menge. Setze* $\tau := \mathrm{Mi}\,\mathrm{Ma}$. *Dann hat* τ *die folgenden Eigenschaften:*

1) Es ist $X \subseteq \tau(X)$ *für alle* $X \subseteq M$.

2) Es ist $\tau^2 = \tau$.

3) Ist $X \subseteq Y \subseteq M$, *so ist* $\tau(X) \subseteq \tau(Y)$.

4) Für alle $X \subseteq M$ *ist* $\tau(X)$ *ein Anfang von* M.

Beweis. Die erste und dritte Aussage sind nur Umformulierungen von Aussagen des Satzes 1. Die vierte Aussage ist banal. Schließlich folgt die zweite Aussage unter Benutzung von Satz 1, 3) aus

$$\tau^2 = \mathrm{Mi}\,\mathrm{Ma}\,\mathrm{Mi}\,\mathrm{Ma} = \mathrm{Mi}\,\mathrm{Ma} = \tau.$$

Ist $(M, \leq)$ eine angeordnete Menge und $Y \subseteq M$, so heißt Y *normaler Anfang* von M, falls $\tau(Y) = Y$ ist. Normale Anfänge sind nach Satz 2, 4) immer auch Anfänge.

Satz 3. *Es sei* $(M, \leq)$ *eine linear geordnete Menge und* Y *sei ein Anfang von* M. *Ist* $s \in \tau(Y) - Y$, *so ist* $s = \sup(Y)$. *Insbesondere enthält* $\tau(Y) - Y$ *höchstens ein Element.*

Beweis. Es sei $s \in \tau(Y) - Y$. Ist $y \in Y$, so ist $s \not\leq y$, da Y ein Anfang ist. Weil M linear geordnet ist, ist also $y < s$. Es folgt $s \in \mathrm{Ma}(Y)$. Andererseits ist $s \in \tau(Y) = \mathrm{Mi}\,\mathrm{Ma}(Y)$, sodass in der Tat $s = \sup(Y)$ ist. Damit ist alles bewiesen, da eine Teilmenge einer geordneten Menge höchstens ein Supremum hat.

Satz 4. *Es sei $(M, \leq)$ eine linear geordnete Menge und Y sei ein Anfang von M. Genau dann ist Y normal, wenn gilt: Ist $s = \sup(Y)$, so ist $s \in Y$.*

Beweis. Es sei Y normal. Ist $s = \sup(Y)$, so ist s das kleinste Element von $\mathrm{Ma}(Y)$. Also ist $s \in \mathrm{Mi}\,\mathrm{Ma}(Y) = \tau(Y) = Y$.

Es gelte umgekehrt: Ist $s = \sup(Y)$, so ist $s \in Y$. Satz 3 zeigt, dass dann $\tau(Y) = Y$ ist. Also ist Y normal.

Korollar. *Es sei $(M, \leq)$ eine linear geordnete Menge und Y sei ein Anfang von M. Ist Y nicht normal, so hat Y ein Supremum s und es gilt $s \notin Y$.*

Mit $\mathbf{R}_+$ bezeichnen wir im Folgenden die Menge der von $\emptyset$ und $\mathbf{Q}_+$ verschiedenen normalen Anfänge von $\mathbf{Q}_+$. Die Elemente von $\mathbf{R}_+$ werden wir *positive reelle Zahlen* nennen. Die normalen Anfänge ersetzen uns die dedekindschen Schnitte, wie zu Beginn dieses Abschnitts erläutert.

Sind $X, Y \in \mathbf{R}_+$, so schreiben wir $X \leq Y$, falls $X \subseteq Y$ gilt.

Satz 5. *Die Relation $\leq$ ist eine lineare Ordnung von $\mathbf{R}_+$. Für sie gilt der Satz von der oberen Grenze, d.h.: Ist Ξ eine nicht-leere, nach oben beschränkte Teilmenge von $(\mathbf{R}_+, \leq)$, so hat Ξ ein Supremum.*

Beweis. Da $\subseteq$ eine Ordnungsrelation ist, genügt es zu zeigen, dass je zwei Elemente X und Y von $\mathbf{R}_+$ vergleichbar sind. Es sei daher $y \in Y - X$. Es gibt dann kein $x \in X$ mit $y \leq x$, da X ja ein Anfang ist. Es ist also, da $\mathbf{Q}_+$ linear geordnet ist, $x < y$ für alle $x \in X$ und folglich $X \leq Y$.

Es sei Ξ eine nach oben beschränkte, nicht-leere Teilmenge von $\mathbf{R}_+$. Setze

$$S := \tau\left(\bigcup_{X \in \Xi} X\right).$$

Dann ist S nicht leer, da Ξ nicht leer ist und die Elemente von $\mathbf{R}_+$ nicht leer sind. Es sei $M \in \mathbf{R}_+$ eine obere Schranke von Ξ. Dann ist $X \subseteq M$ für alle $X \in \Xi$. Es folgt

$$S = \tau\left(\bigcup_{X \in \Xi} X\right) \subseteq \tau(M) = M.$$

Weil Ξ nach Voraussetzung wenigstens eine obere Schranke T hat, folgt $S \subseteq T \neq \mathbf{Q}_+$ und damit $S \in \mathbf{R}_+$.

Es sei wieder M eine beliebige Schranke von Ξ. Dann ist, wie gerade gesehen, $S \subseteq M$, sodass M auch obere Schranke von S ist. Wegen $X \subseteq S$ für alle $X \in \Xi$ ist auch S eine obere Schranke von Ξ und damit die kleinste obere Schranke von Ξ. Also gilt $S = \sup(\Xi)$. Damit ist alles bewiesen.

Der nächste Satz gibt die dyadische Entwicklung für $X \in \mathbf{R}_+$. Zunächst jedoch noch eine Definition. Es sei $(N, \leq)$ eine bezüglich $\leq$ linear geordnete Menge. Ferner sei M irgendeine Menge. Ist dann f eine Abbildung von N in M, so nennen wir f *Folge auf M*. Typische Beispiele für $(N, \leq)$ sind $\mathbf{N}_0$, $\mathbf{N}$ und $\{1, 2, \ldots, n\}$ mit der üblichen Anordnung.

Ist f eine Folge mit der Indexmenge $\{1, 2, \ldots, n\}$, so ist f nichts anderes als das n-Tupel $(f_1, f_2, \ldots, f_n)$, dessen Werte f_i in M liegen. Wenn wir von Folgen reden, so bezeichnen wir das Bild von i unter f meist mit f_i.

Es sei $(N, \leq)$ eine linear geordnete Menge. Ferner sei auch $(M, \leq)$ linear geordnet. Ist dann f eine Folge auf M mit Indizes in N, so nennen wir f *monoton steigend*, wenn aus $i, j \in N$ und $i \leq j$ stets $f_i \leq f_j$ folgt. Die Folge f heißt *monoton fallend*, falls aus $i, j \in N$ und $i \leq j$ stets $f_i \geq f_j$ folgt.

Satz 6. *Es sei $X \in \mathbf{R}_+$. Es gibt dann ein $N \in \mathbf{N}_0$ und eine Folge $x_N, x_{N+1}, \ldots$ auf X mit den Eigenschaften:*

1) Es ist

$$x_{n+1} = \begin{cases} x_n, & \text{falls } x_n + \frac{1}{2^{n+1}} \notin X, \\ x_n + \frac{1}{2^{n+1}}, & \text{falls } x_n + \frac{1}{2^{n+1}} \in X. \end{cases}$$

2) Die Folge x steigt monoton.

3) Definiert man die Folge y durch $y_n := x_n + \frac{1}{2^n}$ für alle $n \geq N$, so ist y monoton fallend und es gilt $y_n \notin X$ für alle $n \geq N$.

Beweis. Hier haben wir Gelegenheit, den dedekindschen Rekursionssatz in der Form zu benutzen, wie er in Aufgabe 6 von Abschnitt 1 des Kapitels I formuliert ist.

Weil X nicht leer ist, gibt es ein $r \in X$. Es gibt ferner ein $m \in \mathbf{N}$ mit $\frac{1}{2^m} \leq r$. Es folgt $\frac{1}{2^m} \in X$, da X ein Anfang ist. Unter all den ms, für die $\frac{1}{2^m} \in X$ ist, gibt es eine kleinste Zahl k. Ist $k > 1$, so ist $\frac{1}{2^{k-1}} \notin X$. In diesem Falle setzen wir $N := k$ und $a_N := \frac{1}{2^N}$. Ist $k = 1$, so sind zwei Fälle zu unterscheiden, nämlich die Fälle $1 \notin X$ und $1 \in X$. Im Falle $1 \notin X$ setzen wir wie zuvor $N := k$ und $a_N := \frac{1}{2^N}$. Ist $1 \in X$, so setzen wir $N := 0$ und bezeichnen mit a_N die größte natürliche Zahl, die in X enthalten ist. Da X beschränkt ist, gibt es ein solches a_N.

Wir definieren nun eine Rekursionsregel R auf $\mathbf{N} \times X$ durch

$$R(n, s) := \begin{cases} s, & \text{falls } s + \frac{1}{2^{n+1}} \notin X, \\ s + \frac{1}{2^{n+1}}, & \text{falls } s + \frac{1}{2^{n+1}} \in X. \end{cases}$$

Nach dem dedekindschen Rekursionssatz (Aufgabe 6 in Kapitel I, Abschnitt 1) gibt es eine Folge x auf X mit $x_N = a_N$ und

$$x_{n+1} = R(n, x_n) = \begin{cases} x_n, & \text{falls } x_n + \frac{1}{2^{n+1}} \notin X, \\ x_n + \frac{1}{2^{n+1}}, & \text{falls } x_n + \frac{1}{2^{n+1}} \in X. \end{cases}$$

Die Folge x erfüllt also 1) und damit auch 2).

Es ist $x_N = a_N \in X$. Ist $N = 0$, so ist

$$y_N = a_N + \frac{1}{2^N} = a_N + 1.$$

Weil a_N die größte natürliche Zahl ist, die in X vorkommt, ist $y_N \notin X$. Ist $N > 0$, so ist $N = k$ und $1 \notin X$. Es folgt

$$y_N = \frac{1}{2^k} + \frac{1}{2^k} = \frac{1}{2^{k-1}}.$$

und weiter $y_N \notin X$. Es sei $n \geq N$ und es gelte $y_n \notin X$. Dann ist

$$y_{n+1} = x_{n+1} + \frac{1}{2^{n+1}}.$$

Es sei $x_n + \frac{1}{2^{n+1}} \notin X$. Dann ist $x_{n+1} = x_n$ und folglich $y_{n+1} = x_n + \frac{1}{2^{n+1}} \notin X$. Weiter gilt

$$y_{n+1} = x_n + \frac{1}{2^{n+1}} < x_n + \frac{1}{2^n} = y_n.$$

Es sei $x_n + \frac{1}{2^{n+1}} \in X$. Dann ist $x_{n+1} = x^n + \frac{1}{2^{n+1}}$. Es folgt

$$y_{n+1} = x_{n+1} + \frac{1}{2^{n+1}} = x_n + \frac{1}{2^n} = y_n.$$

Also ist auch hier $y_{n+1} \notin X$ und in beiden Fällen gilt $y_{n+1} \leq y_n$. Damit ist alles bewiesen.

Satz 7. *Auf* $\mathbf{R}_+$ *definieren wir eine binäre Verknüpfung* $\oplus$ *durch*

$$X \oplus Y := \tau(X + Y)$$

für alle $X, Y \in \mathbf{R}_+$, *wobei* $X + Y$ *wiederum erklärt ist durch*

$$X + Y := \{x + y \mid x \in X, \, y \in Y\}.$$

Dann gilt:

   a) Die Verknüpfung $\oplus$ *ist assoziativ und kommutativ.*
   b) Sind $X, Y, Z \in \mathbf{R}_+$ *und gilt*

$$X \oplus Z = Y \oplus Z,$$

   so ist $X = Y$.
   c) Sind $X, Y, Z \in \mathbf{R}_+$ *und ist* $X \leq Y$, *so ist*

$$X \oplus Z \leq Y \oplus Z.$$

   d) Sind $X, Y \in \mathbf{R}_+$ *und ist* $X < Y$, *so gibt es ein* $Z \in \mathbf{R}_+$ *mit* $X \oplus Z = Y$.
   e) Sind $X, Y, Z \in \mathbf{R}_+$ *und ist* $X \oplus Z = Y$, *so ist* $X < Y$.
   f) Definiert man die Abbildung α *von* $\mathbf{Q}_+$ *in* $\mathbf{R}_+$ *durch*

$$\alpha(r) := \{x \mid x \in \mathbf{Q}_+, x \leq r\},$$

   so ist α *ein Monomorphismus von* $\mathbf{Q}_+$ *in* $\mathbf{R}_+$, *d.h. dass* α *injektiv ist und die Addition wie auch die Anordnung respektiert.*
   g) Es sei $Y \in \mathbf{R}_+$ *und* $n \in \mathbf{N}$. *Definiere* nY *rekursiv durch* $1Y := Y$ *und* $(n+1)Y := nY \oplus Y$. *Dann ist*

$$nY = \{ny \mid y \in Y\}.$$

h) Ist $X \in \mathbf{R}_+$ und $n \in \mathbf{N}$, so gibt es ein $Y \in \mathbf{R}_+$ mit $nY = X$.

i) Sind $X, Y \in \mathbf{R}_+$, so gibt es ein $n \in \mathbf{N}$ mit $nY > X$.

Beweis. Wegen $X, Y \neq \emptyset$ ist $X + Y \neq \emptyset$ und dann auch $X \oplus Y \neq \emptyset$. Wegen X, $Y \neq \mathbf{Q}_+$ gibt es Elemente $s \in \mathbf{Q}_+ - X$ und $t \in \mathbf{Q}_+ - Y$. Weil X und Y Anfänge sind, ist $s \in \mathrm{Ma}(X)$ und $t \in \mathrm{Ma}(Y)$. Es folgt $s + t \in \mathrm{Ma}(X + Y)$ und damit

$$X \oplus Y \subseteq \alpha(s + t).$$

Wegen $s + t < s + t + 1$ ist $\alpha(s + t) \neq \mathbf{Q}_+$ und damit $X \oplus Y \neq \mathbf{Q}_+$. Wegen

$$\tau(X \oplus Y) = \tau\tau(X + Y) = \tau(X + Y) = X \oplus Y$$

ist $X \oplus Y$ schließlich normaler Anfang, sodass $X \oplus Y \in \mathbf{R}_+$ ist.

a) Es ist

$$X \oplus Y = \tau(X + Y) = \tau(Y + X) = Y \oplus X.$$

Also ist $\oplus$ kommutativ.

Es seien $X, Y, Z \in \mathbf{R}_+$. Wir setzen $L := X \oplus (Y \oplus Z)$, und $R := (X \oplus Y) \oplus Z$ und $M := \tau(X + Y + Z)$. Nun ist $Y + Z \subseteq Y \oplus Z$. Hieraus folgt

$$X + Y + Z \subseteq X + (Y \oplus Z)$$

und daher

$$M = \tau(X + Y + Z) \subseteq \tau\big(X + (Y \oplus Z)\big) = X \oplus (Y \oplus Z) = L.$$

Wir zeigen nun, dass

$$\mathrm{Ma}(X + Y + Z) \subseteq \mathrm{Ma}\big(X + (Y \oplus Z)\big)$$

ist. Dazu sei $t \in \mathrm{Ma}(X + Y + Z)$. Dann gilt $t \geq x + y + z$ für alle $x \in X$, $y \in Y$ und $z \in Z$. Es folgt $-x + t \geq y + z$ und somit $-x + t \in \mathrm{Ma}(Y + Z)$ für alle $x \in X$. (Beachte, dass $t - x > 0$, also $t - x \in \mathbf{Q}_+$ ist.) Ist $v \in Y \oplus Z = \mathrm{Mi}\,\mathrm{Ma}(Y + Z)$, so ist also $v \leq -x + t$ und daher $x + v \leq t$, sodass

$$t \in \mathrm{Ma}\big(X + (Y \oplus Z)\big)$$

ist. Damit ist die fragliche Inklusion bewiesen. Mit Satz 1, 1) folgt nun

$$M = \mathrm{Mi}\,\mathrm{Ma}(X + Y + Z) \supseteq \mathrm{Mi}\,\mathrm{Ma}\big(X + (Y \oplus Z)\big) = L.$$

Also ist $M = L$.

Die Aussage

$$\tau(X + Y + Z) = X \oplus (Y \oplus Z)$$

gilt für alle X, Y und Z. Also ist

$$M = \tau(X + Y + Z) = \tau(Z + X + Y) = Z \oplus (X \oplus Y)$$
$$= (X \oplus Y) \oplus Z = R.$$

Also ist $L = M = R$, sodass a) bewiesen ist.

b) Weil $\mathbf{R}_+$ linear geordnet ist, dürfen wir $X \leq Y$ annehmen. Angenommen, es wäre $X < Y$. Es gibt dann ein $y \in Y - X$. Es ist $y \neq \sup(X)$, da andernfalls $y \in X$ wäre, weil X ja normaler Anfang ist. Es gibt also eine natürliche Zahl a mit $y - \frac{1}{a} \notin X$. Nach Satz 6 gibt es eine natürliche Zahl b und ein $z_b \in Z$ mit $z_b + \frac{1}{2^b} \notin Z$ und $\frac{1}{2^b} \leq \frac{1}{4a}$. Wegen $y - \frac{1}{a} \notin X$ ist $y - \frac{1}{a}$ eine obere Schranke von X. Ist nun x die in Satz 6 beschriebene Folge auf X, so ist also $x_m \leq y - \frac{1}{a}$ für alle m. Es sei m so beschaffen, dass $x_m + \frac{1}{2^m} \geq y - \frac{1}{2a}$ ist. Dann ist

$$\frac{1}{2^m} = x_m + \frac{1}{2^m} - x_m \geq y - \frac{1}{2a} - x_m$$

$$\geq y - \frac{1}{2a} - y + \frac{1}{a} = \frac{1}{2a}.$$

Also gibt es höchstens endlich viele solcher ms, sodass es ein n gibt mit $x_n + \frac{1}{2^n} < y - \frac{1}{2a}$.

Es sei nun $u \in X$ und $v \in Z$. Dann ist

$$u + v < x_n + \frac{1}{2^n} + z_b + \frac{1}{2^b} < y - \frac{1}{2a} + z_b + \frac{1}{2^b} \leq y - \frac{1}{2a} + z_b + \frac{1}{4a}$$

$$= y + z_b - \frac{1}{4a}.$$

Hieraus folgt

$$w \leq y + z_b - \frac{1}{4a} < y + z_b$$

für alle $w \in X \oplus Z$. Wegen $y + z_b \in Y \oplus Z = X \oplus Z$ folgt der Widerspruch

$$y + z_b < y + z_b.$$

Also ist doch $X = Y$.

c) ist banal.

d) Setze

$$Z := \{z \mid z \in \mathbf{Q}_+, \text{ es ist } x + z \in Y \text{ für alle } x \in X\}.$$

Wegen $X < Y$ gibt es ein $y \in Y - X$. Weil $\sup(X)$, so es existiert, zu X gehört, gibt es ein $n \in \mathbf{N}$ mit $y - \frac{1}{n} > x$ für alle $x \in X$, sodass $\frac{1}{n} \in Z$ ist. Somit ist Z nicht leer.

Ist $x \in X$, so ist $z < x + z \in Y$ für alle $z \in Z$ und daher $Z \subseteq Y$, sodass $Z \neq \mathbf{Q}_+$ ist. Es ist noch zu zeigen, dass Z normaler Anfang ist. Es sei $w \leq z \in Z$. Dann ist

$$x + w \leq x + z \in Y$$

für alle $x \in X$ und folglich $x + w \in Y$ für alle $x \in X$. Somit ist $w \in Z$, sodass Z ein Anfang ist.

Es existiere $s := \sup(Z)$, aber es gelte $s \notin Z$. Dann gibt es ein $x \in X$ mit $x + s \notin Y$. Es gibt dann ein $n \in \mathbf{N}$ mit $x + s - \frac{1}{n} \notin Y$. Es folgt $s - \frac{1}{n} \notin Z$ und damit $s \neq \sup(Z)$. Damit ist gezeigt, dass Z normaler Anfang ist.

Schließlich müssen wir noch zeigen, dass $X \oplus Z = Y$ ist. Natürlich ist $X \oplus Z \leq Y$. Es sei $y \in Y$ und $y \notin X \oplus Z$. Wie schon verschiedentlich gesehen, gibt es ein $n \in \mathbf{N}$ mit $y - \frac{1}{n} \notin X \oplus Z$. Nach Satz 6 gibt es ein $z \in Z$ mit $z + \frac{1}{2^n} \notin Z$. Es folgt

$$x + z \leq y - \frac{1}{n}$$

und weiter

$$x + z + \frac{1}{2^n} \le y - \frac{1}{n} + \frac{1}{2^n} < y$$

für alle $x \in X$. Also ist $x + z + \frac{1}{2^n} \in Y$ für alle $x \in X$. Dies ergibt den Widerspruch $z + \frac{1}{2^n} \in Z$. Also ist doch $X \oplus Z = Y$.

e) Es sei $X \oplus Z = Y$. Wegen $x < x + z$ für $z \in Z$ ist $X \le X \oplus Z = Y$. Es sei $X = Y$. Nach Satz 6 gibt es eine Folge x auf X mit $x_n + \frac{1}{2^n} \notin X$. Es sei $z \in Z$. Dann ist $x_n + z \in X$ und folglich

$$x_n + z < x_n + \frac{1}{2^n}$$

und daher $z < \frac{1}{2^n}$ für alle hinreichend großen n. Es folgt der Widerspruch $z = 0$. Also ist $X < Y$.

f) Nach Satz 4 ist $\alpha(g)$ normaler Anfang. Sind g, $h \in \mathbf{Q}_+$ und ist $x \in \alpha(g)$ und $y \in \alpha(h)$, so ist

$$x + y \le g + h$$

und folglich $\alpha(g) \oplus \alpha(h) \subseteq \alpha(g+h)$. Es sei $u \in \alpha(g+h)$. Es sei $u \le g$. Es gibt ein $n \in \mathbf{N}$ mit $nu > h$. Es folgt $u - \frac{1}{n}h < u$ und folglich $u - \frac{1}{n}h \in \alpha(g)$. Ferner ist auch $\frac{1}{n}h \in \alpha(h)$. Daher ist

$$u = u - \frac{1}{n}h + \frac{1}{n}h \in \alpha(g) + \alpha(h).$$

Ist $g < u$, so ist

$$u - g \le g + h - g = h.$$

Daher ist $u - g \in \alpha(h)$ und folglich

$$u = g + u - g \in \alpha(g) + \alpha(h).$$

Insgesamt erhalten wir daher, dass

$$\alpha(g) \oplus \alpha(h) \subseteq \alpha(g+h) \subseteq \alpha(g) + \alpha(h) \subseteq \alpha(g) \oplus \alpha(h)$$

ist.

Dass α ordnungstreu und injektiv ist, ist banal. Also gilt auch f).

g) Wir zeigen zunächst, dass nt obere Schranke von nY ist, wenn t obere Schranke von Y ist. Dies ist richtig für $n = 1$. Es sei richtig für $n \ge 1$. Dann ist $(n+1)t = nt + t$ obere Schranke von $nY + Y$ und dann auch von $nY \oplus Y = (n+1)Y$.

Als nächstes zeigen wir, dass $nY \oplus Y = nY + Y$ ist. Es ist $nY + Y \subseteq nY \oplus Y$. Es sei s Supremum von $nY \oplus Y$. Ferner sei $y \in Y$. Dann ist $(n+1)y \in nY \oplus Y$ und folglich $(n+1)y \le s$. Es folgt

$$y \le \frac{s}{n+1},$$

sodass $\frac{s}{n+1}$ obere Schranke von Y ist.

Es sei t eine obere Schranke von Y und es gelte $t \le \frac{s}{n+1}$. Nach der eingangs gemachten Bemerkung ist $(n+1)t$ obere Schranke von $(n+1)Y$. Es folgt, dass $s \le (n+1)t$ ist. Also ist $s = (n+1)t$, d.h.

$$t = \frac{s}{n+1},$$

sodass t Supremum von Y ist. Weil Y normaler Anfang ist, folgt $t \in Y$. Es folgt

$$s = (n+1)t \in nY + Y,$$

sodass auch $nY + Y$ normaler Anfang ist. Also ist $(n+1)Y = nY \oplus Y = nY + Y$.

Es ist $\{ny \mid y \in Y\} \subseteq nY$. Es sei $x \in nY$. Nach dem, was wir gerade bewiesen haben, gibt es $x_1, \ldots, x_n \in Y$ mit $x = \sum_{i:=1}^{n} x_i$. Setze $z := \max\{x_1, \ldots, x_n\}$ und $y := \sum_{i:=1}^{n} \frac{1}{n} x_i$. Dann ist $y \leq \frac{1}{n} nz = z$. Es folgt $y \in Y$ und $x = ny \in \{nw \mid w \in Y\}$. Damit ist g) bewiesen.

h) Setze $Y := \{y \mid y \in \mathbf{Q}_+, ny \in X\}$. Dann ist $Y \in \mathbf{R}_+$. Ist nämlich $z \leq y \in Y$, so ist $nz \leq ny \in X$ und folglich $nz \in X$, was wiederum $z \in Y$ impliziert. Also ist Y ein Anfang. Weil X nicht leer ist, gibt es ein $x \in X$. Es folgt, dass $\frac{x}{n} \in Y$ ist. Folglich ist Y nicht leer. Weil X von $\mathbf{Q}_+$ verschieden ist, ist auch Y von $\mathbf{Q}_+$ verschieden. Um schließlich die Normalität von Y zu zeigen, sei $s \in \mathbf{Q}_+$, aber $s \notin Y$. Dann ist $ns \notin X$. Weil X normaler Anfang ist, ist ns nicht Supremum von X. Es gibt also ein $k \in \mathbf{N}$ mit $ns - \frac{1}{k} \notin X$. Es folgt $n(s - \frac{1}{nk}) \notin X$ und damit $s - \frac{1}{nk} \notin Y$. Also ist $s \neq \sup(Y)$. Dies zeigt, dass Y normaler Anfang ist. Somit ist $Y \in \mathbf{R}_+$. Da man jedes Element von X durch n dividieren kann, ist

$$\{ny \mid y \in Y\} = X.$$

Mit g) folgt schließlich $nY = X$.

i) Es gibt ein $y \in Y$ und ein $z \notin X$. Es gibt ferner ein $n \in \mathbf{N}$ mit $ny > z$. Es folgt $ny \notin X$. Daher ist $nY \not\leq X$ und folglich $nY > X$.

Damit ist alles bewiesen.

Das Element Y aus h) ist eindeutig bestimmt. Sind nämlich $U, V \in \mathbf{R}_+$ und ist $U > V$, so gibt es ein $W \in \mathbf{R}_+$ mit $U = V \oplus W$. Es folgt $nU = nV \oplus nW > nV$, sodass die Abbildung $U \to nU$ injektiv ist.

Satz 8. *In* $\mathbf{R}_+$ *gibt es zu drei Elementen stets die vierte Proportionale.*

Beweis. Es seien a, b, $c \in \mathbf{R}_+$. Setze

$$M := \{x \mid x \in \mathbf{R}_+, a : b \leq c : x\}.$$

Die Archimedizität von $\mathbf{R}_+$ liefert die Existenz eines $n \in \mathbf{N}$ mit $a \leq nb$. Setze $y := \frac{c}{n+1}$, was nach Satz 7 h) möglich ist. Dann ist

$$c > c - \frac{c}{n+1} = \frac{nc}{n+1} = ny$$

und $a \leq nb$. Also ist $c : y > a : b$ und daher $y \in M$, sodass M nicht leer ist.

Es gibt ferner ein $m \in \mathbf{N}$ mit $ma > b$. Setze $z := mc$. Dann ist $ma > b$ und $mc \leq z$. Also ist $c : z < a : b$ und folglich $z \notin M$ und somit $M \neq \mathbf{R}_+$.

Ist $u \leq x \in M$, so gilt nach Satz 8 c) von Abschnitt 1 die Ungleichung $c : x \leq c : u$. Folglich ist $a : b \leq c : u$ und daher $u \in M$. Somit ist M ein nicht-leerer Anfang von $\mathbf{R}_+$, der von $\mathbf{R}_+$ verschieden ist. Folglich ist M nicht-leer und beschränkt, sodass $d := \sup(M)$ nach Satz 5 existiert.

Um zu zeigen, dass $a : b = c : d$ ist, nehmen wir an, dies sei nicht der Fall. Dann ist $a : b < c : d$ oder $a : b > c : d$. Es sei $a : b < c : d$. Es gibt dann $m, n \in \mathbf{N}$ mit

$mc > nd$ und $ma \leq nb$. Nach Satz 6 gibt es ein N und eine monoton wachsende Folge x auf $\mathbf{Q}_+$ mit $x_i \in d$ und $x_i + \frac{1}{2^i} \notin d$ für alle $i \geq N$. Bezeichnet $\alpha(r)$ wieder die Menge der positiven rationalen Zahlen kleiner oder gleich r, so ist

$$\alpha(x_i) \leq d < \alpha\left(x_i + \frac{1}{2^i}\right).$$

Es gibt ein $\gamma \in c$ mit $m\gamma \notin nd$, da ja $mc > nd$ ist. Wegen $m\gamma \notin nd$ ist $nx_i < m\gamma$ für alle i. Es sei

$$m\gamma = \sup\{nx_i \mid i \geq N\}.$$

Weil nd normaler Anfang ist und $nx_i \in nd$ gilt, folgte der Widerspruch $m\gamma \in nd$. Andererseits hat die Menge $\{\alpha(nx_i) \mid i \geq N\}$ als durch $\alpha(m\gamma)$ beschränkte Menge ein Supremum s in $\mathbf{R}_+$. Es folgt $\alpha(m\gamma) > s$. Wegen

$$\alpha\left(nx_i + \frac{n}{2^i}\right) - s \leq \alpha\left(nx_i + \frac{n}{2^i}\right) - \alpha(nx_i) = \alpha\left(\frac{n}{2^i}\right) < \alpha\left(\frac{n}{i}\right)$$

gibt es, da $i \to \frac{n}{i}$ nach Satz 12 von Abschnitt 2 eine Nullfolge ist, ein $i \in \mathbf{N}$ mit

$$\alpha\left(nx_i + \frac{n}{2^i}\right) - s < \alpha\left(\frac{n}{i}\right) < \alpha(m\gamma) - s.$$

Es folgt $\alpha(nx_i + \frac{n}{2^i}) < \alpha(m\gamma)$ und damit, da ja $\gamma \in c$ ist,

$$mc \geq m\alpha(\gamma) > n\alpha\left(x_i + \frac{1}{2^i}\right).$$

Andererseits ist $ma \leq nb$ und folglich

$$a : b < c : \alpha\left(x_i + \frac{1}{2^i}\right).$$

Hieraus folgt $\alpha(x_i + \frac{1}{2^i}) \in M$ und wegen $d < \alpha(x_i + \frac{1}{2^i})$ dann der Widerspruch $d < \sup(M) = d$. Somit ist $c : d \leq a : b$ und damit $c : d < a : b$.

Nach Satz 6 gibt es ein $N \in \mathbf{N}_0$ und eine Folge x auf d mit $x_n + \frac{1}{2^n} \notin d$ für alle $n \geq N$. Es folgt

$$d < \alpha\left(x_n + \frac{1}{2^n}\right)$$

und nach Satz 8 c) von Abschnitt 1 daher

$$c : \alpha\left(x_n + \frac{1}{2^n}\right) < c : d < a : b.$$

Wir nehmen an, x werde nicht konstant. Dann gibt es zu jedem $n \geq N$ ein $j > n$ mit $x_n < x_j$. Es folgt

$$\alpha(x_n) < \alpha(x_j) \leq d.$$

Also ist $\alpha(x_n) < d$ für alle $n \geq N$. Somit ist $\alpha(x_n) \in M$ für alle $n \geq N$, da $d = \sup(M)$. Da also $d < \alpha(x_n + \frac{1}{2^n})$ und $x_n \in M$ gilt, ist

$$c : \alpha\left(x_n + \frac{1}{2^n}\right) < c : d < a : b \leq c : \alpha(x_n)$$

für alle $n \geq N$.

Wegen $c : d < a : b$ gibt es $k, l \in \mathbf{N}$ mit $ka > lb$ und $kc \leq ld$. Es gibt ferner ein $n \in \mathbf{N}$ mit

$$n(ka - lb) > a.$$

Es folgt

$$(nk - 1)a > nlb.$$

Andererseits ist

$$(nk - 1)c < nkc \leq nld.$$

Indem wir k durch $nk - 1$ und l durch nl ersetzen, sehen wir, dass wir von vornherein $kc < ld$ annehmen dürfen. Wegen

$$c : \alpha\left(x_n + \frac{1}{2^n}\right) < c : d$$

ist dann auch

$$kc \leq l\alpha\left(x_n + \frac{1}{2^n}\right)$$

und wegen $a : b \leq c : \alpha(x_n)$ auch

$$kc > l\alpha(x_n).$$

Es ist also — man erinnere sich an die Definition von $<$ auf $\mathbf{R}_+$ —

$$l\alpha(x_n) \subseteq kc \subseteq l\alpha\left(x_n + \frac{1}{2^n}\right)$$

für alle $n \geq N$. Es folgt

$$\bigcup_{n \geq N} l\alpha(x_n) = kc = \bigcap_{n \geq N} l\alpha\left(x_n + \frac{1}{2^n}\right).$$

Banalerweise gilt aber auch

$$l\alpha(x_n) \subseteq ld \subseteq l\alpha\left(x_n + \frac{1}{2^n}\right)$$

und daher

$$\bigcup_{n \geq N} l\alpha(x_n) = ld = \bigcap_{n \geq N} l\alpha\left(x_n + \frac{1}{2^n}\right).$$

Damit erhalten wir den Widerspruch $kc = ld$. Somit wird x doch konstant. Es gibt also ein $M \geq N$ mit $x_M = x_{M+i}$ für alle i. Definiere die Folge y durch $y_n := x_n - \frac{1}{2^n}$ für alle $n > M$. Dann ist y ebenfalls eine Folge auf d, da ja d ein Anfang ist und

$$\frac{1}{2^n} < \frac{1}{2^M} \leq \frac{1}{2^N} \leq x_n$$

für alle $n > M$ gilt. Wie eben folgt, da y nicht konstant wird,

$$\bigcup_{n>M} l\alpha(y_n) = kc = \bigcap_{n>M} l\alpha\left(x_n + \frac{1}{2^n}\right)$$

und

$$\bigcup_{n>M} l\alpha(y_n) = ld = \bigcap_{n>M} l\alpha\left(x_n + \frac{1}{2^n}\right).$$

Hiermit erhalten wir den den Satz beweisenden, endgültigen Widerspruch $kc = ld$.

Da $(\mathbf{R}_+, +, \leq)$ ein eudoxischer Größenbereich ist, wie wir nun wissen, können wir auf $Q(\mathbf{R}_+)$ eine Addition und Multiplikation so einführen, dass $(Q(\mathbf{R}_+), +, \leq)$ ein zu $(\mathbf{R}_+, +, \leq)$ isomorpher Größenbereich, dass $(Q(\mathbf{R}_+), \cdot)$ eine abelsche Gruppe und dass $\leq$ mit der Multiplikation verträglich ist. Außerdem gelten beide Distributivgesetze. Wie wir wissen, wird durch

$$\varphi(x) := x : \alpha(1)$$

ein ordnungstreuer Isomorphismus φ von $(\mathbf{R}_+, +)$ auf $(Q(\mathbf{R}_+), +)$ definiert. Definiert man dann eine Multiplikation auf $\mathbf{R}_+$ durch

$$ab = \varphi^{-1}\big(\varphi(a)\varphi(b)\big),$$

so ist φ^{-1} eine Isomorphismus von $(Q(\mathbf{R}_+), +, \cdot, \leq)$ auf $(\mathbf{R}_+, +, \cdot, \leq)$. Ferner ist $\alpha(1)$ das Einselement von $(\mathbf{R}_+, \cdot)$. Außerdem gilt

$$ab : a = b : \alpha(1)$$

für alle $a, b \in \mathbf{R}_+$.

Wir wissen bereits, dass α ein Monomorphismus von $(\mathbf{Q}_+, +, \leq)$ in $(\mathbf{R}_+, +, \leq)$ ist. Es gilt sogar

Satz 9. *Die Abbildung α ist ein Monomorphismus von $(\mathbf{Q}_+, +, \cdot, \leq)$ in $(\mathbf{R}_+, +, \cdot, \leq)$.*

Beweis. Es ist nur noch zu zeigen, dass α auch mit der Multiplikation verträglich ist. Um dies zu zeigen, seien $r, s \in \mathbf{Q}_+$. Es gibt dann ein $n \in \mathbf{N}$ mit $nr \in \mathbf{N}$. Es folgt

$$\alpha(rs) : \alpha(r) = n\alpha(rs) : n\alpha(r) = \alpha(nrs) : \alpha(nr) = nr\alpha(s) : nr\alpha(1)$$
$$= \alpha(s) : \alpha(1) = \alpha(r)\alpha(s) : \alpha(r)$$

und damit $\alpha(rs) = \alpha(r)\alpha(s)$. Damit ist alles bewiesen.

Aufgrund dieses Satzes dürfen und werden wir im Folgenden r und $\alpha(r)$ miteinander identifizieren.

Aufgaben

1. Es sei p eine Primzahl. Setze

$$A_p := \{x \mid x \in \mathbf{Q}_+, x^2 < p\}.$$

Zeigen Sie, dass $A_p \in \mathbf{R}_+$ gilt. (Diese Aufgabe hat es in sich.)

2. Cantorscher Algorithmus. Gegeben ist eine Folge p von natürlichen Zahlen mit $p_\nu > 1$ für alle $\nu \in \mathbf{N}$. Ausgehend von einer positiven reellen Zahl γ_0 wird eine Folge c nicht negativer ganzer Zahlen und eine Folge γ reeller Zahlen konstruiert mit

$$\gamma_\nu = c_\nu + \frac{\gamma_{\nu+1}}{p_{\nu+1}}$$

und

$$c_\nu < \gamma_\nu \le c_\nu + 1.$$

Es sind also γ und c durch die Rekursion

$$\gamma_{\nu+1} := p_{\nu+1}(\gamma_\nu - c_\nu)$$

und

$$c_{\nu+1} := \lceil \gamma_{\nu+1} \rceil - 1$$

mit den Anfangswerten γ_0 und $c_0 = \lceil \gamma_0 \rceil - 1$ definiert. Dabei ist $\lceil x \rceil$ für reelle Zahlen x die kleinste ganze Zahl, die nicht kleiner ist als x. Es ist also $\lceil x \rceil \in \mathbf{Z}$ und

$$\lceil x \rceil - 1 < x \le \lceil x \rceil.$$

Bei dem cantorschen Algorithmus (Cantor 1869) hat man am Ende

$$\gamma_0 = c_0 + \sum_{\nu=1}^{\infty} \frac{c_\nu}{p_1 p_2 \cdots p_\nu}.$$

Ist insbesondere $\gamma_0 = \frac{a}{q}$ mit natürlichen Zahlen a und q und gibt es ein $n \in \mathbf{N}$, sodass das Produkt $\prod_{i:=1}^{n} p_i$ durch q teilbar ist, so ist $c_i = p_i - 1$ für alle $i > n$.

3. Die durch

$$e = \sum_{n:=0}^{\infty} \frac{1}{n!}$$

definierte eulersche Zahl e ist irrational.

5. Die negativen Zahlen. Wie kamen die negativen Zahlen in die Mathematik? Wir sind so stark darauf fixiert, dass quadratische Gleichungen zwei Lösungen haben, dass die landläufige Meinung die ist, dass sich die negativen Zahlen bei der Untersuchung dieser Gleichungen aufdrängten. Dem ist nicht so. Schauen wir uns an, wie sich quadratische Gleichungen seit den Tagen Al-Hwarizmis den Mathematikern darboten (Rosen 1986).

Immer, wenn der Begriff Zahl definiert wurde, wurde Zahl als Ansammlung von Einheiten definiert. Alles andere, was wir mit dem Namen Zahl versehen, war Größe, wobei dieser Begriff nie definiert wurde. Im Laufe der Zeit wurden dann auch Größen Zahlen genannt, ohne dass man den Begriff der Zahl erweiterte. Größe aber war etwas, was vorhanden war, was man eben der Größe nach vergleichen konnte, war jedenfalls nichts — was für eine absurde Idee! —, was jenseits von Nichts lag. Größe war, um in unserem Jargon zu reden, stets etwas Positives. Daher auch die Schwierigkeiten mit den komplexen Zahlen, die sich als Körper ja nicht anordnen lassen.

Von hierher erklärt sich nun, dass man früher sechs Typen von quadratischen Gleichungen unterschied. Hier sind sie, aufgeschrieben in heutiger Notation.

$$x^2 = px$$
$$x^2 = q$$
$$x = p$$
$$x^2 + px = q$$
$$x^2 = px + q$$
$$x^2 + q = px$$

Dabei sind unter p und q nach heutigem Verständnis positive reelle Zahlen zu verstehen. Die ersten fünf Gleichungen haben dann immer genau eine positive Lösung. Die Lösung 0 der ersten Gleichung wird nicht berücksichtigt. Die letzte Gleichung ist besonders interessant, da sie entweder zwei positive Lösungen oder aber keine hat. Wie gesagt, es wurden nur Größen als Lösungen akzeptiert. Die Frage nach negativen Zahlen stellte sich hier nicht.

In diesem Zusammenhang ist es interessant, auf die Beweistechniken der Alten einzugehen. Ich fand bislang in keinem Buch zur Geschichte der Mathematik erwähnt, dass in früheren Zeiten immer nur unter der Voraussetzung der Existenz einer Lösung bewiesen wurde, dass die Lösung so aussieht, wie wir es erwarten. Es wurden bei diesen Beweisen nämlich immer Quadrate betrachtet, deren Seiten die als existierend angenommenen Lösungen waren. Wurde im konkreten Fall eine Lösung anhand der Bildungsvorschrift — Formeln gab es keine — gefunden, so wurde immer noch nachgewiesen, wie es sich gehört, dass die potentielle Lösung wirklich auch Lösung ist. Erst Pedro Nuñez zeigte, dass die notwendigen Bedingungen auch hinreichend sind (Nuñez 1567).

Es waren Systeme von linearen Gleichungen, wo man vor die Frage gestellt wurde, ob es so etwas wie negative Zahlen gab. Diese traten zuerst in Form von Schulden auf oder in Form von Geld, das der Finanzbeamte — man stelle sich das vor — dem vermeintlichen Steuerschuldner zurückzahlen musste. Fibonacci stellte u. a. eine Aufgabe, die nach einigen Umformungen das Gleichungssystem

$$D_1 + B = \frac{5}{7}T$$

$$D_2 + B = \frac{10}{13}T$$

$$D_3 + B = \frac{17}{21}T$$

$$D_4 + B = \frac{26}{31}T$$

$$D_5 + B = \frac{37}{43}T$$

ergibt. Dabei ist

$$T = D_1 + D_2 + D_3 + D_4 + D_5 + B$$

und B ist ein freier Parameter, nämlich eine Geldbörse, die von einer Gruppe von fünf Leuten gefunden wird, die ihrerseits je D_i Denare besitzen. Von dieser Aufgabe sagt Fibonacci nun, dass sie unlösbar sei, es sei denn der erste Mann habe Schulden. Der Leser prüfe nach, dass in der Tat immer $D_1 + B < B$ ist, falls nur $T > 0$ ist. Für Einzelheiten sei der Leser auf Lüneburg 1993a, S. 151 ff. oder Boncompagni 1857, S. 215 f. verwiesen.

Es gibt noch weitere Systeme von linearen Gleichungen in Fibonaccis *liber abbaci*, die nur dann lösbar sind, wenn wenigstens einer der Beteiligten Schulden hat. Bei Nicolas Chuquet gibt es dann in der zweiten Hälfte des 15. Jahrhunderts ein lineares Gleichungssystem, bei dem nach Zahlen gefragt ist und das negative Zahlen als Lösungen hat. Chuquets Buch wurde aber erst im 19. Jahrhundert publiziert (Chuquet 1880). Er wirkte jedoch durch seine Schüler schon zu seiner Zeit weiter.

Es gibt bei Fibonacci eine Stelle, die von Historikern bislang übersehen scheint, an der eine echte negative Zahl vorkommt. Dies geschieht anlässlich der Approximation von $\sqrt[3]{900}$. Ausgehend von der ersten Näherung 9 berechnet er als zweite Näherung $9 + \frac{171}{271}$. Damit rechnet er aber nicht weiter. Er sagt vielmehr, dass $\frac{171}{271}$ nur wenig kleiner als $\frac{2}{3}$ sei und nimmt statt dessen $9 + \frac{2}{3}$ als zweite Näherung. Nun hatte er 9^3 schon zuvor von 900 subtrahiert mit dem Ergebnis 171. Von diesen 171 muss er jetzt $\frac{8}{27}$, $3 \cdot 9^2 \cdot \frac{2}{3} = 162$ und $3 \cdot \left(\frac{2}{3}\right)^2 \cdot 9 = 12$ abziehen (entwickle $(9 + \frac{2}{3})^3$). Das gibt der Reihe nach $170 + \frac{19}{27}$ und $8 + \frac{19}{27}$ und $8 + \frac{19}{27} - 12$. Da dies nicht geht, rechnet er $12 - 8 - \frac{19}{27}$ und sagt, es verblieben $3 + \frac{8}{27}$ *diminuta*. Damit rechnet er dann korrekt weiter (Lüneburg 1993a, S. 276 f., Boncompagni 1857, S. 381). An dieser Stelle zeigt sich, dass negative Zahlen beim Rechnen bequem sein können.

Kommt man zu kubischen Gleichungen, so kommt man an negativen und auch komplexen Zahlen nicht vorbei.

Ich will hier nicht die Geschichte der Entdeckung der Lösungsformel für die kubische Gleichung erzählen. Das soll an anderer Stelle geschehen. Was ich hier wiedergebe, ist das Gedicht, welches Tartaglia nach seinem Zeugnis Cardano bei einem Gespräch überließ, das sie in dessen Haus in Mailand am 25. März 1539 führten. Dem Leser wird selbst die deutsche Übersetzung wie ein Kryptogramm vorkommen, doch die Sprache ist die, in der Mathematik damals aufgeschrieben wurde. Cardano wird keine Schwierigkeiten mit ihr gehabt haben. Darauf deutet auch hin, dass Tartaglia dieses Gedicht, wie er sagt, für sich als Gedächtnisstütze verfasste. Das Gedicht hat er uns in den *Quesiti* überliefert (Tartaglia 1554/1959. Libro nono, quesito XXXIIII). Es lautet:

> *Quando chel cubo con le cose appresso*
> *Se agguaglia à qualche numero discreto*
> *Trouan dui altri differenti in esso.*
> *Da poi terrai questo per consueto*
> *Che'llor produtto sempre sia eguale*
> *Al terzo cubo delle cose neto,*
> *El residuo poi suo generale*
> *Delli lor lati cubi ben sottratti*
> *Varra la tua cosa principale.*
> *In el secondo de cotesti atti*
> *Quando che'l cubo restasse lui solo*
> *Tu osseruarai quest'altri contratti,*
> *Del numer farai due tal part'à uolo*
> *Che l'una in l'altra si produca schietto*
> *El terzo cubo delle cose in stolo*
> *Delle qual poi, per commun precetto*
> *Torrai li lati cubi insieme gionti*
> *Et cotal somma sara il tuo concetto.*
> *El terzo poi de questi nostri conti*
> *Se solue col secondo se ben guardi*
> *Che per natura son quasi congionti.*
> *Questi trouai, & non con paßi tardi*
> *Nel mille cinquecenté, quatroe trenta*
> *Con fondamenti ben sald'è gagliardi*
> *Nella Citta dal mar'intorno centa.*

Man beachte zunächst, dass in diesem italienischen Text ein ß vorkommt. Dieser Buchstabe ist eine Ligatur aus dem langen S, das in heutigen Zeichensätzen nicht mehr vorhanden ist, und dem kurzen Schluss-s und kommt demzufolge auch in italienischen und französischen Druckwerken vor. Man beachte ferner, dass in der drittletzten Zeile *quatroe trenta* steht „vier und dreißig" also. Dies zeigt, dass diese Inversion, die im Deutschen üblich ist, nicht nur im Deutschen vorkommt. Sie findet sich überdies auch im Englischen.

Hier meine Übersetzung dieses Gedichtes. Dies ist die erste Interpretation. In dieser Übersetzung taucht das Wort Coß auf, das den meisten Lesern wohl nicht geläufig ist. Es ist die Eindeutschung des italienischen Wortes *cosa* für die Unbekannte und war im 16. Jahrhundert im Deutschen in Gebrauch. Es hatte zudem noch die Bedeutung unseres Wortes Algebra angenommen. Adam Ries hat auch eine *Coß* geschrieben, die allerdings erst im 20. Jahrhundert publiziert worden ist (Ries 1992).

Die zweite Interpretation wird dann darin bestehen, die Lösungsformeln in moderne Notation zu übertragen. Dabei werden wir gleichzeitig zeigen, dass sie wirklich zu

Lösungen führen. Für uns von Interesse ist vor allem der zweite Typ kubischer Gleichungen, doch um den Leser nicht zu sehr auf die Folter zu spannen, sei das Gedicht komplett interpretiert.

> Wenn der Kubus mit den Coßen daneben
>   gleich ist einer diskreten Zahl,
>   finden sich als Differenz zwei andere in dieser.
> Dann halte es wie gewöhnlich,
>   dass nämlich ihr Produkt gleich sei
>   dem Kubus des Drittels der Coßen,
> Und der Rest dann, so die Regel,
>   ihrer Kubusseiten wohl subtrahiert
>   wird sein deine Hauptcoß.
> In dem zweiten von diesen Fällen,
>   wenn der Kubus allein steht
>   und du betrachtest die anderen zusammengezogen,
> Von der Zahl mache wieder zwei solche Teile,
>   dass der eine in den anderen multipliziert
>   den Kubus des Drittels der Coßen ergibt.
> Von jenen dann, so die gemeine Vorschrift,
>   nimm die Kubusseiten zusammen vereint
>   und diese Summe wird dein Konzept sein.
> Die dritte nun von diesen unseren Rechnungen
>   löst sich wie die zweite, wenn du wohl beachtest,
>   dass sie von Natur aus gleichsam verwandt sind.
> Dieses fand ich, nicht schwerfälligen Schritts,
>   im Jahre tausendfünfhundertvierunddreißig
>   mit Begründungen triftig und fest
> In der Stadt vom Meer rings umgürtet.

Die Stadt vom Meer rings umgürtet ist Venedig.

Und hier die Interpretation. Zuerst wird die Lösungsformel für den Fall gegeben, dass der Kubus zusammen mit den dritten Wurzeln aus ihm eine Zahl ergibt. Es heißt *le cose*. Dies ist ein Plural, sodass wir, wenn x *la cosa* ist, dies in unseren Formeln mit px wiederzugeben haben. Es handelt sich hier also um Gleichungen dritten Grades der Form

$$x^3 + px = q,$$

wobei p und q positive Zahlen sind. Die Zahl q ist als Differenz zweier weiterer Zahlen u und v darzustellen, also

$$q = u - v,$$

sodass

$$uv = \left(\frac{p}{3}\right)^3$$

ist. Setzt man dann $y := \sqrt[3]{u}$ und $z := \sqrt[3]{v}$, das sind die Kubusseiten, so ist

$$x := y - z$$

eine Lösung der obigen Gleichung. Soweit Tartaglia. Wir verifizieren dies, indem wir bemerken: Es ist $3yz = p$ und daher

$$
\begin{aligned}
x^3 + px &= (y - z)^3 + 3yz(y - z) \\
&= \left((y - z)^2 + 3yz\right)(y - z) \\
&= (y^2 - 2yz + z^2 + 3yz)(y - z) \\
&= (y^2 + yz + z^2)(y - z) \\
&= y^3 - z^3 = u - v = q.
\end{aligned}
$$

Die Zahlen u und v erhält man aufgrund von

$$\left(\frac{p}{3}\right)^3 = u(u - q) = \left(u - \frac{q}{2}\right)^2 - \frac{q^2}{4}$$

als

$$u = \frac{q}{2} + \sqrt{\left(\frac{p}{3}\right)^3 + \frac{q^2}{4}} \quad \text{und} \quad v = -\frac{q}{2} + \sqrt{\left(\frac{p}{3}\right)^3 + \frac{q^2}{4}}.$$

Somit ist

$$x = \sqrt[3]{\frac{q}{2} + \sqrt{\left(\frac{p}{3}\right)^3 + \frac{q^2}{4}}} - \sqrt[3]{-\frac{q}{2} + \sqrt{\left(\frac{p}{3}\right)^3 + \frac{q^2}{4}}}.$$

Man beachte, dass der Radikand unter der zweiten Kubikwurzel stets nicht-negativ ist. Beim zweiten Fall steht x^3 alleine. Hier handelt es sich um Gleichungen der Form

$$x^3 = px + q.$$

Es sind u und v zu bestimmen mit

$$q = u + v$$

und

$$uv = \left(\frac{p}{3}\right)^3.$$

Setzt man wieder $y := \sqrt[3]{u}$ und $z := \sqrt[3]{v}$, so ist $x := y + z$ eine Lösung. Soweit wiederum Tartaglia. Wir stellen zunächst fest, dass $3yz = p$ ist. Hiermit folgt

$$x^3 = y^3 + z^3 + 3yz(y + z) = u + v + px = q + px.$$

Also ist x tatsächlich eine Lösung. Die Zahlen u und v berechnen sich aus

$$\left(\frac{p}{3}\right)^3 = u(q - u) = -\left(u - \frac{q}{2}\right)^2 + \frac{q^2}{4}$$

zu

$$u = \frac{q}{2} \pm \sqrt{-\left(-\frac{p}{3}\right)^3 + \frac{q^2}{4}} \quad \text{und} \quad v = \frac{q}{2} \mp \sqrt{-\left(-\frac{p}{3}\right)^3 + \frac{q^2}{4}}.$$

Also ist

$$x = \sqrt[3]{\frac{q}{2} \pm \sqrt{-\left(\frac{p}{3}\right)^3 + \frac{q^2}{4}}} + \sqrt[3]{\frac{q}{2} \mp \sqrt{-\left(\frac{p}{3}\right)^3 + \frac{q^2}{4}}}.$$

Hier gibt es natürlich Probleme, wenn

$$\left(\frac{p}{3}\right)^3 > \frac{q^2}{4}$$

ist. Wir sehen zwar auch dann eine reelle Lösung, da x beim Konjugieren fest bleibt, also reell ist, doch komplexe Zahlen kannte man damals noch nicht. Vielmehr zwangen die kubischen Gleichungen erst dazu, sich auch mit diesen merkwürdigen Gebilden zu befassen. In dem, was Tartaglia zu seinen Auseinandersetzungen mit Cardano schreibt, berichtet er auch, dass Cardano ihm zu dem Problem der negativen Radikanden Fragen stellte. Er geht auf diese Fragen aber nicht ein. Cardano in seiner *ars magna* drückt sich auch möglichst, indem er die reelle Lösung gleich angibt, ohne den Umweg über das Komplexe zu gehen.

Was Tartaglia zum dritten Fall, nämlich dem Fall der Gleichungen vom Typ

$$x^3 + q = px$$

sagt, gibt Anlass zu Spekulationen. Diese Gleichung gilt nämlich genau dann, wenn

$$(-x)^3 = p(-x) + q$$

ist. Somit ist x Lösung einer Gleichung des dritten Typs, wenn $-x$ Lösung der „konjugierten" Gleichung vom zweiten Typ ist. Dies gilt auch für eventuelle komplexe Lösungen. Hat Tartaglia etwas derartiges gemeint, wenn er sagt, dass sich die Gleichungen des dritten Typs mit den Gleichungen des zweiten Typs lösen lassen? Dann hätte er zumindest negative reelle Zahlen als Zahlen anerkennen und mit ihnen rechnen müssen. Ich weiß dazu nichts zu sagen.

Da man in einer kubischen Gleichung ein eventuell vorhandenes quadratisches Glied durch eine lineare Transformation, die sogenannte Tschirnhausentransformation, eliminieren kann, hat Tartaglia die allgemeine Lösung der kubischen Gleichungen. Er war sich dessen aber nicht bewusst. Er sagt in dem langen Brief vom 18. Februar 1539 an Cardano, dass er keine Formel zur Lösung von Gleichungen des Typs

$$x^3 + q = px^2$$

habe (Tartaglia 1554/1959, Libro nono, quesito XXXII).

Es gab noch eine Situation, wo sich negative Zahlen aufdrängten, und die war für mich sehr überraschend, als ich in einer Schrift von Pedro Nuñez darauf stieß (Nũnez 1567).

Bei Nuñez findet sich die Division mit Rest für Polynome erläutert. Nach einigen Vorbemerkungen, die die Division von Monomen durch Monome erklären, geht es weiter mit der Aufgabe, ein Polynom f durch ein Polynom g mit Rest zu dividieren. Ist m der Grad von f und n der von g, ist ferner f_m der Leitkoeffizient von f und g_n der von g, so ist der erste Schritt der Division mit Rest der, das Polynom $f - f_m g_n^{-1} x^{m-n} g$ zu berechnen. Iteration führt dann zum Ziele. Von Nuñez wird dies ganz ausführlich, Schritt für Schritt, anhand des Beispiels 12.cu.p̃.18.ce.p̃.27.co.p̃.17.numero geteilt durch .4.co.p̃.3. erläutert. Hier ist einiges zu erläutern. Die Abkürzungen cu, ce, co stehen für *cubus, census* und *cosa*, d.h. für x^3, x^2 und x. Das Kürzel p̃ steht für *plus* und numero heißt, dass der Koeffizient eine blanke Zahl ist. Es ist also das Polynom $12x^3 + 18x^2 + 27x + 17$ durch $4x + 3$ zu teilen. Nachdem er also die Division mit Rest anhand dieser Polynome erläutert hat, schreibt er noch das folgende Schema hin, in dem wir die auch noch von uns praktizierte Division mit Rest eines Polynoms durch ein anderes wiedererkennen.

$$
\begin{array}{r|l}
\text{Partidor .4.co.p̃.3.} & 12.\text{cu.p̃.}\ 18.\text{ce.p̃.27.co.p̃}\ 17. \\
& \underline{12.\text{cu.p̃.}\quad 9.\text{ce.}} \\
& \quad\quad 9.\text{ce.p̃.}\ 27.\text{co.}\quad \text{p̃}\ 17. \\
& \quad\quad \underline{9.\text{ce.p̃.}\ 6.\text{co.}\tfrac{1}{4}.} \\
& \quad\quad\quad\quad 20.\text{co.}\tfrac{1}{4}.\text{p̃.17.} \\
& \quad\quad\quad\quad \underline{20.\text{co.}\tfrac{1}{4}.\text{p̃.}15\tfrac{3}{16}.} \\
& \quad\quad\quad\quad\quad\quad 1\tfrac{13}{16}.
\end{array}
$$

$$3.\text{ce.p̃}\ 2.\text{co.}\tfrac{1}{4}.\text{p̃.}5\ \tfrac{1}{16}.\text{p̃}\ 1\tfrac{13}{16}$$

$$\text{par.4.co.p̃.3}$$

Der Divisor steht also links vom Dividenden, das Ergebnis unten, wobei der Rest als $1\frac{13}{16}$ par.4.co.p̃.3, also als Bruch angegeben wird, wobei par. für partidor steht.

Und nun kommt eine Überraschung, die uns etwas ins Gedächtnis zurückruft, was beim Tradieren lange vergessen ward, dass man die Division mit Rest nicht so wie bei natürlichen Zahlen immer ohne Schwierigkeiten durchführen kann. Dies bemerkt Nuñez ausdrücklich und bringt folgendes Beispiel als Beleg. Es sei $20x^3 + 8$ durch $4x^2 + 2x$ zu teilen. Dann hat man im ersten Schritt $4x^2 + 2x$ mit $5x$ zu multiplizieren und dann das Ergebnis $20x^3 + 10x^2$ von $20x^3 + 8$ zu subtrahieren. Das aber geht nicht, es sei denn, man geht den Weg von *plus* und *minus*, wie Nuñez sagt. In dem zu dividierenden Ausdruck findet sich nämlich nichts, was dem $10x^2$ im Minuenden entspricht. Hier muss man also — welch ein Schreck — etwas von nichts subtrahieren, will man zum Ziele gelangen.

Wir halten hier als Ergebnis fest, dass die Division mit Rest für natürliche Zahlen nicht aus dem Bereich der nicht-negativen ganzen Zahlen herausführt. Dies ist in scharfem Kontrast zu der Division mit Rest im Bereich der Polynome mit nicht-negativen Koeffizienten. Hier ist sie nicht immer durchzuführen, wie Nuñez feststellt.

Division mit Rest: Sie bedarf der negativen Zahlen! Es sind also nicht nur die linearen Gleichungssysteme und die kubischen Gleichungen, die die Einführung der negativen Zahlen erzwingen! Auch die Division mit Rest bei Polynomen bedarf ihrer. Auch diesen Hinweis suche ich vergeblich bei Historikern.

Nuñez lehrt in seinem Buche die Addition, Subtraktion, Multiplikation und Division von Quotienten von Polynomen, wobei er die Quotienten als $\frac{f}{g}$ schreibt. Dies alles anhand von Beispielen. Nach heutigem Verständnis hat er also den Funktionenkörper in einer Unbestimmten über $\mathbf{Q}$, insbesondere hat er auch $\mathbf{Q}$ selbst als Teilkörper. Ob ihm aber bewusst war — in seinen Beispielen kommt die Unbestimmte immer vor —, dass man auch mit negativen Brüchen als solchen rechnen kann, ist ungewiss.

In den betrachteten historischen Beispielen entstanden die negativen Zahlen dadurch, dass man Differenzen $a - b$ betrachtete, bei denen sich herausstellte, dass auch $a < b$ sein kann. Von der partiellen Subtraktion her weiß man schon, dass

$$(a + m) - (b + m) = a - b$$

ist. Will man also negative Zahlen einführen, und wir wollen das, so wird man zweckmäßiger Weise mit Paaren (a, b) von Zahlen anfangen und auf der Menge dieser Zahlenpaare eine Äquivalenzrelation einführen, die ebenfalls von dieser Gleichung inspiriert ist, da sie ja mit der Gleichung

$$a + m + b = a + b + m$$

gleichbedeutend ist. Dann muss man auf der Menge der Äquivalenzklassen eine Addition und Multiplikation einführen, sodass man am Ende alles das hat, was man sich erhofft. Hier die Details, die wir in solcher Allgemeinheit formulieren, dass wir sie auf $\mathbf{N}$, $\mathbf{Q}_+$ und $\mathbf{R}_+$ anwenden können.

Es sei P eine nicht-leere Menge mit zwei binären Verknüpfungen $+$ und $\cdot$, die wir natürlich Addition und Multiplikation nennen. Wir nennen $(P, +, \cdot)$ einen *Halbring*, falls gilt:

a) Addition und Multiplikation sind assoziativ und kommutativ.

b) Es gelten die Distributivgesetze.

c) Sind a, b, $c \in P$ und gilt $a + b = a + c$, so ist $b = c$, d.h. es gilt die *Kürzungsregel* bezüglich der Addition.

Satz 1. *Es sei P ein Halbring. Wir definieren auf dem cartesischen Produkt $P \times P$ von P mit sich selbst eine Addition $+$ und eine Multiplikation $\cdot$ durch*

$$(a, b) + (c, d) := (a + c, b + d)$$

und

$$(a, b)(c, d) := (ac + bd, ad + bc).$$

Dann sind $+$ und $\cdot$ assoziativ und kommutativ und es gelten beide Distributivgesetze. Wir definieren ferner auf $P \times P$ eine Relation $\sim$ durch

$$(a, b) \sim (c, d)$$

genau dann, wenn $a + d = c + b$ ist. Dann ist $\sim$ eine Kongruenzrelation auf $(P \times P, +, \cdot)$, d.h. $\sim$ ist eine Äquivalenzrelation und es gilt

a) *Ist $(a, b) \sim (c, d)$, so ist $(a, b) + (e, f) \sim (c, d) + (e, f)$ für alle e, $f \in \mathbf{N}$, sowie*

b) *Ist $(a, b) \sim (c, d)$, so ist $(a, b)(e, f) \sim (c, d)(e, f)$ für alle e, $f \in \mathbf{N}$.*

Die zum Nachweis dieser Aussagen nötigen Rechnungen sind einfach, aber langweilig. Wer diesen Satz nicht kennt, oder seiner Gültigkeit misstraut, muss sie selber ausführen. Hier sei nur darauf hingewiesen, dass man zum Nachweis der Transitivität von $\sim$ die Kürzungsregel bezüglich der Addition benötigt.

Ist M eine Menge und ist $\sim$ eine Äquivalenzrelation auf M, so bezeichne $M/\sim$, wie schon früher, die Menge der Äquivalenzklassen von $\sim$. Ist $x \in M$, so bezeichne ferner $\kappa(x)$ die Äquivalenzklasse von $\sim$, zu der x gehört. Man nennt κ den *kanonischen Epimorphismus* von M auf $M/\sim$.

Satz 2. *Es sei P ein Halbring. Ferner seien $+$ und $\cdot$ die in Satz 1 definierte Addition bzw. Multiplikation auf $P \times P$. Ferner sei $\sim$ die in Satz 1 auf $P \times P$ definierte Kongruenzrelation. Setze*
$$Z(P) := (P \times P)/\sim .$$
Sind $X, Y \in Z(P)$, so definieren wir $X + Y$ und XY wie folgt: Sind $A \in X$ und $B \in Y$, so sei $X + Y := \kappa(A + B)$ und $XY := \kappa(AB)$. Dann ist $(Z(P), +, \cdot)$ ein kommutativer Ring.

Ist $b \in P$ und setzt man
$$\sigma(a) := \kappa(a + b, b)$$
für alle $a \in P$, so ist σ ein Monomorphismus von P in $Z(P)$, der von der Wahl von b unabhängig ist.

Beweis. Es seien $A, A' \in X$ und $B, B' \in Y$. Dann ist also $A \sim A'$ und $B \sim B'$. Da $\sim$ nach Satz 1 eine Kongruenzrelation ist, folgt

$$A + B \sim A' + B \sim A' + B' \quad \text{und} \quad AB \sim A'B \sim A'B'$$

und damit $\kappa(A + B) = \kappa(A' + B')$ bzw. $\kappa(AB) = \kappa(A'B')$. Dies zeigt, dass die auf $Z(P)$ definierte Addition und Multiplikation wohldefiniert ist. Wegen $A \in \kappa(A)$ und $B \in \kappa(B)$ folgt weiter

$$\kappa(A + B) = \kappa(A) + \kappa(B) \quad \text{und} \quad \kappa(AB) = \kappa(A)\kappa(B),$$

sodass κ ein Epimorphismus von $(P \times P, +, \cdot)$ auf $(Z(P), +, \cdot)$ ist.

Hieraus folgt nun sofort die Assoziativität von $+$. Sind nämlich $X, Y, Z \in Z(P)$ und ist $A \in X$, $B \in Y$ und $C \in Z$, so ist

$$X + (Y + Z) = \kappa(A) + \big(\kappa(B) + \kappa(C)\big) = \kappa\big(A + (B + C)\big)$$
$$= \kappa\big((A + B) + C\big) = (X + Y) + Z.$$

Auf die gleiche Art beweist man ferner die Assoziativität der Multiplikation, die Kommutativität von Addition und Multiplikation und die beiden Distributivgesetze.

Sind $a, b \in P$, so ist $a + b = b + a$ und daher $\kappa(a, a) = \kappa(b, b)$. Ferner folgt mit $a, b, c \in P$, dass

$$\kappa(a, a) + \kappa(b, c) = \kappa(a + b, a + c) = \kappa(b, c)$$

ist. Also ist $\kappa(a, a)$ die Null in $Z(P)$. Schließlich ist

$$\kappa(a, b) + \kappa(b, a) = \kappa(a + b, b + a),$$

sodass jedes Element in $Z(P)$ ein additives Inverses hat. Damit ist gezeigt, dass $Z(P)$ ein Ring ist.

Es ist $\kappa(a+b,b) = \kappa(a+c,c)$. Sind nun u, $v \in P$, so folgt

$$\sigma(u+v) = \kappa(u+v+b,b) = \kappa(u+v+b+b,b+b)$$
$$= \kappa(u+b,b) + \kappa(v+b,b) = \sigma(u) + \sigma(v).$$

Weiter folgt

$$\sigma(u)\sigma(v) = \kappa(u+b,b)\kappa(v+b,b) = \kappa\big((u+b,b)(v+b,b)\big)$$
$$= \kappa(uv+ub+vb+b^2+b^2, ub+b^2+vb+b^2) = \sigma(uv).$$

Schließlich sei $\sigma(u) = \sigma(v)$. Dann ist $(u+b,b) \sim (v+b,b)$ und daher $u+2b = v+2b$, was $u = v$ zur Folge hat. Damit ist alles bewiesen.

Wir setzen $\mathbf{Z} := Z(\mathbf{N})$, $\mathbf{Q} := Z(\mathbf{Q}_+)$ und $\mathbf{R} := Z(\mathbf{R}_+)$ und nennen $\mathbf{Z}$ den *Ring der ganzen Zahlen*, $\mathbf{Q}$ den *Körper der rationalen Zahlen* und $\mathbf{R}$ den *Körper der reellen Zahlen*. Nachzuweisen, dass $\mathbf{Q}$ und $\mathbf{R}$ wirklich Körper sind, sei dem Leser als Übungsaufgabe überlassen.

Aufgaben

1. Zeigen Sie, dass $\mathbf{Q}$ und $\mathbf{R}$ Körper sind.

2. Es sei $P = \mathbf{N}$, $\mathbf{Q}_+$ oder $\mathbf{R}_+$. Sind a, $b \in Z(P)$, so setzen wir $a < b$ genau dann, wenn $b - a \in P$ ist. Zeigen Sie, dass $<$ eine lineare Ordnung von $Z(P)$ ist, für die gilt:

    a) Sind a, b, $c \in Z(P)$, so ist genau dann $a < b$, wenn $a + c < b + c$ ist.

    b) Sind a, $b \in Z(P)$ und ist $c \in P$, so ist genau dann $a < b$, wenn $ac < bc$ ist.

3. In $\mathbf{R}$ gilt der Satz von der oberen Grenze.
(Es sei X eine nicht-leere, nach oben beschränkte Menge von $\mathbf{R}$. Ist $X \cap \mathbf{R}_+ \neq \emptyset$, so hat diese Menge und damit X ein Supremum. Beweis! Ist der Schnitt aber leer, so suche man ein $k \in \mathbf{R}$ mit $(X + k) \cap \mathbf{R}_+ \neq \emptyset$, usw.)

6. Logarithmen. In Abschnitt 2 haben wir gesehen, dass man Verhältnisse rationaler Zahlen mit rationalen Zahlen kodieren kann. Hier werden wir sehen, dass man auch Verhältnisse reeller Zahlen mittels reeller Zahlen kodieren kann, ja, dass dies sogar für Verhältnisse von Größen aus beliebigen Größenbereichen möglich ist. Letzteres liegt daran, dass man jeden Größenbereich in $\mathbf{R}_+$ wiederfindet. Das klingt alles sehr abstrakt und ist es wohl auch, am Ende aber werden uns sehr konkret die Logarithmenfunktionen als reife Frucht in den Schoß fallen.

Satz 1. *Es sei P ein Größenbereich. Sind a, $b \in P$, so definieren wir $\varphi_P(a,b)$ durch*

$$\varphi_P(a,b) := \left\{ \frac{m}{n} \;\middle|\; m, n \in \mathbf{N},\ mb \leq na \right\}.$$

Dann ist $\varphi_P(a,b) \in \mathbf{R}_+$. Sind c und d Größen eines zweiten Größenbereiches Q, so gilt genau dann $a : b = c : d$, wenn $\varphi_P(a,b) = \varphi_Q(c,d)$ ist.

Beweis. Es sei $\frac{u}{v} \leq \frac{m}{n} \in \varphi_P(a,b)$. Nach Satz 7 von Abschnitt 2 ist dann $un \leq vm$. Aufgrund der Definition von φ_P ist andererseits $mb \leq na$. Es folgt

$$unb \leq vmb \leq vna$$

und damit $ub \leq va$, sodass $\frac{u}{v} \in \varphi_P(a,b)$ ist. Dies zeigt, dass $\varphi_P(a,b)$ ein Anfang ist.

Es gibt $k, l \in \mathbf{N}$ mit $kb > a$ und $b < la$. Es folgt $k \notin \varphi_P(a,b)$ und $\frac{1}{l} \in \varphi_P(a,b)$. Dies zeigt schließlich, dass $\varphi_P(a,b)$ nicht leer und auch von $\mathbf{Q}_+$ verschieden ist.

Es sei $\frac{m}{n} \notin \varphi_P(a,b)$. Dann ist $mb > na$, sodass $mb - na \in P$ gilt, da in Größenbereichen partielle Subtraktion ja möglich ist. Es gibt folglich ein $k \in \mathbf{N}$ mit

$$k(mb - na) > nb.$$

Es folgt

$$(km - n)b > kna$$

und damit

$$\frac{m}{n} - \frac{1}{k} = \frac{mk - n}{kn} \notin \varphi_P(a,b).$$

Daher ist $\frac{m}{n}$ nicht Supremum von $\varphi_P(a,b)$, sodass der Anfang $\varphi_P(a,b)$ nach Satz 4 von Abschnitt 4 normal ist. Somit ist $\varphi_P(a,b) \in \mathbf{R}_+$.

Es sei $a : b = c : d$. Dann ist auch $b : a = d : c$. Ist nun $\frac{m}{n} \in \varphi_P(a,b)$, so ist $mb \leq na$. Wegen $b : a = d : c$ folgt $md \leq nc$ und damit $\frac{m}{n} \in \varphi_Q(c,d)$. Also ist $\varphi_P(a,b) \subseteq \varphi_Q(c,d)$. Wegen $c : d = a : b$ gilt dann auch $\varphi_Q(c,d) \subseteq \varphi_P(a,b)$ und folglich $\varphi_P(a,b) = \varphi_Q(c,d)$.

Um die Umkehrung zu beweisen, müssen wir $\sup(\varphi_P(a,b))$ charakterisieren. Genau dann ist $\frac{m}{n} = \sup(\varphi_P(a,b))$, wenn $mb = na$ ist.

Es sei $mb = na$ und $ub = va$. Dann ist

$$mva = mub = una$$

und daher $mv = un$ bzw. $\frac{m}{n} = \frac{u}{v}$. Es gibt also höchstens ein Element in $\varphi_P(a,b)$ mit $mb = na$.

Es seien $\frac{m}{n}$, $\frac{u}{v}$ zwei verschiedene Elemente in $\varphi_P(a,b)$ und es gelte $mb = na$. Nach dem gerade Bewiesenen ist dann $ub < va$. Es folgt

$$una = umb < mva$$

und daher $un < mv$, bzw. $\frac{u}{v} < \frac{m}{n}$. Damit ist gezeigt, dass $\frac{m}{n}$ das Supremum von $\varphi_P(a,b)$ ist, falls $mb = na$ ist.

Es sei umgekehrt $\frac{m}{n} \in \varphi_P(a,b)$. Ferner sei $mb < na$. Dann ist $na - mb \in P$. Es gibt also ein $k \in \mathbf{N}$ mit $k(na - mb) > b$. Es folgt $(km + 1)b < kna$ und weiter

$$\frac{m}{n} < \frac{m}{n} + \frac{1}{kn} = \frac{km + 1}{kn} \in \varphi_P(a,b).$$

Also ist $\frac{m}{n}$ nicht das Supremum von $\varphi_P(a,b)$. Damit ist die Zwischenbehauptung bewiesen.

Es gelte nun umgekehrt $\varphi_P(a,b) = \varphi_Q(c,d)$. Es seien m, $n \in \mathbf{N}$. Ist $mb > na$, so ist $\frac{m}{n} \notin \varphi_P(a,b)$ und daher $\frac{m}{n} \notin \varphi_Q(c,d)$, sodass $md > nc$ gilt. Ist $mb = na$, so ist nach der gerade bewiesenen Bemerkung $\frac{m}{n}$ das Supremum von $\varphi_P(a,b)$ und damit das Supremum von $\varphi_Q(c,d)$, sodass auch $md = nc$ gilt. Ist schließlich $mb < na$, so ist zunächst $md \leq nc$. Weil $\frac{m}{n}$ aber nicht das Supremum von $\varphi_P(a,b)$ und damit auch nicht das von $\varphi_Q(c,d)$ ist, ist $md < nc$. Also ist $b : a = d : c$ und damit $a : b = c : d$. Damit ist Satz 1 bewiesen.

Wir notieren noch, was zwischendurch bewiesen wurde.

Satz 2. *Es sei P ein Größenbereich. Ferner sei φ_P die in Satz 1 definierte Abbildung. Sind a, $b \in P$ und m, $n \in \mathbf{N}$, so gilt genau dann $mb = na$, wenn $\frac{m}{n} = \sup(\varphi_P(a,b))$ ist.*

Der nächste Satz findet sich bei Bettazzi 1890, allerdings auf mehrere Sätze verteilt. Um ihn zu beweisen, formulieren und beweisen wir zunächst einen Hilfssatz, bei dessen Beweis wir von der Archimedizität eines Größenbereichs keinen Gebrauch machen.

Hilfssatz. *Es sei P ein Größenbereich, der kein kleinstes Element enthält. Sind dann $x \in P$ und $n \in \mathbf{N}$, so gibt es ein $y \in P$ mit $ny \leq x$.*

Beweis. Weil P kein kleinstes Element enthält, gibt es ein $y \in P$ mit $y < x$. Es sei $2y > x$. Dann ist

$$2(x - y) = x - y + x - y < 2y - y + x - y = x.$$

Ersetzt man nun y durch $x - y$, so gilt $y < x$ und $2y < x$. Es sei $n \in \mathbf{N}$ und es gebe ein $z \in P$ mit $z < x$ und $2^n z < x$. Nach dem gerade Bewiesenen gibt es ein $y < z$ mit $2y < z$. Es folgt $y < x$ und

$$2^{n+1}y < 2^n z < x.$$

Dies zeigt, dass es zu jedem $n \in \mathbf{N}$ ein $y < x$ gibt mit $2^n y < x$. Wegen $n < 2^n$ folgt schließlich, dass auch $ny < x$ ist. Damit ist der Hilfssatz bewiesen.

Satz 3. *Es sei P ein Größenbereich. Ferner sei $e \in P$. Definiere die Abbildung $f_{P,e}$ von P in $\mathbf{R}_+$ durch*

$$f_{P,e}(a) := \varphi_P(a,e),$$

wobei φ_P die in Satz 1 definierte Abbildung sei. Dann ist $f_{P,e}$ ein Monomorphismus von P in $\mathbf{R}_+$ mit

$$f_{P,e}(e) = \alpha(1) = \{r \mid r \in \mathbf{Q}_+, r \leq 1\}.$$

Sind a, $b \in P$ und ist $a < b$, so ist $f_{P,e}(a) < f_{P,e}(b)$. Gilt in P der Satz von der oberen Grenze, so gibt es entweder ein Element u in P mit $P = \{nu \mid n \in \mathbf{N}\}$ oder $f_{P,e}$ ist bijektiv.

Ist g ein weiterer ordnungstreuer Monomorphismus von P in $\mathbf{R}_+$ und gilt $g(e) = 1$, so ist $g = f_{P,e}$.

Beweis. Wir schreiben der Kürze halber f statt $f_{P,e}$. Nach Satz 1 ist klar, dass f eine Abbildung von P in $\mathbf{R}_+$ ist. Ist $f(a) = f(b)$, so gilt ebenfalls nach Satz 1 die Gleichung $a : e = b : e$. Nach dem Korollar zu Satz 8 von Abschnitt 1 ist dann $a = b$, sodass f injektiv ist. Es bleibt zu zeigen, dass f additiv ist.

Es sei $\frac{m}{n} \in f(a)$ und $\frac{u}{v} \in f(b)$. Dann ist $me \le na$ und $ue \le vb$. Es folgt $vme \le vna$ und $nue \le nvb$. Dies impliziert

$$(vm + nu)e \le vn(a + b),$$

sodass $\frac{vm+nu}{vn} \in f(a + b)$ gilt. Also ist

$$f(a) + f(b) \subseteq f(a + b).$$

Weil $f(a + b)$ normaler Anfang ist, folgt weiter

$$f(a) \oplus f(b) \subseteq f(a + b).$$

Um zu zeigen, dass auch $f(a + b) \subseteq f(a) \oplus f(b)$ gilt, zeigen wir zunächst, dass $f(a)$, $f(b) \subseteq f(a) + f(b)$ ist. Wegen der Kommutativität der Addition genügt es, dies für $f(a)$ zu beweisen. Dazu sei $\frac{x}{y} \in f(a)$. Da $f(b)$ ein Anfang und da $\mathbf{Q}_+$ archimedisch ist, gibt es ein $n \in \mathbf{N}$ mit $\frac{x}{ny} \in f(b)$. Wir dürfen annehmen, dass $n \ge 2$ ist. Dann ist

$$\frac{(n-1)x}{ny} < \frac{x}{y}$$

und folglich $\frac{(n-1)x}{ny} \in f(a)$, da $f(a)$ ein Anfang ist. Es folgt

$$\frac{x}{y} = \frac{(n-1)x}{ny} + \frac{x}{ny} \in f(a) + f(b).$$

Damit ist die Zwischenbehauptung bewiesen.

Es sei $\frac{x}{y} \in f(a + b)$. Wir nehmen an, dass $\frac{x}{y}$ nicht Supremum von $f(a + b)$ sei. Nach Satz 2 ist dann

$$xe < y(a + b).$$

Ist $\frac{x}{y} \in f(a)$ oder $\frac{x}{y} \in f(b)$, so ist $\frac{x}{y} \in f(a) + f(b)$ nach unserer Vorbemerkung. Wir dürfen daher annehmen, dass $\frac{x}{y} \notin f(a)$ und $\frac{x}{y} \notin f(b)$ gilt. Dann ist

$$xe > ya$$

und

$$xe > yb.$$

Es gibt ein $k \in \mathbf{N}$ mit

$$k\big(y(a + b) - xe\big) > e.$$

Es gibt ferner ein $u \in \mathbf{N}$ mit

$$(u - 1)e < k(xe - yb) \le ue.$$

Ist $u = 1$, so ist dies als $k(xe - yb) \le e$ zu lesen. Wäre nun $ue \ge kya$, so folgte der Widerspruch

$$e = ue - (u - 1)e > kya - k(xe - yb) = k(y(a + b) - xe) > e.$$

Also gilt doch

$$ue < kya.$$

Es folgt $\frac{u}{ky} \in f(a)$. Wegen $\frac{x}{y} \notin f(a)$ und weil $f(a)$ ein Anfang ist, folgt weiter

$$\frac{u}{ky} < \frac{x}{y} = \frac{kx}{ky}$$

und damit $u < kx$. Wäre $(kx - u)e > kyb$, so folgte aufgrund der Herkunft von u der Widerspruch

$$kyb < kxe - ue \leq kxe - (kxe - kyb) = kyb.$$

Dieser Widerspruch zeigt die Gültigkeit der Ungleichung

$$(kx - u)e \leq kyb.$$

Also ist $\frac{kx-u}{ky} \in f(b)$ und damit

$$\frac{x}{y} = \frac{kx}{ky} = \frac{u}{ky} + \frac{kx - u}{ky} \in f(a) + f(b).$$

Mit Satz 4 von Abschnitt 4 folgt daher

$$f(a + b) \subseteq f(a) \oplus f(b).$$

Also ist $f(a + b) = f(a) \oplus f(b)$.
    Es ist

$$f(e) = \varphi_P(e, e) = \left\{ \frac{m}{n} \ \middle|\ m, n \in \mathbf{N}, me \leq ne \right\} = \alpha(1).$$

Es seien $a, b \in P$ und es gelte $a < b$. Es gibt dann ein $c \in P$ mit $a + c = b$. Es folgt

$$f(a) \oplus f(c) = f(b)$$

und damit $f(a) < f(b)$.
    Es sei g ein weiterer ordnungstreuer Monomorphismus von P in $\mathbf{R}_+$ mit $g(e) = 1$. Es sei weiter $\frac{m}{n} \in f(a)$. Dann ist $me \leq na$. Schreiben wir der Deutlichkeit halber wieder $\alpha(1)$ anstelle von 1, so folgt aus der Ordnungstreue von g, dass

$$m\alpha(1) = mg(e) = g(me) \leq g(na) = ng(a)$$

ist. Also ist $\frac{m}{n} \in \frac{m}{n}\alpha(1) \subseteq g(a)$, da $\mathbf{R}_+$ ja dividierbar ist und da die Anordnung auf $\mathbf{R}_+$ nichts anderes als die Inklusionsrelation ist. Somit gilt $f(a) \subseteq g(a)$. Es sei $\frac{m}{n} \notin f(a)$. Dann ist $me > na$ und folglich

$$m\alpha(1) = mg(e) = g(me) > g(na) = ng(a).$$

Hieraus folgt $\alpha(\frac{m}{n}) > g(a)$ und weiter $\frac{m}{n} \notin g(a)$, da $g(a)$ ja ein Anfang ist. Also gilt auch $g(a) \subseteq f(a)$. Folglich ist $g(a) = f(a)$ und daher $g = f$.
    Um die noch offene Aussage zu beweisen, sei zunächst $u \in P$ und es gelte $u \leq x$ für alle $x \in P$. Ist dann $x \in P$, so gibt es, da die Anordnung von P ja archimedisch und $u \leq x$ ist, ein $n \in \mathbf{N}$ mit $nu \leq x < (n + 1)u$. Wäre $nu < x$, so wäre $x - nu \in P$ sowie $x - nu < u$. Dies widerspräche der Minimalität von u. Also ist $x = nu$. Folglich

ist $P = \mathbf{N}u$. Wir dürfen daher im Folgenden annehmen, dass P kein kleinstes Element enthält.

Es sei $r \in \mathbf{R}_+$. Ferner sei

$$X := \{u \mid u \in P, f(u) \leq r\}.$$

Weil f monoton ist, ist X ein Anfang von P. Es sei $u \in P$. Um zu zeigen, dass X nicht leer ist, nehmen wir an, es sei $u \notin X$. Dann ist $r < f(u)$. Weil $\mathbf{R}_+$ archimedisch ist, gibt es ein $n \in \mathbf{N}$ mit $f(u) < nr$. Nach dem Hilfssatz gibt es ein $w \in P$ mit $nw \leq u$. Weil f ein Monomorphismus ist, folgt

$$nf(w) = f(nw) \leq f(u) < nr$$

und damit $f(w) < r$, sodass $w \in X$ gilt. Dies zeigt, dass X nicht leer ist.

Es sei $u \in X$. Es gibt dann ein $n \in \mathbf{N}$ mit $r < nf(u) = f(nu)$. Es folgt $nu \notin X$, sodass X, da X ein Anfang ist, beschränkt ist. Somit hat X ein Supremum s.

Angenommen es sei $f(s) < r$. Es gibt dann ein $n \in \mathbf{N}$ mit

$$n\big(r - f(s)\big) > \alpha(1)$$

und ein $y \in P$ mit $ny \leq e$. Es folgt, da $\mathbf{R}_+$ dividierbar ist,

$$f(s) \oplus \frac{1}{n}\alpha(1) \geq f(s) \oplus \frac{1}{n}f(ny) = f(s+y).$$

Weiter folgt

$$nr > nf(s) \oplus \alpha(1) = n\big(f(s) \oplus \frac{1}{n}\alpha(1)\big) \geq nf(s+y)$$

und damit

$$r > f(s+y).$$

Also ist $s + y \in X$ im Widerspruch zu $s = \sup(X)$. Daher ist $r \leq f(s)$.

Angenommen es sei $r < f(s)$. Es gibt dann ein $n \in \mathbf{N}$ mit

$$\alpha(1) < n\big(f(s) - r\big).$$

Da $\mathbf{R}_+$ dividierbar ist, folgt

$$\frac{1}{n}\alpha(1) < f(s) - r.$$

Nach dem Hilfssatz gibt es ein $y \in P$ mit $y < e$ und $ny \leq e$. Weil s das Supremum von X ist und weil P kein kleinstes Element enthält, gibt es ein $t \in X$ mit $s - t < y$. Es folgt

$$f(s) - f(t) = f(s-t) < f(y) = \frac{n}{n}f(y) = \frac{1}{n}f(ny) \leq \frac{1}{n}f(e) = \frac{1}{n}\alpha(1)$$
$$< f(s) - r \leq f(s) - f(t).$$

Dieser Widerspruch zeigt, dass $f(s) = r$ ist. Somit ist f bijektiv. Damit ist der Satz bewiesen.

Wendet man die letzte Aussage von Satz 3 auf $\mathbf{R}_+$ an, so sieht man, dass es zu jedem $e \in \mathbf{R}_+$ einen Automorphismus von $\mathbf{R}_+$ gibt, der e auf $\alpha(1)$ abbildet. Diese Eigenschaft von $\mathbf{R}$ benutzte Felscher, um auf $\mathbf{R}$ eine Multiplikation einzuführen, die zusammen mit der auf $\mathbf{R}$ schon definierten Addition $\mathbf{R}$ zum Körper der reellen Zahlen macht. Für Einzelheiten der Konstruktion sei auf Felscher 1978, Band II verwiesen.

Nun zeigen wir, wie zu Beginn dieses Abschnitts versprochen, dass man Verhältnisse irgendwelcher Größen stets mit reellen Zahlen kodieren kann.

Satz 4. *Es sei P ein Größenbereich und e sei ein Element von P. Dann gilt: Sind a, b $\in$ P, so ist*

$$\varphi_P(a,b) = f_{P,e}(b)^{-1} f_{P,e}(a).$$

Beweis. Wir schreiben wieder f statt $f_{P,e}$. Nach Satz 3 ist f ein ordnungstreuer Monomorphismus von P in $\mathbf{R}_+$. Daher ist $a : b = f(a) : f(b)$. (Hier sieht man einmal mehr, wie geschickt die Definition der Gleichheit von Verhältnissen getroffen ist.) Es folgt

$$a : b = f(b)f(b)^{-1}f(a) : f(b) = f(b)^{-1}f(a) : 1.$$

Schreibt man kurz φ für $\varphi_{\mathbf{R}_+}$, so folgt mit Satz 1, dass

$$\varphi_P(a,b) = \varphi\big(f(b)^{-1}f(a), 1\big)$$

ist. Um den Satz zu beweisen, genügt es also zu zeigen, dass für $x \in \mathbf{R}_+$ die Gleichung

$$\varphi(x,1) = x$$

gilt.

Ist $x \in \mathbf{R}_+$ und $n \in \mathbf{N}$, so gestattet nx zwei Interpretationen, einmal die, dass $nx = (n-1)x \oplus x$, und zum andern die, dass $nx = \{n\xi \mid \xi \in x\}$ ist. Nach Satz 7 g) von Abschnitt 4 stimmen beide Mengen aber überein. Dies ist im Folgenden zu beachten.

Es sei also $x \in \mathbf{R}_+$. Statt 1 schreiben wir hier der Deutlichkeit halber $\alpha(1)$, um die 1 in $\mathbf{R}_+$ von der in $\mathbf{Q}_+$ zu unterscheiden. Dann ist *per definitionem*

$$\varphi\big(x, \alpha(1)\big) = \left\{ \frac{m}{n} \,\middle|\, m\alpha(1) \leq nx \right\}.$$

Es sei $\frac{m}{n} \in \varphi(x, \alpha(1))$. Weil die Anordnungsrelation $\leq$ auf $\mathbf{R}_+$ mit der Inklusion $\subseteq$ identisch ist, folgt, da ja $1 \in \alpha(1)$ gilt,

$$m = m1 \in m\alpha(1) \subseteq nx$$

und damit $\frac{m}{n} \in x$. Also ist

$$\varphi\big(x, \alpha(1)\big) \subseteq x.$$

Es sei andererseits $\frac{r}{s} \in x$. Ferner sei $\frac{u}{v} \in \alpha(1)$. Dann ist $\frac{u}{v} \leq 1$ und daher

$$r\frac{u}{v} \leq r1 = s\frac{r}{s} \in sx.$$

Nach Satz 7 g) von Abschnitt 4 ist also $r\alpha(1) \subseteq sx$, d.h. es ist

$$r\alpha(1) \leq sx.$$

Somit ist $\frac{r}{s} \in \varphi(x, \alpha(1))$, sodass in der Tat

$$\varphi(x, 1) = x$$

ist. Dabei haben wir für $\alpha(1)$ wieder 1 geschrieben.

Nun lösen wir das Versprechen ein, das wir in Abschnitt 2 gemacht haben.

Satz 5. *Es sei P ein quasieudoxischer Größenbereich. Ferner seien $+$ und $\cdot$ die in Abschnitt 2 definierte Addition bzw. Multiplikation auf $Q(P)$. Ist $X = a : b \in Q(P)$, so definieren wir $\psi(X)$ durch*

$$\psi(X) := \varphi_P(a, b).$$

Dann ist ψ ein Monomorphismus von $(Q(P), +, \cdot)$ in $(\mathbf{R}_+, +, \cdot)$. Die auf $Q(P)$ definierte Addition und Multiplikation sind also assoziativ und es gelten beide Distributivgesetze. Ferner ist $(Q(P), \cdot)$ eine abelsche Gruppe. Gilt in $Q(P)$ der Satz von der oberen Grenze, so ist ψ surjektiv, sodass in diesem Falle ψ ein Isomorphismus von $(Q(P), +, \cdot)$ auf $(\mathbf{R}_+, +, \cdot)$ ist.

Beweis. Aufgrund von Satz 1 ist ψ wohldefiniert und eine Abbildung in $\mathbf{R}_+$. Außerdem besagt dieser Satz, dass ψ injektiv ist. Es seien nun $X, Y \in Q(P)$. Weil P quasieudoxisch ist, gibt es $u, v, w \in P$ mit $X = u : w$ und $Y = v : w$. Mit Satz 3 folgt

$$\psi(X + Y) = \psi\big((u + v) : w\big) = \varphi_P(u + v, w) = f_{P,w}(u + v)$$
$$= f_{P,w}(u) + f_{P,w}(v) = \varphi_P(u, w) + \varphi_P(v, w) = \psi(X) + \psi(Y).$$

Somit ist ψ additiv.

Weil P quasieudoxisch ist, gibt es Elemente $k, l, m \in P$ mit $X = k : l$ und $Y = l : m$. Dann ist $XY = k : m$. Mit Satz 1 und Satz 4 folgt, falls e irgendein Element von P ist,

$$\psi(X)\psi(Y) = \varphi_P(k, l)\varphi_P(l, m) = f_{P,e}(k) f_{P,e}(l)^{-1} f_{P,e}(l) f_{P,e}(m)^{-1}$$
$$= f_{P,e}(k) f_{P,e}(m)^{-1} = \varphi_P(k, m) = \psi(XY),$$

sodass ψ auch multiplikativ ist. Somit ist ψ ein Monomorphismus von $(Q(P), +, \cdot)$ in $(\mathbf{R}_+, +, \cdot)$.

Es seien $X, Y, Z \in Q(P)$. Da die Addition in $\mathbf{R}$ assoziativ ist, folgt, dass

$$\psi\big(X + (Y + Z)\big) = \psi(X) + \big(\psi(Y) + \psi(Z)\big) = \big(\psi(X) + \psi(Y)\big) + \psi(Z) = \psi\big((X + Y) + Z\big)$$

gilt. Weil ψ injektiv ist, ist daher $X + (Y + Z) = (X + Y) + Z$. Also ist die Addition in $Q(P)$ assoziativ. Ersetzt man in diesem Argument $+$ durch $\cdot$, so sieht man, dass auch die Multiplikation assoziativ ist. Dass auch die Distributivgesetze gelten, zeigt man entsprechend.

Das Einzige, was noch fehlte, um nachzuweisen, dass $(Q(P), \cdot)$ eine abelsche Gruppe ist, war aufgrund von Satz 3 von Abschnitt 2 der Nachweis der Assoziativität der Multiplikation.

Wie beim Beweise von Satz 12 von Abschnitt 2 sieht man, dass auch $Q(P)$ kein kleinstes Element enthält. Gilt in $Q(P)$ nun der Satz von der oberen Grenze, so ist ψ aufgrund der Einzigkeitsaussage von Satz 3 surjektiv. Also ist ψ ein Isomorphismus von $(Q(P), +, \cdot)$ auf $(\mathbf{R}_+, +, \cdot)$.

Ist K ein Körper und ist $\leq$ eine lineare Ordnung von K, so heißt K als Körper bezüglich $\leq$ *angeordnet*, wenn die folgenden beiden Bedingungen erfüllt sind:

a) Sind a, b, $c \in K$, so gilt genau dann $a \leq b$, wenn $a + c \leq b + c$ ist.

b) Sind a, b, $c \in K$ und ist $c > 0$, so ist genau dann $a \leq b$, wenn $ac \leq bc$ ist.

Ist $a \in K$ und ist $a > 0$, so nennen wir a *positiv*. Ist $a < 0$, so nennen wir a *negativ*. Die Menge der positiven Elemente von K nennen wir $P_<$.

Satz 6. *Es sei K ein angeordneter Körper und $P_<$ sei die Menge seiner positiven Elemente. Dann gilt:*

α) *$P_<$ ist additiv und multiplikativ abgeschlossen.*

β) *Ist $0 \neq a \in K$, so ist genau dann $a \in P_<$, wenn $-a \notin P_<$ ist.*

γ) *Es ist $a^2 \in P_<$ für alle $a \in K - \{0\}$.*

δ) *Es ist $1 \in P_<$.*

ϵ) *Ist $a \in P_<$, so ist $a^{-1} \in P_<$. Genau dann ist $1 < a$, wenn $a^{-1} < 1$ ist.*

ζ) *Es gibt kein kleinstes Element in $P_<$.*

Beweis. α) Sind a, $b \in P_<$, so ist $0 < a$ und $0 < b$. Mit a) folgt

$$0 < b = 0 + b < a + b,$$

sodass $a + b \in P_<$ ist. Mit b) folgt $0 = 0 \cdot b < ab$ und damit $ab \in P_<$.

β) Es sei $a \in P_<$. Dann ist $0 < a$ und es folgt

$$-a = 0 + (-a) < a + (-a) = 0.$$

Ist $-a < 0$, so folgt

$$0 = -a + a < 0 + a = a$$

und folglich $a \in P_<$.

γ) Ist $a \in P_<$, so gilt nach α), dass auch $a^2 \in P_<$ ist. Ist $a \notin P_<$, so ist $a < 0$, da $<$ ja linear ist. Nach β) ist wegen $a = -(-a)$ dann $-a \in P_<$. Mit dem bereits Bewiesenen ist dann

$$a^2 = (-a)^2 \in P_<.$$

δ) Nach γ) ist $1 = 1^2 \in P_<$.

ϵ) Wäre $a^{-1} < 0$, so folgte der Widerspruch $1 = a^{-1}a < 0a = 0$. Ist nun $1 < a$, so folgt

$$a^{-1} < aa^{-1} = 1.$$

Ist umgekehrt $a^{-1} < 1$, so folgt

$$1 = a^{-1}a < 1a = a.$$

ζ) Setze $z := 1 + 1$. Dann ist $z > 1$. Nach δ) ist dann $z^{-1} < 1$. Ist nun $u \in P_<$, so folgt $z^{-1}u \in P$ und

$$z^{-1}u < 1u = u,$$

sodass es in $P_<$ kein keinstes Element gibt.

Satz 7. *Ist K ein angeordneter Körper und gilt in K der Satz von der oberen Grenze, so ist K zu $\mathbf{R}$ isomorph.*

Beweis. Es sei P die Menge der positiven Elemente von K. Ferner seien a, $b \in P$. Gilt $na \le b$ für alle $n \in \mathbf{N}$, so hat die Menge $W := \{na \mid n \in \mathbf{N}\}$ ein Supremum s. Dann ist $s - a < s$, sodass es ein $m \in \mathbf{N}$ mit $s - a < ma$ gibt. Es folgt der Widerspruch

$$s < ma + a = (m+1)a \le s.$$

Es gibt also doch ein $n \in \mathbf{N}$ mit $b < na$.

Es seien a, $b \in P$ und es gelte $b < a$. Dann ist $0 < a - b$ und folglich $a - b \in P$. Außerdem ist $a = b + a - b$. Damit ist gezeigt, dass $(P, +, \le)$ ein Größenbereich ist. Da in ihm der Satz von der oberen Grenze gilt und da es in ihm kein kleinstes Element gibt, gibt es nach Satz 5 einen Isomorphismus ψ von $(P, +, \cdot)$ auf $(\mathbf{R}_+, +, \cdot)$. Setzt man nun ψ auf K fort durch die Festsetzung $\psi(0) := 0$ und $\psi(x) := -\psi(-x)$ für $x < 0$, so wird ψ zu einem Isomorphismus des Körpers K auf $\mathbf{R}$.

Man sieht unmittelbar, dass ψ bijektiv ist. Um zu zeigen, dass ψ additiv ist, seien x, $y \in K$. Ist eines der beiden Elemente null, so sieht man unmittelbar, dass $\psi(x + y) = \psi(x) + \psi(y)$ ist. Sind x und y beide positiv, so gilt natürlich ebenfalls $\psi(x + y) = \psi(x) + \psi(y)$. Sind x und y beide negativ, so ist auch $x + y$ negativ. Daher ist

$$\psi(x + y) = -\psi\big((-x) + (-y)\big) = -\psi(-x) + \big(-\psi(-y)\big) = \psi(x) + \psi(y).$$

Es sei schließlich $x < 0$ und $y > 0$. Ist $x + y \ge 0$, so folgt

$$\psi(-x) + \psi(x + y) = \psi(-x + x + y) = \psi(y)$$

und weiter

$$\psi(x + y) = -\psi(-x) + \psi(y) = \psi(x) + \psi(y).$$

Ist $x + y < 0$, so folgt mit dem gerade Bewiesenen, wenn man $x + y$ die Rolle von x und $-x$ die Rolle von y spielen lässt,

$$\psi(x + y) + \psi(-x) = \psi\big(x + y + (-x)\big) = \psi(y)$$

und damit

$$\psi(x + y) = -\psi(-x) + \psi(y) = \psi(x) + \psi(y).$$

Damit ist gezeigt, dass ψ additiv ist.

Aufgrund der Additivität von ψ ist $\psi(-x) = -\psi(x)$. Benutzt man dies und die Tatsache, dass für positive x und y die Gleichung $\psi(xy) = \psi(x)\psi(y)$ gilt, so ist die Allgemeingültigkeit dieser Gleichung rasch festgestellt. Damit ist der Satz bewiesen.

Wir kommen nun zu einer wichtigen Ungleichung. Es ist die bernoullische Ungleichung, die wir hier in ihrer ursprünglichen Formulierung und mit ihrem ursprünglichen Beweis vortragen werden (Jakob Bernoulli 1689. Hier zitiert nach Bernoulli 1744/1993, Proposition IV). Zunächst jedoch noch eine Definition. Es sei a eine streng monoton steigende Folge auf $\mathbf{R}_+$. Wir nennen a *arithmetisch*, wenn für alle $n \in \mathbf{N}$ die Gleichung $a_{n+1} - a_n = a_2 - a_1$ gilt. Die Folge g auf $\mathbf{R}_+$ heißt *geometrisch*, falls für alle $n \in \mathbf{N}$ die Gleichung $g_{n+1} : g_n = g_2 : g_1$ gilt.

Bernoullische Ungleichung. *Es sei a eine streng monoton steigende arithmetische und b eine geometrische Folge auf $\mathbf{R}_+$. Ist dann $a_1 = g_1$ und $a_2 = g_2$, so ist $g_n > a_n$ für alle $n \geq 3$.*

Beweis. Da g eine geometrische Reihe ist, ist $g_1 : g_2 = g_2 : g_3$. Wegen $g_1 = a_1 < a_2 = g_2$ folgt $g_2 < g_3$. Somit sind die äußeren Glieder der Proportion $g_1 : g_2 = g_2 : g_3$ die extremen. Daher gilt nach Satz 18 von Abschnitt 1, dass $g_1 + g_3 > 2g_2$ ist. Nun ist aber

$$g_2 - g_1 = a_2 - a_1 = a_3 - a_2 = a_3 - g_2,$$

da a eine arithmetische Reihe ist. Also ist $2g_2 = g_1 + a_3$. Es folgt

$$g_1 + g_3 > 2g_2 = g_1 + a_3$$

und daher $g_3 > a_3$. Es sei $g_n > a_n$. Es ist $g_1 : g_2 = g_n : g_{n+1}$. Hieraus folgt wieder, dass $g_n < g_{n+1}$ ist, sodass g_1 und g_{n+1} die Extremen der Proportion $g_1 : g_2 = g_n : g_{n+1}$ sind. Mit Satz 18 von Abschnitt 1 und der Induktionsannahme folgt daher

$$g_1 + g_{n+1} > g_2 + g_n > a_2 + a_n.$$

Weil a eine arithmetische Reihe ist, ist $a_2 + a_n = a_1 + a_{n+1}$. Es folgt

$$g_1 + g_{n+1} > a_1 + a_{n+1}$$

und wegen $g_1 = a_1$ dann auch $g_{n+1} > a_{n+1}$. Damit ist die Aussage des Satzes bewiesen.

Der von uns zitierte Satz 18 von Abschnitt 1 steht, wie dort gesagt, bei Euklid. Es ist Proposition 25 von Buch V und Bernoulli zitiert bei seinem Beweis eben diese Stelle. Setzt man, was wir ja dürfen, $q := g_2 : g_1$, so folgt $g_{i+1} = g_1 q^i$ und

$$a_i = a_1 + (i-1)(a_2 - a_1) = g_1 + (i-1)(g_2 - g_1).$$

Also ist

$$g_1 q^i = g_{i+1} > a_{i+1} = g_1 + i(g_2 - g_1).$$

Wegen $q = \frac{g_2}{g_1}$ folgt weiter

$$q^i > 1 + i(q - 1).$$

Ersetzt man schließlich q durch $1 + q$, so erhält man die für alle $i > 1$ und alle $q > -1$ gültige Form der bernoullische Ungleichung

$$(1 + q)^i > 1 + iq.$$

Mittels der bernoullischen Ungleichung sind wir nun in der Lage, den folgenden bemerkenswerten Satz zu beweisen.

Satz 8. *Es sei P ein eudoxischer Größenbereich. Ferner sei $1 \in P$ und $\cdot$ sei die mittels 1 auf P definierte Multiplikation. Ist dann*

$$Q := \{x \mid x \in P, x > 1\},$$

so ist $(Q, \cdot, <)$ ein Größenbereich.

Beweis. Zunächst ist nachzuweisen, dass Q unter der Multiplikation abgeschlossen ist. Dass die Multiplikation in Q assoziativ und kommutativ ist, versteht sich dann von selbst, da sie es ja in dem größeren Bereich P ist. Es bleibt noch zu zeigen (siehe Abschnitt 1):

b) Es ist $a < ab$ für alle $a, b \in Q$.

c) Sind $a, b \in Q$ und ist $b < a$, so gibt es genau ein $c \in Q$ mit $bc = a$.

d) Sind $a, b \in Q$, so gibt es ein $n \in \mathbf{N}$ mit $a^n > b$.

Es seien $a, b \in Q$. Es gibt dann ein $c \in P$ mit $b = 1 + c$. Es folgt

$$ab = a + ac > a.$$

Wegen $a > 1$ ist also $ab > 1$ und damit $ab \in Q$, sodass Q unter $\cdot$ abgeschlossen ist. Gleichzeitig haben wir die Gültigkeit von b) nachgewiesen.

Es seien $a, b \in Q$ und es gelte $b < a$. Es gibt, weil P eine Gruppe ist, genau ein $c \in P$ mit $bc = a$. Wegen $b < a$ ist $c \neq 1$. Wäre $c < 1$, so wäre $1 = c + d$ mit einem $d \in P$. Es folgte der Widerspruch

$$b = b1 = bc + bd = a + bd > a > b.$$

Also ist doch $c > 1$ und damit $c \in Q$, sodass auch c) gilt.

Um d) nachzuweisen, seien $a, b \in Q$. Es gibt dann ein $c \in P$ mit $a = 1 + c$. Mittels der bernoullischen Ungleichung folgt

$$a^n = (1 + c)^n \geq 1 + nc$$

für alle $n \in \mathbf{N}$. Es gibt nun ein n mit $nc > b - 1$, sodass $a^n > b$ ist. Damit ist alles bewiesen.

Was besagt für $(Q, \cdot, <)$ die Dividierbarkeit? Nun, dass es zu $a \in Q$ und zu $n \in \mathbf{N}$ stets ein $b \in Q$ gibt mit $b^n = a$. In diesem Fall spricht man statt von Dividierbarkeit also besser von *Radizierbarkeit*. Diese Bemerkung wird dem Leser klar machen, dass Dividierbarkeit bei Größenbereichen eine starke Einschränkung ist.

Man erhält noch mehr. Es bezeichne $\mathbf{R}_{>1}$ die Menge der reellen Zahlen, die größer als 1 sind. Nach Satz 8 ist $(\mathbf{R}_{>1}, \cdot, <)$ ein Größenbereich, in dem überdies der Satz von der oberen Grenze gilt, da dieser Satz ja von Addition und Multiplikation unabhängig ist. Nach Satz 3 gibt es daher zu jedem $a \in \mathbf{R}_{>1}$ genau einen Isomorphismus $\log_a$ von $(\mathbf{R}_{>1}, \cdot, <)$ auf $(\mathbf{R}_+, +, <)$ mit $\log_a(a) = 1$. Die Abbildung $\log_a$ ist der *Logarithmus zur Basis a*, wenn man ihn noch, was nicht schwer ist, auf ganz $(\mathbf{R}_+, \cdot)$ so fortsetzt, dass er zu einem Isomorphismus von $(\mathbf{R}_+, \cdot, <)$ auf $(\mathbf{R}, +, <)$ wird. Für diese Fortsetzung gibt es nur die Möglichkeit $\log_a(1) := 0$ und $\log_a(x) := -\log_a(x^{-1})$ für $x < 1$ zu setzen, da nur so die Gültigkeit der Funktionalgleichung

$$\log_a(xy) = \log_a(x) + \log_a(y)$$

für alle x, $y \in \mathbf{R}_+$ erhalten bleibt. Um sie zu etablieren, bedienen wir uns *mutatis mutandis* der gleichen Argumente wie beim Beweise von Satz 7. Sind x und y beide größer als 1, so gilt diese Gleichung natürlich. Sind x und y beide kleiner als 1, so sind x^{-1}, y^{-1} und damit auch $(xy)^{-1} = x^{-1}y^{-1}$ größer als 1. Folglich ist xy kleiner als 1. Es folgt

$$\begin{aligned}\log_a(xy) &= -\log_a\left((xy)^{-1}\right) = -\log_a(x^{-1}y^{-1})\\ &= -\left(\log_a(x^{-1}) + \log_a(y^{-1})\right) = -\left(-\log_a(x^{-1}) - \log_a(y^{-1})\right)\\ &= \log_a(x) + \log_a(y).\end{aligned}$$

Es sei schließlich o.B.d.A. $x < 1$ und $y > 1$. Dann ist $x^{-1} > 1$. Ist $xy > 1$, so folgt

$$\log_a(x^{-1}) + \log_a(xy) = \log_a(x^{-1}xy) = \log_a(y)$$

und weiter

$$\log_a(xy) = -\log_a(x^{-1}) + \log_a(y) = \log_a(x) + \log_a(y).$$

Ist $xy < 1$, so folgt mit dem gerade Bewiesenen wegen $x^{-1} > 1$, dass

$$\log_a(xy) + \log_a(x^{-1}) = \log_a(xyx^{-1}) = \log_a(y)$$

ist und damit wieder

$$\log_a(xy) = -\log_a(x^{-1}) + \log_a(y) = \log_a(x) + \log_a(y).$$

In den Fällen, dass x oder y gleich Eins ist, gilt die fragliche Gleichung wegen $\log_a(1) = 0$ natürlich auch.

Die Entdeckung der Logarithmen durch Bürgi und Neper um die Wende vom 16. zum 17. Jahrhundert und ihre Weiterentwicklung durch Briggs und Kepler war ein Meilenstein in der Entwicklung der Rechentechnik. Aufgrund der Funktionalgleichung

$$\log_a(xy) = \log_a(x) + \log_a(y)$$

und umfangreicher Tabellen der Logarithmusfunktion war es nun möglich, die aufwendige Multiplikation vielstelliger Zahlen auf die weniger aufwändige Addition zurückzuführen. Der Name Logarithmus, der Verhältniszahl bedeutet — Logos ist ja das Verhältnis, wie wir wissen, und Arithmos die Zahl —, wurde von Neper eingeführt. Der nepersche Logarithmus L_N ist im Übrigen eine affine Version des natürlichen Logarithmus. Für ihn gilt

$$L_N(x) = w(\ln w - \ln x)$$

mit $w = 10^7$. Dabei bezeichne ln ferner den natürlichen Logarithmus, den wir im nächsten Kapitel kennenlernen werden. Für die Funktion L_N gilt genau dann

$$L_N(x) - L_N(y) = L_N(u) - L_N(v),$$

wenn $xy^{-1} = uv^{-1}$ ist. Hieraus erklärt sich der Name Logarithmus, d.h. Verhältniszahl. Briggs benutzte diese Eigenschaft zur Definition des Logarithmus. Er wählte dann eine solche Logarithmusfunktion, für die log $1 = 0$ ist, wobei die Null bei ihm *cyphra*, Ziffer also, heißt. (Dies kommt von dem arabischen *as-sifr*, welches in dieser Sprache für null steht.) Wegen $1 : x = y : xy$ folgte nämlich

$$\log\ 1 + \log\ xy = \log\ x + \log\ y$$

und damit

$$\log\ xy = \log\ x + \log\ y.$$

Der Logarithmus, den er berechnet, ist der zur Basis 10 (Briggs 1976, Cap. I und II).

Die erste Publikation Nepers zu den Logarithmen fällt in das Jahr 1614. Mir stand die Ausgabe 1620 zur Verfügung, die auch eine Einführung in die Theorie sowie die Praxis der Berechnung einer Logarithmentafel enthält. Diese Beschreibung wurde erstmals 1619 publiziert. Eine gute Beschreibung der neperschen Arbeit von 1619 findet sich in Ayoub 1993. Zu Bürgi habe ich nichts zu sagen und auch nicht zu Kepler, da ich ihre Publikationen nicht gesehen habe.

Ist $1 < a \in \mathbf{R}$, so haben wir in $\log_a$ einen Isomorphismus von $(\mathbf{R}_+, \cdot, \le)$ auf $(\mathbf{R}, +, \le)$ gefunden, der a auf 1 abbildet. Definiert man nun noch $\log_1$ durch $\log_1 := 0$ und $\log_a$ für $0 < a < 1$ durch $\log_a := -\log_{\frac{1}{a}}$, so gilt generell die Funktionalgleichung

$$\log_a(xy) = \log_a(x) + \log_a(y)$$

und $\log_a$ ist für alle $a \ne 1$ ein Isomorphismus.

Wir wissen, dass es zu gegebenem $a \in \mathbf{R}_+$ mit $a \ne 1$ genau einen Isomorphismus von $(\mathbf{R}_+, \cdot)$ auf $(\mathbf{R}, +)$ gibt, der a auf 1 abbildet. Dies besagt auf der einen Seite, dass es viele, auf der andern Seite, dass es nicht zuviele Isomorphismen von $(\mathbf{R}_+, \cdot)$ auf $(\mathbf{R}, +)$ gibt. Wie sie miteinander zusammenhängen, sagt der folgende Satz.

Satz 9. *Sind a, $b \in \mathbf{R}_+$ und ist $b \ne 1$, so ist*

$$\log_a(x) = \log_a(b) \log_b(x)$$

für alle $x \in \mathbf{R}_+$.

Beweis. Es ist

$$\log_a(b) \log_b(xy) = \log_a(b) \log_b(x) + \log_a(b) \log_b(y).$$

Folglich ist die Abbildung $x \to \log_a(b) \log_b(x)$ eine Logarithmusfunktion. Aufgrund der Einzigkeit von Logarithmenfunktionen gibt es daher ein $c \in \mathbf{R}_+$ mit

$$\log_c(x) = \log_a(b) \log_b(x)$$

für alle $x \in \mathbf{R}_+$. Ist $a = 1$, so ist $\log_c(x) = 0$ für alle $x \in \mathbf{R}_+$. Es folgt $c = 1$, d.h. $c = a$. Es sei also $a \ne 1$. Wegen $b \ne 1$ ist $\log_b(b) = 1$ und daher

$$\log_c(b) = \log_a(b) \log_b(b) = \log_a(b).$$

Weil es aber nur eine Logarithmusfunktion gibt, die b auf $\log_a(b)$ abbildet, folgt $c = a$. Damit ist alles bewiesen.

Korollar. *Sind a, $b \in \mathbf{R}_+$ und gilt a, $b \neq 1$, so ist $\log_a(b)\log_b(a) = 1$.*

Beweis. Nach Satz 9 ist ja $1 = \log_a(a) = \log_a(b)\log_b(a)$.

Ist $a \in \mathbf{R}_+$ und $a \neq 1$, so ist $\log_a$ ein Isomorphismus von $(\mathbf{R}_+, \cdot)$ auf $(\mathbf{R}, +)$ mit $\log_a(a) = 1$. Nach einer unserer früheren Aufgaben ist dann die Umkehrabbildung, die wir mit $\exp_a$ bezeichnen, ebenfalls ein Isomorphismus und zwar von $(\mathbf{R}, +)$ auf $(\mathbf{R}_+, \cdot)$. Es gilt also

$$\exp_a(x + y) = \exp_a(x)\exp_a(y)$$

für alle x, $y \in \mathbf{R}$. Wegen $\log_a(a) = 1$ gilt dann $\exp_a(1) = a$. Natürlich gilt auch $\exp_a(0) = 1$. Ist nun $\exp_a(n) = a^n$, so folgt

$$\exp_a(n + 1) = \exp_a(n)\exp_a(1) = a^n a = a^{n+1}.$$

Also gilt $a^n = \exp_a(n)$ für alle $n \in \mathbf{N}_0$. Ferner gilt

$$1 = \exp_a(0) = \exp_a(x - x) = \exp_a(x)\exp_a(-x)$$

und daher

$$\exp_a(-x) = \exp_a(x)^{-1}$$

für alle $x \in \mathbf{R}$.

Satz 10. *Sind a, $b \in \mathbf{R}_+ - \{1\}$, so ist*

$$\exp_b(x) = \exp_a\big(\log_a(b)x\big)$$

für alle $x \in \mathbf{R}$.

Beweis. Setze $c := \log_a(b)$. Dann ist

$$\exp_a\big(c(x + y)\big) = \exp_a(cx + cy) = \exp_a(cx)\exp_a(cy),$$

sodass $x \rightarrow \exp_a(cx)$ aufgrund der Einzigkeitsaussage von Satz 3 eine Exponentialfunktion ist. Es gibt also ein d mit

$$\exp_d(x) = \exp_a(cx)$$

für alle $x \in \mathbf{R}$. Wegen

$$\exp_d(1) = \exp_a(c) = \exp_a(\log_a(b)) = b = \exp_b(1)$$

folgt ebenfalls aufgrund der Einzigkeitsaussage von Satz 3, dass $d = b$ ist.

Definiert man nun für $r \in \mathbf{R}$ und $k \in \mathbf{R}_+$ die Potenz k^r durch $k^r := 1$, falls $k = 1$, und

$$k^r := \exp_k(r),$$

falls $k \neq 1$ ist, so ist das für $r \in \mathbf{N}$ im Einklang mit der zuvor getroffenen Verabredung. Dass es das auch für negative ganze Zahlen ist, folgt aus dem folgenden Satz.

Satz 11. *Sind k, $l \in \mathbf{R}_+$ und r, $s \in \mathbf{R}$, so gilt:*

a) Es ist $k^{r+s} = k^r k^s$.

b) Es ist $(kl)^r = k^r l^r$.

c) Es ist $k^{rs} = (k^r)^s$.

d) Ist $k > 1$, so gilt genau dann $r < s$, wenn $k^r < k^s$ ist. Ist $k < 1$, so ist genau dann $r < s$, wenn $k^s < k^r$ ist.

Beweis. a) Ist $k = 1$, so ist nichts zu beweisen. Es sei also $k \neq 1$. Dann ist

$$k^{r+s} = \exp_k(r + s) = \exp_k(r)\exp_k(s) = k^r k^s.$$

b) Nach Satz 10 ist

$$(kl)^r = \exp_{kl}(r) = \exp_k(\log_k(kl)r) = \exp_k\big((\log_k(k) + \log_k(l))r\big)$$
$$= \exp_k\big((1 + \log_k(l))r\big) = \exp_k(r)\exp_k\big(\log_k(l)r\big) = k^r\exp_l(r)$$
$$= k^r l^r.$$

c) Es ist $\log_k(k^r) = \log_k(\exp_k(r)) = (\log_k\exp_k)(r) = r$. Es folgt

$$(k^r)^s = \exp_{k^r}(s) = \exp_k\big(\log_k(k^r)s\big) = \exp_k(rs) = k^{rs}.$$

d) Es sei $k > 1$. Ist $r < s$, so ist $t := s - r > 0$. Wegen $k > 1$ ist dann auch $k^t > 1$. Mit a) folgt daher

$$k^r < k^r k^t = k^{r+t} = k^s.$$

Es sei umgekehrt $k^r < k^s$. Wegen $k > 1$ ist dann

$$r = \log_k\exp_k(r) = \log_k(k^r) < \log_k(k^s) = \log_k\exp_k(s) = s.$$

Es sei $k < 1$. Ist $r < s$, so ist $t := s - r > 0$. Wegen $k < 1$ ist dann auch $k^t < 1$. Mit a) folgt

$$k^r > k^r k^t = k^{r+t} = k^s.$$

Es sei umgekehrt $k^r > k^s$. Wegen $k < 1$ ist dann

$$r = \log_k\exp_k(r) = \log_k(k^r) < \log_k(k^s) = \log_k\exp_k(s) = s.$$

Damit ist alles bewiesen.

Mit c) folgt, dass $k^{\frac{1}{n}}$ die n-te Wurzel aus k ist, da ja $(k^{\frac{1}{n}})^n = k$ ist.

7. Die komplexen Zahlen. Es zeigte sich in Abschnitt 5, dass die negativen Zahlen bei der Untersuchung von kubischen Gleichungen auf sehr unangenehme Weise ins Spiel kamen, nämlich als Zwischenresultate, aus denen man die Quadratwurzel ziehen musste. Tartaglia erwähnt in seinen Schriften, dass Cardano daran Anstoß genommen hätte, ohne selbst auch nur den Hauch einer Erklärung zu versuchen. Das besonders Anstößige daran ist, dass das gesuchte Ergebnis am Ende reell ist. Das Phänomen trat auf bei Gleichungen vom Typ

$$x^3 = px + q,$$

für deren Lösung x laut Tartaglia

$$x = \sqrt[3]{\frac{q}{2} \pm \sqrt{-\left(\frac{p}{3}\right)^3 + \frac{q^2}{4}}} + \sqrt[3]{\frac{q}{2} \mp \sqrt{-\left(\frac{p}{3}\right)^3 + \frac{q^2}{4}}}.$$

gilt, sodass es, wie gesagt, Schwierigkeiten gibt, wenn

$$\left(\frac{p}{3}\right)^3 > \frac{q^2}{4}$$

ist. Die Gleichungen dritten Grades und allgemeiner dann die Gleichungen n-ten Grades zwangen also dazu, auch Quadratwurzeln aus negativen Zahlen innerhalb der Mathematik zu betrachten und damit die komplexen Zahlen in die Mathematik einzuführen.

Hat man aber die komplexen Zahlen als Ausdrücke der Form

$$a + b\sqrt{-1}$$

mit a, $b \in \mathbf{R}$ eingeführt, wie wir es gleich tun werden, so ist noch lange nicht klar, ob die oben angegebene Lösung x für die Gleichung $x^3 = px + q$ auch eine komplexe Zahl ist, oder ob man noch allgemeinere Gebilde als weitere Zahlen einführen muss. Nein, lautet die erstaunliche Antwort.

Man rechnete schon lange mit komplexen Zahlen — Euler beherrschte sie meisterlich — ehe Cauchy und nach ihm Hamilton eine befriedigende Begründung für diese Zahlen gaben. Darüber gleich mehr. Zuvor beweisen wir noch zwei Sätze über $\mathbf{R}$, die wir im Folgenden benötigen.

Mithilfe der auf $\mathbf{R}$ gegebenen Anordnung (siehe Aufgabe 2 von Abschnitt 5) definieren wir den *Absolutbetrag* $|a|$ einer reellen Zahl a durch $|a| := a$, falls $a \geq 0$, bzw. durch $|a| := -a$, falls $a < 0$ ist. Damit ist gleichzeitig auch ein Absolutbetrag auf $\mathbf{Q}$ definiert.

Satz 1. *Für den auf $\mathbf{R}$ definierten Absolutbetrag gilt:*

a) Es ist $|a| \geq 0$ für alle $a \in \mathbf{R}$. Genau dann ist $|a| = 0$, wenn $a = 0$ ist.

b) Es ist $|a| = |-a|$ für alle $a \in \mathbf{R}$.

c) Es ist $|ab| = |a|\,|b|$ für alle a, $b \in \mathbf{R}$.

d) Es gilt die Dreiecksungleichung, d.h. es ist

$$|a + b| \leq |a| + |b| \quad \text{für alle } a, b \in \mathbf{R}.$$

e) Es ist $\big||a| - |b|\big| \leq |a - b|$ für alle a, $b \in \mathbf{R}$.

Beweis. a) und b) folgen unmittelbar aus der Definition des Absolutbetrages.

c) Hier sind vier Fälle zu untersuchen, die allesamt mittels der Vorzeichenregeln das gewünschte Ergebnis liefern.

d) Sind a und b beide positiv oder beide negativ, so gilt

$$|a + b| = |a| + |b|.$$

Wir dürfen daher annehmen, dass $a > 0$ und $b < 0$ ist. Wir setzen $c := -b$. Dann ist also $a + b = a - c$. Ist nun $c \leq a$, so ist

$$|a - c| = a - c < a - c + 2c = a + c = |a| + |b|.$$

Ist schließlich $c > a$, so ist

$$|a - c| = c - a < c - a + 2a = c + a = |a| + |b|.$$

Damit ist die Dreiecksungleichung bewiesen.

e) Mittels d) folgt für alle $a, b \in \mathbf{R}$ die Ungleichung

$$|a| = |a - b + b| \leq |a - b| + |b|.$$

Daher gilt die Ungleichung

$$|a| - |b| \leq |a - b|$$

für alle $a, b \in \mathbf{R}$. Vertauschung von a und b liefert die Ungleichung

$$|b| - |a| \leq |b - a|.$$

Weil nach b) nun $|b - a| = |-(a - b)| = |a - b|$ ist, ist also in der Tat

$$\bigl||a| - |b|\bigr| \leq |a - b|.$$

Um auf den komplexen Zahlen einen Absolutbetrag definieren zu können, benötigen wir noch die folgende Aussage über $\mathbf{R}$, die wir unabhängig von Satz 11 des letzten Abschnitts beweisen.

Satz 2. *Zu jedem $k \in \mathbf{R}_+$ gibt es genau ein $l \in \mathbf{R}_+$ mit $l^2 = k$, d.h. dass man aus jeder positiven reellen Zahl die* Quadratwurzel *ziehen kann.*

Beweis. Es sei zunächst $1 \leq k$. Setze

$$Q := \{x \mid x \in \mathbf{R}_+, x^2 \leq k\}.$$

Es ist $1^2 = 1 \leq k$ und folglich $1 \in Q$, sodass Q nicht leer ist. Ist $1 \leq x \in Q$, so ist $x \leq x^2 \leq k$. Hieraus folgt, dass Q beschränkt ist. Daher hat Q ein Supremum l. Wir zeigen, dass $l^2 = k$ ist. Dazu zeigen wir zunächst noch, dass Q ein Anfang von $\mathbf{R}_+$ ist. Ist nämlich $y \in \mathbf{R}_+$ und $x \in Q$, gilt ferner $y \leq x$, so ist $y^2 \leq x^2 \leq k$ und damit $y \in Q$. Nach Satz 6 von Abschnitt 4 gibt es Folgen u und v rationaler Zahlen mit $u_n \leq l < v_n$ und $v_n - u_n = \frac{1}{2^n}$. Setze $w_n := u_n - \frac{1}{2^n}$. Dann ist $w_n < l < v_n$ für alle n und $v_n - w_n = \frac{1}{2^{n-1}}$. Es folgt $w_n \in Q$ und $v_n \notin Q$. Also ist

$$w_n^2 \leq k < v_n^2 \qquad \text{und} \qquad w_n^2 < l^2 < v_n^2.$$

Hieraus folgt

$$|k - l^2| \le v_n^2 - w_n^2 = \left(w_n + \frac{1}{2^{n-1}}\right)^2 - w_n^2 = \frac{w_n}{2^{n-2}} + \frac{1}{2^{2(n-1)}}$$

$$< \frac{l}{2^{n-2}} + \frac{1}{2^{2(n-1)}}$$

für alle fraglichen n. Da der Ausdruck rechts beliebig klein wird, ist $k - l^2 = 0$, d.h. $k = l^2$.

Es sei nun $k \le 1$. Dann ist $1 \le \frac{1}{k}$. Nach dem bereits Bewiesenen gibt es ein $u \in \mathbf{R}_+$ mit $u^2 = \frac{1}{k}$. Setze $l := \frac{1}{u}$. Dann ist $l^2 = k$.

Um die Einzigkeit der Quadratwurzel zu zeigen, seien $l, m \in \mathbf{R}_+$ und es gelte $l^2 = m^2$. Dann ist

$$0 = l^2 - m^2 = (l - m)(l + m).$$

Wegen $l + m > 0$ folgt hieraus $l - m = 0$, d.h. $l = m$. Damit ist der Satz bewiesen.

Das Element l bezeichnen wir auch mit $\sqrt{k}$. Mithilfe der Einzigkeit der Quadratwurzel folgt wegen

$$(\sqrt{l}\sqrt{m})^2 = \sqrt{l}^2\sqrt{m}^2 = lm = \sqrt{lm}^2$$

die Gleichung $\sqrt{l}\sqrt{m} = \sqrt{lm}$.

Cauchy definiert die komplexen Zahlen in seinem *Cours d'analyse* von 1821 wie auch in seinen *Exercices de mathématiques* von 1829. Dabei liegt in seinem *Cours d'analyse* neben der Definition der imaginären Ausdrücke (*expressions imaginaires*), wie er die komplexen Zahlen nennt, das Schwergewicht auf der Darstellung der komplexen Zahlen als Ausdrücke der Form

$$r(\cos\varphi + \sqrt{-1}\sin\varphi)$$

mit zahlreichen Interpretationen trigonometrischer Formeln. Ich beziehe mich hier stattdessen auf das Kapitel *Sur la résolution des équations numériques et sur la théorie de l'élimination* der *Exercices de mathématiques*, wo die trigonometrischen Funktionen nicht mehr die dominierende Rolle spielen. Dieses Kapitel findet sich auf den Seiten 65–128 des zitierten Lehrbuchs.

Die Lehrmeinung heute ist, dass Hamilton 1835 als erster eine hieb- und stichfeste Definition der komplexen Zahlen gegeben hätte. Richtig ist, dass Cauchy mit seiner in seinem *Cours d'Analyse de l'Ecole Royale Polytechnique* von 1821 gegebenen und in seinen *Exercices de mathématiques* von 1829 wiederholten Definition nicht zufrieden war, wie aus Cauchy 1847 hervorgeht. Dort entwickelt er, wie er schon im Titel sagt, eine neue Theorie der Imaginären. Er fasst dort $\mathbf{C}$ auf als den Restklassenring des Rings $\mathbf{R}[x]$ der Polynomfunktionen über $\mathbf{R}$ nach dem von der Polynomfunktion $x^2 + 1$ erzeugten Ideal, also als

$$\mathbf{R}[x]/(x^2 + 1)\mathbf{R}[x].$$

Dabei entgeht ihm nicht die Verallgemeinerungsmöglichkeit dieser Konstruktion.

Die hamiltonsche Konstruktion von $\mathbf{C}$ als der Menge aller Paare (a, b) mit $a, b \in \mathbf{R}$, auf der in geeigneter Weise eine Addition und Multiplikation definiert wird, ist allen heute geläufig. An dieser Konstruktion ist nichts auszusetzen. Bei Hamilton bleibt nur seine Vorstellung der reellen Zahlen fragwürdig. Dies gilt natürlich auch für Cauchy. Er definiert die imaginären Ausdrücke als $a+b\sqrt{-1}$ mit $a, b \in \mathbf{R}$ und er definiert Gleichheit solcher Ausdrücke durch

$$a + b\sqrt{-1} = c + d\sqrt{-1}$$

genau dann, wenn $a = c$ und $b = d$ ist. Ferner definiert er Addition und Multiplikation von solchen Ausdrücken durch

$$a + b\sqrt{-1} + c + d\sqrt{-1} = a + b + (c+d)\sqrt{-1}$$

und

$$(a + b\sqrt{-1})(c + d\sqrt{-1}) = ac - bd + (ad + bc)\sqrt{-1}.$$

Er diskutiert nicht die Assoziativität und Kommutativität von Addition und Multiplikation und auch nicht die Distributivgesetze. In seinem *Cours d'analyse* von 1821 sagt er jedoch, ohne es zu beweisen, dass man in einem Produkt von beliebig vielen Elementen die Multiplikationen in beliebiger Reihenfolge ausführen kann. Das hat natürlich die Kommutativität und Assoziativität der Multiplikation zur Folge. Wir beeilen uns zu konstatieren:

Satz 3. $(\mathbf{C}, +, \cdot)$ *ist ein kommutativer Körper. Darüberhinaus gilt:*

a) Ist $0 + 0\sqrt{-1} \neq a + b\sqrt{-1} \in \mathbf{C}$, so ist

$$(a + b\sqrt{-1})^{-1} = \frac{a}{a^2 + b^2} + \frac{-b}{a^2 + b^2}\sqrt{-1}.$$

b) Die Abbildung $a \to a + 0\sqrt{-1}$ ist ein Monomorphismus von $\mathbf{R}$ in $\mathbf{C}$.

c) Setze $i := 0 + 1\sqrt{-1}$. Dann ist $i^2 = -1 + 0\sqrt{-1}$.

Beweis. Es ist wieder banal und langweilig nachzurechnen, dass $(\mathbf{C}, +, \cdot)$ ein kommutativer Ring und dass $1 + 0\sqrt{-1}$ die Eins des Ringes ist.

a) Weil a und b nicht beide null sind, ist $a^2 + b^2 > 0$. Daher ist die rechte Seite der Gleichung definiert. Es folgt

$$a + b\sqrt{-1}\left(\frac{a}{a^2 + b^2} + \frac{-b}{a^2 + b^2}\sqrt{-1}\right) = 1 + 0\sqrt{-1}.$$

Hieraus folgt, dass $\mathbf{C}$ sogar ein Körper ist.

b) und c) folgen wieder mit einfachen Rechnungen.

Wir identifizieren im Folgenden das Element $a \in \mathbf{R}$ mit dem Element $a + 0\sqrt{-1}$ und das Element $b\sqrt{-1}$ mit $0 + b\sqrt{-1}$. Ferner setzen wir $i := \sqrt{-1}$. Dann gilt $i^2 = -1$. Weiterhin nennt man a den *Real-* und b den *Imaginärteil* von $a + ib$. Ist $z = a + ib \in \mathbf{C}$ mit $a, b \in \mathbf{R}$, so definiert man $\bar{z}$ durch

$$\bar{z} := a - ib.$$

Man nennt mit Cauchy $\bar{z}$ die zu z *konjugiert komplexe Zahl*. Die Abbildung $z \to \bar{z}$, auch das *Konjugieren* genannt, ist ein Automorphismus von $\mathbf{C}$, d.h. es gilt

$$\overline{a + b} = \bar{a} + \bar{b} \quad \text{und} \quad \overline{ab} = \bar{a}\bar{b}.$$

Zweimal angewendet ergibt dieser Automorphismus die Identität. Für den Realteil Re(z) von z gilt

$$\mathrm{Re}(z) = \tfrac{1}{2}(z + \bar{z})$$

und für den Imaginärteil Im(z) von z gilt

$$\mathrm{Im}(z) = \tfrac{1}{2i}(z - \bar{z}).$$

Ist $z = a + ib$, so ist $z\bar{z} = a^2 + b^2$. Ist also $0 \neq z \in \mathbf{C}$, so ist

$$z^{-1} = \frac{\bar{z}}{z\bar{z}}.$$

Ferner gilt $z = \bar{z}$ genau dann, wenn $z \in \mathbf{R}$ ist.

Ist $z \in \mathbf{C}$, so ist $z\bar{z} \in \mathbf{R}_+ \cup \{0\}$. Nach Satz 3 existiert also $\sqrt{z\bar{z}}$. Ist $x \in \mathbf{R}$, so ist $|x| = \sqrt{x\bar{x}}$. Somit setzt die Abbildung $z \to \sqrt{z\bar{z}}$ den Absolutbetrag von $\mathbf{R}$ auf $\mathbf{C}$ fort. Daher definieren wir den *Absolutbetrag* einer komplexen Zahl z durch $|z| := \sqrt{z\bar{z}}$. Dann ist $|\bar{z}| = |z|$. Es erhebt sich die Frage, ob die Eigenschaften a) bis d) und dann natürlich auch e) des Satzes 1 für diese Fortsetzung gelten.

Satz 4. *Der soeben definierte Absolutbetrag auf $\mathbf{C}$ besitzt ebenfalls die Eigenschaften a) bis e) von Satz 1.*

Beweis. Die Buchstaben a und b bezeichnen im Folgenden komplexe Zahlen.

a) und b) sind trivial.

c) Es ist, da das Konjugieren ja ein Automorphismus von $\mathbf{C}$ ist,

$$|ab| = \sqrt{ab\overline{ab}} = \sqrt{a\bar{a}b\bar{b}} = \sqrt{a\bar{a}}\sqrt{b\bar{b}} = |a|\,|b|.$$

d) Da für den auf $\mathbf{R}$ definierten Absolutbetrag die Dreiecksungleichung gilt und da wegen $\overline{\bar{a}b + a\bar{b}} = \bar{a}b + a\bar{b}$ gilt, dass $\bar{a}b + a\bar{b}$ ein Element von $\mathbf{R}$ ist, gilt

$$|a + b|^2 = |a|^2 + |b|^2 + \bar{a}b + \bar{b}a.$$

Es sei $a = u + iv$ und $b = x + iy$. Dann ist $\bar{a}b = ux + vy + i(uy - vx)$. Hieraus folgt

$$\bar{a}b + \bar{b}a = 2(ux + vy) \leq 2\sqrt{(ux + vy)^2 + (uy - vx)^2} = 2|\bar{a}b| = 2|\bar{a}||b| = 2|a||b|$$

und damit dann

$$|a + b|^2 \leq |a|^2 + |b|^2 + 2|a||b| = \big(|a| + |b|\big)^2.$$

Hieraus folgt wiederum $|a + b| \leq |a| + |b|$.

e) folgt wieder mittels b) und d).

Bei Cauchy wie auch bei Hamilton ist jeder Bezug auf die Geometrie verschwunden.

Aufgaben

1. Es sei $K = \mathbf{Q}$ oder $K = \mathbf{R}$. Ist $0 \neq a \in K$, so ist $a^2 > 0$. (Beachten Sie, dass $a^2 = (-a)^2$ ist.)

2. Es seien p, $q \in \mathbf{C}$. Zeigen Sie, dass die Gleichung $x^2 + px + q = 0$ eine Lösung in $\mathbf{C}$ hat. (Zeigen Sie zunächst, dass es zu jedem $a \in \mathbf{C}$ ein $b \in \mathbf{C}$ gibt mit $b^2 = a$. Dies ist der schwierige Teil. Dabei dürfen Sie die triviale Ungleichung $\sqrt{x^2 + y^2} \geq |x|$ benutzen, die für alle x, $y \in \mathbf{R}$ gilt.)

3. Es seien a, b, c, $d \in \mathbf{R}$. Wir setzen $a + bi \leq c + di$ genau dann, wenn $a < c$ oder wenn $a = c$ und $b \leq d$ ist. Zeigen Sie, dass $\leq$ eine lineare Ordnung von $\mathbf{C}$ ist, die mit der auf $\mathbf{C}$ definierten Addition verträglich ist.

4. Zeigen Sie, dass es keine lineare Ordnung auf $\mathbf{C}$ gibt, die gleichzeitig mit der auf $\mathbf{C}$ definierten Addition und Multiplikation verträglich ist. (Dies wird häufig schlampig so ausgedrückt, dass man sagt, $\mathbf{C}$ ließe sich nicht anordnen.)

III.

Logarithmus und Exponentialfunktion

Die Logarithmen sind uns bei der Konstruktion der reellen Zahlen gleichsam in den Schoß gefallen. Sie sind Isomorphismen der multiplikativen Gruppe $(\mathbf{R}_+, \cdot)$ auf die additive Gruppe $(\mathbf{R}, +)$. Ihre Umkehrfunktionen, insbesondere die Umkehrfunktion der natürlichen Logarithmen, sind ebenfalls wichtige Funktionen der Analysis. Ihnen vor allem, aber auch den Logarithmen, werden wir nun noch ein wenig Aufmerksamkeit schenken. Insbesondere werden wir sie ins Komplexe fortsetzen. Dort sind sie dann nicht mehr injektiv, was zu Schwierigkeiten bei den Logarithmen führt, die letztlich erst in der Funktionentheorie bewältigt werden.

Wir beginnen damit, dass wir zurückschauen und sehen, was Euler in seiner *Introductio in analysin infinitorum* zu diesen Funktionen sagt. Dort wird deutlich, wie man auf die Reihen für die Exponentialfunktionen und die Logarithmusfunktionen kommen kann. Da Eulers Umgang mit diesen Funktionen sehr großzügig ist, müssen wir danach daran gehen, die eulerschen Behauptungen mit heutiger Strenge zu beweisen. Was wir dann aber machen, ist gut motiviert. Fangen wir also an!

1. Unendlich groß, unendlich klein. Es wird immer wieder darüber geklagt, dass die Darstellung von Mathematik so glatt sei und dass sich folglich nur so wenig von ihrer Entstehung vermittle. Manchmal hat man aber Glück und findet etwas in der Literatur, was gestattet, einen Blick in die Studierstube des Mathematikers zu werfen, auch wenn das eigentliche Finden nicht wirklich dargestellt ist. Es lässt sich wohl nicht einfangen.

Zu den Glücksfällen nun gehört, was Euler in seiner *Introductio in analysin infinitorum* von 1748 über Exponentialfunktionen, Logarithmen und trigonometrische Funktionen schreibt. Hiervon möchte ich ein wenig berichten und das, was Euler in herrlicher Unbekümmertheit darstellt, anschließend mit heutiger Strenge als korrekt etablieren oder auch verwerfen.

Euler beginnt zunächst a^z zu erklären, wobei a eine Konstante und der Exponent z eine Variable sei. Durchlaufe z die positiven ganzen Zahlen, so sei a^z einer der Werte

$$a^1, \quad a^2, \quad a^3, \quad a^4, \quad a^5, \quad a^6 \text{ etc.,}$$

und wenn z die negativen ganzen Zahlen durchlaufe, so sei a^z einer der Werte

$$\frac{1}{a}, \quad \frac{1}{a^2}, \quad \frac{1}{a^3}, \quad \frac{1}{a^4} \text{ etc.}$$

Ferner sei $a^0 = 1$.

Ist $z = \frac{m}{n}$ eine rationale, aber keine ganze Zahl, so beginnen die Schwierigkeiten. Die erste Schwierigkeit entsteht dadurch, dass man Quadratwurzeln aus negativen Zahlen ziehen muss, wenn n gerade und $a < 0$ ist, und die zweite dadurch, dass Wurzeln mehrdeutig sind, wenn n gerade und $a > 0$ ist. Euler nimmt daher nun an, dass $a > 0$ ist und dass a^z die eindeutig bestimmte positive Wurzel ist, falls es mehrere gibt. Ist $a < 1$, so liefert die Funktion $z \to a^z$ wegen

$$a^z = \left(\frac{1}{a}\right)^{-z}$$

und $\frac{1}{a} > 1$ nichts Neues gegenüber dem Fall, dass $a > 1$ ist. Wir nehmen daher mit Euler eben dies an, dass nämlich $a > 1$ ist.

Was nun irrationale z anbelangt, so sagt Euler, Bezug nehmend auf die Mehrdeutigkeit bei $2n$-ten Wurzeln: *Eodem modo res se habet, si exponens z valores irrationales accipiat, quibus casibus, cum difficile sit numerum valorum involutorum concipere, unicus tantum realis consideratur*, d.h. „In gleicher Weise verhält sich die Sache, wenn der Exponent z irrationale Werte annimmt, in welchen Fällen, da es schwierig ist, die Anzahl der verborgenen Werte zu bestimmen, nur der reelle Wert betrachtet wird." Zur Verdeutlichung sagt er dann, dass $a^{\sqrt{7}}$ zwischen a^2 und a^3 läge. Mehr sagt er nicht zur Definition der Exponentialfunktionen. Er unterstellt offensichtlich, dass seine Leser Bescheid wissen. Wen stellt er sich eigentlich als Leser vor? Wer las seine Bücher und in welcher Auflagenhöhe wurden sie gedruckt?

Euler bemerkt, dass die Exponentialfunktion monoton steigt, dass $a^{-\infty} = 0$, $a^0 = 1$ und $a^\infty = \infty$ ist und dass jeder Wert zwischen 0 und ∞ genau einmal angenommen wird. Er macht weiter plausibel, dass

$$a^{x+y} = a^x a^y$$

ist. Es wird nichts wirklich definiert und folglich auch nichts wirklich bewiesen.

Ist $a^z = y$, so ist z eine Funktion von y. Wir schreiben $z = \log_a y$, während Euler $z = ly$ schreibt und darauf hinweist, dass man die Basis a dem Zusammenhang entnehmen müsse. Das Wort Basis wird auch von ihm benutzt, wie auch das Wort Logarithmus, dass ja schon Neper einführte. Er macht wieder umständlich plausibel, dass

$$\log_a(xy) = \log_a(x) + \log_a(y)$$

ist. Insbesondere schließt er hieraus, dass

$$\log_a \sqrt{xy} = \frac{\log_a(x) + \log_a(y)}{2}$$

ist. Hier weist er darauf hin, dass man diese Formel benutzen könne — was Briggs schon getan hätte —, um $\log_a(x)$ zu approximieren. Der von ihm benutzte Algorithmus formuliert sich heute wie folgt:

Suche $f_0 \in \mathbf{Z}$ mit $a^{f_0} \leq x < a^{f_0+1}$. Setze $g_0 := f_0 + 1$, $a_0 := a^{f_0}$ und $b_0 := a^{g_0}$. Dann ist $f_0 \leq \log_a(x) < g_0$ und $g_0 - f_0 = (\frac{1}{2})^0$. Es seien f_n, g_n, a_n und b_n bereits gefunden und es gelte $a_n = a^{f_n}$, $b_n = a^{g_n}$, $g_n - f_n = (\frac{1}{2})^n$, $f_n \leq \log_a(x) < g_n$ und $a_n \leq x < b_n$. Berechne

$$A := \sqrt{a_n b_n} = a^{(f_n+g_n)/2}.$$

Ist

$$a^{f_n} \leq x < A,$$

so sei $a_{n+1} := a_n$, $f_{n+1} := f_n$, $b_{n+1} := A$ und $g_{n+1} := (f_n + g_n)/2$, andernfalls sei $a_{n+1} := A$, $f_{n+1} = (f_n + g_n)/2$, $b_{n+1} := b_n$ und $g_{n+1} := g_n$. Dann gelten die für n postulierten Gleichungen und Ungleichungen auch für $n + 1$. Also ist

$$g_n - f_n = \frac{1}{2^n}$$

und

$$f_n \leq \log_a(x) < g_n$$

für alle $n \in \mathbf{N}_0$ und folglich

$$\log_a(x) = \lim f = \lim g.$$

Die Folge f ist nichts Anderes als die dyadische Entwicklung von $\log_a(x)$, wie Satz 6 von Abschnitt 4 des Kapitels II zeigt. Zu ihrer Berechnung genügen die Grundrechnungsarten und das Quadratwurzelziehen, das wir spätestens nach Aufgabe 1 von Abschnitt 2 dieses Kapitels beherrschen werden. Euler gibt an dieser Stelle als Beispiel die Zwischenschritte der Rechnung für $\log_{10}(5) = 0,6989700$. Dies formuliert er noch einmal um in

$$10^{\frac{69897}{100000}} = 5,$$

wobei er ausdrücklich sagt, dass dies approximativ sei. Hieraus erhält er

$$\log_{10}(2) = \log_{10}(\tfrac{10}{5}) = \log_{10}(10) - \log_{10}(5) = 1,0000000 - 0,6989700 = 0,3010300.$$

Aus $a^p = n$ und $b^q = n$ folgert er $a = b^{\frac{q}{p}}$ und weiter, dass $\frac{q}{p}$ nur von a und b nicht aber von n abhänge. In unserer Sprache ausgedrückt heißt das, dass

$$\frac{\log_b(x)}{\log_a(x)}$$

konstant ist, wenn nur a und b fest gehalten werden. Als Beispiel führt Euler an, dass

$$0,3010300 : 1 = \log_{10}(2) : \log_2(2) = \log_{10}(x) : \log_2(x)$$

ist für alle x. Die vielen Zahlenbeispiele Eulers wären dem heutigen Studenten eine Freude, wenn er denn Latein lesen könnte.

Es folgen einige Anwendungen des Logarithmus auf Wachstums- und Zinseszinsprobleme, die wir übergehen. Dann wird es abenteuerlich.

Es ist $a^0 = 1$ und $x \to a^x$ ist monoton wachsend. Ist also ω unendlich klein, so ist

$$a^\omega = 1 + \psi,$$

wobei auch ψ unendlich klein ist. Euler leitet nun aus diesem Ansatz Standardsätze her, die wir dann später innerhalb der Standardanalysis rechtfertigen werden. Hier dient alles nur dem Auffinden dieser Sätze.

Die unendlich kleinen und großen Größen tauchen hier ganz unvermittelt auf. Es gab vorher kein Wort der Erklärung und auch hier gibt es keins. Auch wir tun so, als wisse jeder Bescheid. Was hier behauptet wird, kann heute im Rahmen der Nicht-Standard-Analysis gerechtfertigt werden (Robinson 1966, Prestel 1992).

Euler macht nun weiter den Ansatz $\psi = k\omega$ und macht wiederum plausibel, dass k endlich, also eine reelle Zahl sei, die von a abhänge.

Aus $a^\omega = 1 + k\omega$ folgt

$$a^{i\omega} = (1 + k\omega)^i,$$

wobei zunächst völlig offen bleibt, was i denn für eine Zahl sei. Hieraus folgt

$$a^{i\omega} = 1 + \frac{i}{1}k\omega + \frac{i(i-1)}{1\cdot 2}k^2\omega^2 + \frac{i(i-1)(i-2)}{1\cdot 2\cdot 3}k^3\omega^3 + \text{ etc.}$$

Wir denken hier natürlich an den binomischen Lehrsatz, doch was hier rechts vom Gleichheitszeichen steht, bricht nicht ab, sondern ist unendlich. Euler setzt nun $i := \frac{z}{\omega}$, wobei z eine endliche Zahl bedeute. Weil ω unendlich klein ist, so sein Schluss, ist i unendlich groß. Ersetzt man nun ω durch $\frac{z}{i}$, so erhält man

$$a^z = \left(1 + \frac{kz}{i}\right)^i = 1 + \frac{1}{1}kz + \frac{1(i-1)}{1\cdot 2i}k^2z^2 + \frac{1(i-1)(i-2)}{1\cdot 2i\cdot 3i}k^3z^3$$
$$+ \frac{1(i-1)(i-2)(i-3)}{1\cdot 2i\cdot 3i\cdot 4i}k^4z^4 + \text{ etc.}$$

Hier sehen wir das Erste, was es zu beweisen gilt. Weil i unendlich groß ist, muss

$$a^z = \lim_{n\to\infty}\left(1 + \frac{kz}{n}\right)^n$$

gelten, wenn das alles einen Pfifferling wert sein soll. Die Zahl k muss natürlich auch bestimmt werden. Nun schließt Euler, dass $\frac{i-1}{i} = 1$ sei, und ebenso folge $\frac{i-2}{i} = 1$ und $\frac{i-3}{i} = 1$, usw. Daher erhält er

$$a^z = 1 + \frac{kz}{1} + \frac{k^2z^2}{1\cdot 2} + \frac{k^3z^3}{1\cdot 2\cdot 3} + \frac{k^4z^4}{1\cdot 2\cdot 3\cdot 4} + \text{ etc.}$$

Mit $z = 1$ folgt hieraus der Zusammenhang von k mit a, nämlich die Gleichung

$$a = \sum_{n:=0}^{\infty} \frac{k^n}{n!}.$$

Besonders interessant ist der Fall, dass $k = 1$ ist. Wir nennen dann

$$e := \sum_{n:=0}^{\infty} \frac{1}{n!}$$

eulersche Zahl. Für diese Zahl benutzt auch Euler den Buchstaben e. Er gibt ihren Wert als

$$e = 2,71828\ 18284\ 59045\ 23536\ 028.$$

Den Logarithmus mit dieser Basis nennt er den *natürlichen* oder auch *hyperbolischen Logarithmus*. Wir bezeichnen ihn im Folgenden mit ln. Wegen

$$a = \sum_{n:=0}^{\infty} \frac{k^n}{n!} = e^k$$

folgt $k = \ln a$.

Bleiben wir noch etwas beim Logarithmus. Es ist

$$a^\omega = 1 + k\omega,$$

wobei k und a durch die Gleichung

$$a = \sum_{n:=0}^{\infty} \frac{k^n}{n!}$$

verknüpft sind. Es folgt — wir rechnen hier so unbekümmert, wie Euler es tat —,

$$\omega = \log_a(1 + k\omega) \quad \text{und} \quad i\omega = \log_a\big((1 + k\omega)^i\big).$$

Ist i unendlich groß, so ist $(1 + k\omega)^i$ sicher größer als 1. Man setze also

$$(1 + k\omega)^i = 1 + x.$$

Dann ist

$$\log_a(1 + x) = i\omega.$$

Weiter folgt $1 + k\omega = (1 + x)^{\frac{1}{i}}$ und daher

$$k\omega = (1 + x)^{\frac{1}{i}} - 1.$$

Hieraus folgt wiederum

$$i\omega = \frac{i}{k}\big((1 + x)^{\frac{1}{i}} - 1\big).$$

Nun ist aber $i\omega = \log_a(1 + x)$ und daher

$$\log_a(1 + x) = \frac{i}{k}(1 + x)^{\frac{1}{i}} - \frac{i}{k},$$

wobei i, um es noch einmal zu sagen, eine unendlich große Zahl ist. Nun entwickelt Euler wieder den ersten Summanden auf der rechten Seite und erhält

$$(1 + x)^{\frac{1}{i}} = 1 + \frac{1}{i}x - \frac{1(i-1)}{i \cdot 2i}x^2 + \frac{1(i-1)(2i-1)}{i \cdot 2i \cdot 3i}x^3$$
$$- \frac{1(i-1)(2i-1)(3i-1)}{i \cdot 2i \cdot 3i \cdot 4}x^4 + \text{etc.};$$

Weil i unendlich groß ist, ergibt sich wieder

$$\frac{i-1}{2i} = \frac{1}{2}, \qquad \frac{2i-1}{3i} = \frac{2}{3}, \qquad \frac{3i-1}{4i} = \frac{3}{4}, \qquad \text{etc.}$$

Hieraus folgt

$$i(1+x)^{\frac{1}{i}} = i + \frac{x}{1} - \frac{x^2}{2} + \frac{x^3}{3} - \frac{x^4}{4} + \text{etc.}$$

und schließlich

$$\log_a(1+x) = \frac{1}{k}\left(\frac{x}{1} - \frac{x^2}{2} + \frac{x^3}{3} - \frac{x^4}{4} + \text{etc.}\right).$$

Für $x = a - 1$ ist $\log_a(1+x) = 1$. Euler schließt hieraus, dass

$$k = \frac{a-1}{1} - \frac{(a-1)^2}{2} + \frac{(a-1)^3}{3} - \frac{(a-1)^4}{4} + \text{etc.}$$

sei, was wir nicht akzeptieren können, da die Reihe für $a > 2$ nicht konvergiert.

Ersetzt man in der Reihe für $\log_a(1+x)$ die Variable x durch $-x$, so erhält man

$$\log_a(1-x) = -\frac{1}{k}\left(\frac{x}{1} + \frac{x^2}{2} + \frac{x^3}{3} + \frac{x^4}{4} + \text{etc.}\right)$$

und weiter

$$\log_a\left(\frac{1+x}{1-x}\right) = \log_a(1+x) - \log_a(1-x) = \frac{2}{k}\left(\frac{x}{1} + \frac{x^3}{3} + \frac{x^5}{5} + \frac{x^7}{7} + \text{etc.}\right).$$

Setzt man

$$x := \frac{a-1}{a+1},$$

so folgt

$$a = \frac{x+1}{x-1}$$

und daher

$$k = 2\left(\frac{a-1}{a+1} + \frac{(a-1)^3}{3(a+1)^3} + \frac{(a-1)^5}{5(a+1)^5} + \text{etc.}\right).$$

Für $a = 10$ erhalte man die Reihe

$$k = 2\left(\frac{9}{11} + \frac{9^3}{3 \cdot 11^3} + \frac{9^5}{5 \cdot 11^5} + \frac{9^7}{7 \cdot 11^7} + \text{etc.}\right),$$

deren Glieder fühlbar abnähmen, sodass man schon bald eine hinreichende Annäherung an k erhielte.

Im Reellen bemerkt man nicht, dass Sinus und Cosinus etwas mit der Exponentialfunktion zu tun haben. Im Komplexen erst werden einem die Augen geöffnet. Eulers unbekümmertes Rechnen mit unendlich kleinen und unendlich großen Größen deckt auch hier wieder den Zusammenhang auf. Er definiert den Sinus und den Cosinus am Einheitskreis. Für ihn ist $\sin z$ die Ordinate des Punktes mit der Bogenlänge z auf der Peripherie des Einheitskreises und $\cos z$ ist die Abszisse dieses Punktes. Von wo aus die Bogenlänge gemessen wird und ob es zu jeder reellen Zahl auch einen Bogen dieser Länge gibt, wird von ihm nicht erörtert. Das Gewissen des Mathematikers war noch sehr robust. Es waren aber gerade die trigonometrischen Funktionen, genauer die aus ihnen gebildeten Fourierreihen, die zu Beginn des 19. Jahrhunderts die Abgründe erkennen ließen, an denen sich die Analysis entlang hangelte, was dann zum Studium der Grundlagen der Mathematik führte.

Euler kommt dann sehr rasch zu den Formeln

$$\sin(y+z) = \sin y \cos z + \cos y \sin z$$
$$\cos(y+z) = \cos y \cos z - \sin y \sin z$$
$$\sin(y-z) = \sin y \cos z - \cos y \sin z$$
$$\cos(y-z) = \cos y \cos z + \sin y \sin z,$$

die für alle x und y gelten, ohne sie zu beweisen. Er setzt offenbar die *trigonometria* als bekannt voraus. Mit $y = z$ folgt aus der letzten dieser Formeln

$$(\sin z)^2 + (\cos z)^2 = 1,$$

was er schon zuvor konstatierte und was ja unmittelbar aus der Definition der beiden Funktionen folgt. Aus dieser Formel folgert er die Gültigkeit der Formel

$$(\cos z + \sqrt{-1} \cdot \sin z)(\cos z - \sqrt{-1} \cdot \sin z) = 1.$$

Als Nächstes berechnet Euler das Produkt

$$(\cos y + \sqrt{-1} \cdot \sin y)(\cos z + \sqrt{-1} \cdot \sin z),$$

wobei er natürlich obige Formeln benutzt, mit dem Ergebnis

$$\cos(y+z) + \sqrt{-1} \cdot \sin(y+z).$$

Mit $y = z$ erhält man

$$(\cos z + \sqrt{-1} \cdot \sin z)^2 = \cos 2z + \sqrt{-1} \cdot \sin 2z.$$

Mittels Induktion, die bei Euler die damals übliche Pünktcheninduktion ist, erhält man die de moivreschen Formeln

$$(\cos z + \sqrt{-1} \cdot \sin z)^n = \cos nz + \sqrt{-1} \cdot \sin nz,$$

die für alle $n \in \mathbf{N}_0$ gelten (de Moivre 1730). Ersetzt man z durch $-z$, so erhält man wegen $\cos -z = \cos z$ und $\sin -z = -\sin z$ die Formeln

$$(\cos z - \sqrt{-1} \cdot \sin z)^n = \cos nz - \sqrt{-1} \cdot \sin nz.$$

Durch Addition bzw. Subtraktion erhält man hieraus weiter

$$\cos nz = \frac{(\cos z + \sqrt{-1} \cdot \sin z)^n + (\cos z - \sqrt{-1} \cdot \sin z)^n}{2}$$

und

$$\sin nz = \frac{(\cos z + \sqrt{-1} \cdot \sin z)^n - (\cos z - \sqrt{-1} \cdot \sin z)^n}{2\sqrt{-1}}.$$

Hieraus leitet Euler mithilfe von unendlich kleinen und großen Größen die Reihen für
den Cosinus und den Sinus her. Wir überspringen das hier.

Ist z unendlich klein, so sei $\cos z = 1$ und $\sin z = z$. Kein Wort der Erläuterung. Dass
$\cos z = 1$ ist, sehe ich ein, dass aber $\sin z = z$ sein soll, sehe ich ohne die Reihenentwick-
lung nicht. Doch diese benutzt dies schon.

Es sei $n = i$ eine unendlich große und z eine unendlich kleine Zahl, sodass $v = iz$
endlich sei. Dann ist $z = \frac{v}{i}$ und folglich $\cos z = 1$ und $\sin z = \frac{v}{i}$. Dies in die Formeln
für $\cos nz$ und $\sin nz$ eingesetzt ergibt

$$\cos v = \frac{\left(1 + \frac{v\sqrt{-1}}{i}\right)^i + \left(1 - \frac{v\sqrt{-1}}{i}\right)^i}{2}$$

und

$$\sin v = \frac{\left(1 + \frac{v\sqrt{-1}}{i}\right)^i - \left(1 - \frac{v\sqrt{-1}}{i}\right)^i}{2\sqrt{-1}}.$$

Zuvor haben wir schon gesehen, dass

$$\left(1 + \frac{z}{i}\right)^i = e^z$$

ist. Euler setzt hierin nun $z = v\sqrt{-1}$ und erhält

$$\cos v = \frac{e^{v\sqrt{-1}} + e^{-v\sqrt{-1}}}{2}$$

und

$$\sin v = \frac{e^{v\sqrt{-1}} - e^{-v\sqrt{-1}}}{2\sqrt{-1}}.$$

Sein Kommentar: *ex quibus intelligitur, quomodo quantitates exponentiales imaginariae
ad sinus et cosinus arcuum realium reducantur*, d.h. „hieraus ersieht man, auf welche
Weise sich imaginäre Exponenten auf den Sinus und den Cosinus reeller Bogenlängen
zurückführen lassen."

Wir haben ein Programm!

2. Cauchyfolgen. Wir haben ein Programm. Wir müssen verifizieren, dass die Exponentialfunktion durch die Reihe

$$\sum_{n:=0}^{\infty} \frac{z^n}{n!}$$

dargestellt wird und dass Sinus und Cosinus mit der Exponentialfunktion durch die
Formeln

$$\cos z = \frac{e^{iz} + e^{-iz}}{2} \quad \text{und} \quad \sin z = \frac{e^{iz} - e^{-iz}}{2i}$$

mit der Exponentialfunktion verbunden sind. Dabei wird unser Vorgehen sein, zunächst obige Reihe zu untersuchen, ihre Konvergenz für alle $z \in \mathbf{C}$ festzustellen und zu sehen, dass sie im Reellen eine der von uns schon definierten Exponentialfunktionen darstellt, die dann auf diese Weise ins Komplexe fortgesetzt wird. Die Funktionen sin und cos werden wir durch die obigen Formeln definieren und dann zeigen, dass sie im Reellen die cartesischen Koordinaten der Punkte auf der Peripherie des Einheitskreises sind. Wir werden das Pferd also vom Schwanz her aufzäumen und die erhaltenen Ergebnisse dann im Sinne Eulers interpretieren. Wichtig ist bei all dem der Begriff der Konvergenz von Folgen und Reihen, um den wir uns zunächst kümmern werden. Von der Exponentialfunktion und den trigonometrischen Funktionen handeln wir dann in den nächsten beiden Abschnitten.

Das cauchysche Konvergenzkriterium, das wir in diesem Abschnitt beweisen werden, liefert eine Beschreibung der reellen Zahlen, die man zu ihrer Konstruktion verwenden kann. Durchgeführt wurde diese Konstruktion in Arbeiten von G. Cantor und E. Heine, die beide 1872 erschienen, und Ch. Méray, dessen Arbeit schon 1870 gedruckt wurde (siehe Literaturverzeichnis). Die Arbeiten von Cantor und Heine veranlassten Dedekind, wie er in seinem Büchlein schreibt, seine eigene Konstruktion der reellen Zahlen zu publizieren, die er ja bereits 1858 gefunden und zuvor schon mit Schülern und Kollegen diskutiert hatte (Dedekind 1872). Einzelheiten jener Konstruktion findet der Leser etwa in meinem Analysisbuch (Lüneburg 1981).

Satz 1. *Es sei R ein Ring und X sei eine nicht-leere Menge. Mit $A(X, R)$ bezeichnen wir die Menge aller Abbildungen von X in R. Für f, $g \in A(X, R)$ definieren wir die Summe $f + g$ und das Produkt fg punktweise vermöge $(f + g)_y = f_y + g_y$ bzw. $(fg)_y = f_y g_y$ für alle $y \in X$. Dann ist $(A(X, R), +, \cdot)$ ein Ring.*

Definiert man die Abbildung const *von R in $A(X, R)$ durch* $\text{const}(r)_y := r$ *für alle $y \in X$, so ist* const *ein Monomorphismus von R in $(A(X, R), +, \cdot)$. Hat R eine 1, so ist* $\text{const}(1)$ *eine und damit die Eins von $A(X, R)$.*

Routinerechnungen zeigen die Korrektheit des Satzes.

Aus diesem Satz folgt, dass $A(\mathbf{R}_+, \mathbf{R}, +)$ eine abelsche Gruppe ist. Ist $f \in A(\mathbf{R}_+, \mathbf{R})$ und $r \in \mathbf{R}$, und definiert man rf durch

$$(rf)_x := r f_x$$

für alle $x \in \mathbf{R}_+$, so wird $A(\mathbf{R}_+, \mathbf{R})$ zu einem $\mathbf{R}$-Vektorraum. Satz 9 von Abschnitt 6 des Kapitels II besagt dann u. a., dass die Logarithmenfunktionen einen Unterraum der Dimension 1 dieses Vektorraumes bilden. Der Vektorraum selbst ist nicht endlich-dimensional.

Es sei $K = \mathbf{Q}$, $K = \mathbf{R}$ oder $K = \mathbf{C}$. Ist $f \in A(X, K)$, so heißt f *beschränkt*, falls es ein $C \in K$, bzw., falls $K = \mathbf{C}$ ist, ein $C \in \mathbf{R}$ gibt mit $|f_y| < C$ für alle $y \in X$. Mit $B(X, K)$ bezeichnen wir die Menge aller beschränkten Abbildungen von X in K.

Satz 2. *Es sei $K = \mathbf{Q}$, $K = \mathbf{R}$ oder $K = \mathbf{C}$. Ferner sei X eine nicht-leere Menge. Dann ist die Menge $B(X, K)$ der beschränkten Abbildungen von X in K ein Teilring von $A(X, K)$. Ferner gilt* $\text{const}(r) \in B(X, K)$ *für alle $r \in K$.*

Beweis. Es sei $r \in K$. Dann ist $|\text{const}(r)_y| = |r|$ für alle $y \in X$. Also ist $\text{const}(r)$ beschränkt. Insbesondere ist $B(X, K)$ also nicht leer.

Es seien f, $g \in B(X, K)$. Es gibt dann C, $D \in K$ bzw. in $\mathbf{R}$, falls $K = \mathbf{C}$ ist, mit $|f_y| < C$ und $|g_y| < D$ für alle $y \in X$. Dann ist

$$\left|(f - g)_y\right| = |f_y - g_y| \leq |f_y| + |g_y| \leq C + D$$

und

$$\left|(fg)_y\right| = |f_y g_y| = |f_y||g_y| \leq CD.$$

Also ist $f - g$, $fg \in B(X, K)$. Damit ist gezeigt, dass $B(X, K)$ ein Teilring von $A(X, K)$ ist.

Diesen Satz kann man viel allgemeiner formulieren. Dies zeigt eine Analyse des Beweises. Bei ihm haben wir nämlich nur benutzt, dass der Betrag eine Abbildung von K in einen angeordneten Körper ist, der die Bedingungen a) bis d) des Satzes 1 von Abschnitt 7 des letzten Kapitels erfüllt.

Bei der nächsten Definition ist X nicht mehr beliebig, vielmehr muss X die Ordnungsstruktur von $\mathbf{N}$ tragen. Es sei weiterhin K der Körper der rationalen, der reellen oder der komplexen Zahlen. Wir nennen $f \in A(\mathbf{N}, K)$ eine *Cauchyfolge* über K, falls es zu jedem $\epsilon \in \mathbf{Q}_+$ bzw. $\mathbf{R}_+$ ein $N \in \mathbf{N}$ gibt mit

$$|f_n - f_m| < \epsilon$$

für alle m, $n \geq N$. Die Menge der Cauchyfolgen über K bezeichnen wir mit $C(K)$.

Satz 3. *Es sei K der Körper der rationalen, der reellen oder der komplexen Zahlen. Dann ist $C(K)$ ein Teilring von $B(\mathbf{N}, K)$. Ferner gilt* $\mathrm{const}(k) \in C(K)$ *für alle $k \in K$.*

Beweis. Es ist $\mathrm{const}(k)_n - \mathrm{const}(k)_m = 0$ für alle m und n. Daher ist $\mathrm{const}(k)$ eine Cauchyfolge.

Es sei $f \in C(K)$. Es gibt dann ein $N \in \mathbf{N}$ mit $|f_n - f_m| < 1$ für alle m, $n \geq N$. Es folgt

$$|f_n| = |f_n - f_N + f_N| \leq |f_n - f_N| + |f_N| \leq 1 + |f_N|$$

für alle $n \geq N$. Setzt man

$$C := \max(|f_1|, \ldots, |f_{N-1}|, |f_N| + 1),$$

so ist $|f_n| \leq C$ für alle $n \in \mathbf{N}$. Also ist $C(K) \subseteq B(\mathbf{N}, K)$.

Es seien f, $g \in C(K)$. Ferner sei $\epsilon > 0$. Dann ist auch $\frac{\epsilon}{2} > 0$. Es gibt also natürliche Zahlen M und N mit $|f_m - f_n| < \frac{\epsilon}{2}$ für alle m, $n \geq M$ bzw. $|g_n - g_m| < \frac{\epsilon}{2}$ für alle m, $n \geq N$. Es folgt

$$\left|(f - g)_m - (f - g)_n\right| = |f_m - f_n + g_n - g_m| \leq |f_m - f_n| + |g_n - g_m| < \epsilon$$

für alle m, $n \geq \max(M, N)$. Also ist $f - g \in C(K)$.

Es seien f, $g \in C(K)$. Ferner sei $\epsilon > 0$. Als Cauchyfolgen sind f und g beschränkt, wie wir bereits wissen. Es gibt also ein positives C mit $|f_n| < C$ und $|g_n| < C$ für alle $n \in \mathbf{N}$. Weil f und g Cauchyfolgen sind und $\frac{\epsilon}{2C} > 0$ ist, gibt es eine natürliche Zahl N mit

$$|f_m - f_n| < \frac{\epsilon}{2C} \quad \text{und} \quad |g_m - g_n| < \frac{\epsilon}{2C}$$

für alle $m, n \geq N$. Es folgt die Gültigkeit von

$$|(fg)_m - (fg)_n| = |f_m g_m - f_n g_m + f_n g_m - f_n g_n|$$
$$\leq |f_m - f_n||g_m| + |f_n||g_m - g_n|$$
$$< \frac{\epsilon}{2C}C + C\frac{\epsilon}{2C} = \epsilon$$

für alle $m, n \geq N$. Also ist auch fg eine Cauchyfolge, sodass $C(K)$ in der Tat ein Teilring von $B(\mathbf{N}, K)$ ist.

Es sei K der Körper der rationalen, der reellen oder der komplexen Zahlen. Es sei ferner $f \in A(\mathbf{N}, K)$ eine Folge über K und es sei $k \in K$. Man nennt f *konvergent* mit dem *Limes* bzw. dem *Grenzwert* k, falls es zu jedem positiven ϵ ein $N \in \mathbf{N}$ gibt, sodass

$$|f_n - k| < \epsilon$$

ist für alle $n \geq N$. Man setzt in diesem Falle $\lim f := k$. Hat f den Grenzwert k und den Grenzwert l, so folgt mit $\epsilon > 0$, dass es ein $N \in \mathbf{N}$ gibt mit

$$|k - f_n| < \frac{\epsilon}{2} \quad \text{und} \quad |f_n - l| < \frac{\epsilon}{2}$$

für alle $n \geq N$. Es folgt

$$|k - l| = |k - f_n + f_n - l| \leq |k - f_n| + |f_n - l| < \epsilon.$$

Da dies für alle $\epsilon > 0$ gilt, ist $|k - l| = 0$ und folglich $k = l$. Eine konvergente Folge hat also genau einen Limes. Wir bezeichnen ihn mit $\lim f$. Ist die Folge f konkret gegeben, so schreiben wir statt $\lim f$ auch $\lim_{n \to \infty} f_n$. Als Beispiel diene $\lim_{n \to \infty} \frac{1}{n} = 0$. Die Menge der konvergenten Folgen auf K bezeichnen wir mit $L(K)$.

Es gibt zwei Möglichkeiten der Pluralbildung für das Wort Limes, nämlich Limites mit der Betonung auf der ersten Silbe und Limiten mit der Betonung auf der zweiten Silbe. Welche Form man benutzt, hängt von der Weltanschauung ab, der man anhängt.

Satz 4. *Es sei* $K \in \{\mathbf{Q}, \mathbf{R}, \mathbf{C}\}$. *Die Menge* $L(K)$ *der konvergenten Folgen ist ein Teilring von* $C(K)$ *mit* $\text{const}(k) \in L(K)$ *für alle* $k \in K$ *und* $\lim$ *ist ein Epimorphismus von* $L(K)$ *auf* K.

Beweis. Es ist $\text{const}(k)_n = k$ für alle n. Somit ist $\text{const}(k)$ konvergent und $\lim$ ist surjektiv.

Es sei f konvergent mit dem Limes k. Ferner sei $\epsilon > 0$. Es gibt dann ein $N \in \mathbf{N}$ mit $|f_n - k| < \frac{\epsilon}{2}$ für alle $n \geq N$. Dann ist aber

$$|f_n - f_m| = |f_n - k + k - f_m| < |f_n - k| + |k - f_m| < \epsilon$$

für alle $n, m \geq N$. Somit sind konvergente Folgen stets auch Cauchyfolgen.

Es seien f und g konvergente Folgen mit den Grenzwerten k und l. Ferner sei $\epsilon > 0$. Es gibt dann eine natürliche Zahl N mit $|f_n - k| < \frac{\epsilon}{2}$ und $|g_n - l| < \frac{\epsilon}{2}$ für alle $n \geq N$. Es folgt einmal

$$\left|(f - g)_n - (k - l)\right| \leq |f_n - k| + |g_n - l| < \epsilon$$

für alle $i \geq N$, also $f - g \in L(K)$ und zum anderen

$$\big|(f+g)_n - (k+l)\big| \leq |f_n - k| + |g_n - l| < \epsilon$$

für alle n und damit

$$\lim(f + g) = \lim f + \lim g.$$

Als Cauchyfolge ist g beschränkt. Es gibt also eine Schranke $C > |k|$ von g. Es gibt weiter eine natürliche Zahl M mit $|f_n - k| < \frac{\epsilon}{2C}$ und $|g_n - l| < \frac{\epsilon}{2C}$ für alle $n \geq M$. Es folgt

$$\big|(fg)_n - kl\big| = |f_n g_n - kg_n + kg_n - kl| \leq |f_n - k||g_n| + |k||g_n - l| < \epsilon$$

für alle $n \geq M$. Also ist auch fg konvergent und es gilt

$$\lim(fg) = \lim f \cdot \lim g.$$

Damit ist alles bewiesen.

Wir setzen $N(K) := \text{Kern}(\lim)$. Dann ist $N(K)$ ein Ideal von $L(K)$, das Ideal der *Nullfolgen*. Der erste Isomorphiesatz besagt dann, dass es einen Isomorphismus σ von $L(K)/N(K)$ auf K gibt mit $\sigma(f + N(K)) = \lim f$ für alle $f \in L(K)$. Weil K ein Körper ist, ist $N(K)$ ein maximales Ideal.

Konvergente Folgen sind Cauchyfolgen. Sind Cauchyfolgen stets konvergent? Das hängt vom Körper ab. Es gilt

Satz 5. *Für $K = \mathbf{R}$ und $K = \mathbf{C}$ gilt $C(K) = L(K)$.*

Beweis. Wir beweisen dies zunächst für $K = \mathbf{R}$. Es sei f eine Cauchyfolge über $\mathbf{R}$. Wir definieren die Menge X durch

$$X := \{y \mid y \in \mathbf{R}, \text{ es gibt nur endlich viele natürliche Zahlen } n \text{ mit } f_n \leq y\}.$$

Weil f als Cauchyfolge beschränkt ist, gibt es ein $C \in \mathbf{R}$ mit $-C < f_n < C$ für alle n. Daher ist $-C \in X$ und $C \notin X$. Ist $C \leq D$, so ist auch $D \notin X$, sodass C eine obere Schranke von X ist. Als nicht-leere, beschränkte Menge hat X ein Supremum s. Es sei nun $\epsilon > 0$. Es gibt dann eine natürliche Zahl N mit

$$-\frac{\epsilon}{2} < f_m - f_n < \frac{\epsilon}{2}$$

für alle $m, n \geq N$. Es folgt

$$f_n - \frac{\epsilon}{2} < f_m < f_n + \frac{\epsilon}{2}$$

für alle $m, n \geq N$. Es gibt also höchstens endlich viele v mit $f_v \leq f_n - \frac{\epsilon}{2}$. Also ist $f_n - \frac{\epsilon}{2} \in X$. Andererseits ist $f_n + \frac{\epsilon}{2}$ eine obere Schranke für X, da unterhalb von $f_n + \frac{\epsilon}{2}$ unendlich viele f_m liegen. Somit gilt, da s kleinste obere Schranke ist,

$$f_n - \frac{\epsilon}{2} \leq s \leq f_n + \frac{\epsilon}{2}, \quad \text{also} \quad |s - f_n| \leq \frac{\epsilon}{2} < \epsilon$$

für alle $n \geq N$. Somit ist f konvergent und es gilt $\lim f = s$.

Um die zweite Aussage zu beweisen, sei f eine Cauchyfolge über $\mathbf{C}$. Definiert man die Folge $\bar{f}$ durch $\bar{f}_i := \overline{f_i}$ für alle i, so ist auch $\bar{f}$ eine Cauchyfolge, da ja $|f_m - f_n| = |\bar{f}_m - \bar{f}_n|$ ist. Weil die Cauchyfolgen einen Ring bilden, sind auch die Folgen

$$\mathrm{Re}(f) = \mathrm{const}(\tfrac{1}{2})(f + \bar{f}) \quad \text{und} \quad \mathrm{Im}(f) = \mathrm{const}(\tfrac{1}{2i})(f - \bar{f})$$

Cauchyfolgen. Weil dies aber Folgen über $\mathbf{R}$ sind, sind sie nach dem Bewiesenen konvergent. Folglich ist auch die Folge

$$f = \mathrm{Re}(f) + \mathrm{const}(i)\,\mathrm{Im}(f)$$

konvergent, da die konvergenten Folgen ja ebenfalls einen Ring bilden.

Dieser Satz zusammen mit dem Satz, dass jede konvergente Folge eine Cauchyfolge ist, zeigt die Gültigkeit des cauchyschen Konvergenzkriteriums.

Cauchysches Konvergenzkriterium. *Ist f eine Folge über $\mathbf{R}$ oder $\mathbf{C}$, so ist f genau dann konvergent, wenn f eine Cauchyfolge ist.*

Cauchy formulierte sein Konvergenzkriterium nicht so, wie wir es hier taten und wie es heute allgemein üblich ist, er formulierte es vielmehr für Reihen, so wie hier in Aufgabe 6 zu diesem Abschnitt geschehen. Er zeigt die Notwendigkeit der Bedingungen, während er zu ihrem Hinreichen nur das Folgende sagt: *Réciproquement, lorsque ces diverses conditions son remplies, la convergence de la série est assurée.* Was hätte er auch Anderes sagen sollen, waren die reellen Zahlen doch noch nicht wirklich beschrieben (Cauchy 1821/1897, VI.1, S. 114 ff.).

Cauchyfolgen über $\mathbf{Q}$ sind natürlich auch Cauchyfolgen über $\mathbf{R}$ und haben als solche einen Grenzwert in $\mathbf{R}$. Dieser ist aber in aller Regel keine rationale Zahl. Dies sieht man z. B. anhand der Aufgabe 1 von Abschnitt 4 des Kapitels II. Dort hieß es, dass diese Aufgabe es in sich habe. Man muss bei ihrer Lösung nämlich nachweisen, dass $\sqrt{p}$ *irrational* ist, dass es also keine rationale Zahl r gibt mit $r^2 = p$, falls p eine Primzahl ist. Was hier wirklich passiert, sagt der folgende Satz.

Satz 6. *Die Einschränkung der Abbildung* lim *von $C(\mathbf{R})$ auf $C(\mathbf{Q})$, die wir ebenfalls mit* lim *bezeichnen, ist ein Epimorphismus von $C(\mathbf{Q})$ auf $\mathbf{R}$. Ihr Kern, die Menge der Nullfolgen auf $\mathbf{Q}$, ist ein maximales Ideal in $C(\mathbf{Q})$.*

Beweis. Es ist nur zu zeigen, dass lim surjektiv ist. Es sei $x \in \mathbf{R}$. Ist $x > 0$, so gibt es nach Satz 6 von Abschnitt 4 des Kapitels II eine Folge f auf $\mathbf{Q}$ mit $f_n \le x < f_n + \frac{1}{2^n}$ für alle $n \in \mathbf{N}$. Es folgt

$$0 \le x - f_n < \frac{1}{2^n},$$

sodass $\lim f = x$ ist. Ist $x < 0$, so gibt es eine Folge f mit $\lim f = -x$. Dann ist $\lim -f = x$. Schließlich ist $\lim \mathrm{const}(0) = 0$. Damit ist lim als surjektiv erkannt.

Da $\mathbf{R}$ ein Körper ist, ist bekanntlich der Kern von lim ein maximales Ideal, das Ideal der *Nullfolgen*.

Nach dem ersten Isomorphiesatz ist $C(\mathbf{Q})/N(\mathbf{Q})$ also zu $\mathbf{R}$ isomorph. Um $\mathbf{R}$ zu konstruieren, kann man nun auch so vorgehen, dass man zunächst nachweist, dass $N(\mathbf{Q})$ ein maximales Ideal von $C(\mathbf{Q})$ ist. Dann ist $C(\mathbf{Q})/N(\mathbf{Q})$ ein Körper. Auf diesem

Körper muss man nun eine Anordnung finden, sodass $C(\mathbf{Q})/N(\mathbf{Q})$ zu einem angeordneten Körper wird, für den der Satz von der oberen Grenze gilt. Das zeigt dann, dass der Faktorring in der Tat $\mathbf{R}$ ist. Für Einzelheiten sei nochmals auf mein Analysisbuch verwiesen.

Der Leser dieses Buches wird sicherlich schon eine Analysisvorlesung gehört haben, sodass die folgenden Aufgaben ihm eine willkommene Wiederholung sein werden.

Aufgaben

1. Es sei $p \in \mathbf{N}$. Setze $a_1 := 1$ und

$$a_{n+1} := \frac{1}{2}\left(a_n + \frac{p}{a_n}\right).$$

Dann gelten für alle $n \in \mathbf{N}_0$ die Ungleichungen

$$p < a_{n+2}^2 \le p + \frac{(p-1)^2}{2^{2(n+1)}} \quad \text{und} \quad a_{n+3} \le a_{n+2}.$$

Folgern Sie, dass a eine Cauchyfolge ist und dass $\lim a = \sqrt{p}$ gilt.

2. Es ist $C(\mathbf{Q}) \ne L(\mathbf{Q})$. (Zum Beweise dürfen Sie benutzen, dass $\sqrt{p} \notin \mathbf{Q}$ gilt für alle Primzahlen p. Es genügt im Übrigen, dies für eine Primzahl zu wissen.)

3. Es sei f eine Cauchyfolge über $\mathbf{C}$, aber keine Nullfolge. Dann gibt es ein $\epsilon > 0$ und eine natürliche Zahl N, sodass $|f_n| > \epsilon$ ist für alle $n \ge N$. (Sie sollten versuchen, diese Aufgabe zu lösen, ohne den Grenzwert von f zu benutzen. Mit Grenzwert ist man schneller und leichter am Ziel. Es geht aber auch ohne. Hat man die Aufgabe auf diese Weise gelöst, so kann man aufs Neue zeigen, dass die Nullfolgen ein maximales Ideal bilden, sodass $C(\mathbf{C})/N(\mathbf{C})$ ein Körper ist.)

4. Es sei f eine Cauchyfolge über $\mathbf{R}$, aber keine Nullfolge. Dann gibt es ein $\epsilon > 0$ und eine natürliche Zahl N, sodass entweder $f_n > \epsilon$ gilt für alle $n \ge N$ oder $f_n < -\epsilon$ für alle $n \ge N$. (Beherzigen Sie auch hier die Anmerkung zu Aufgabe 3. Sie haben dann den ersten Schritt zu einer anderen Konstruktion von $\mathbf{R}$ getan.)

5. Ist f eine monoton steigende, beschränkte Folge auf $\mathbf{R}$, so ist f konvergent.

6. Es sei a eine Folge über $\mathbf{Q}$, $\mathbf{R}$ oder $\mathbf{C}$. Dann bezeichnen wir mit $\sum_{i:=0}^{\infty} a_i$ die Folge der *Partialsummen* $\sum_{i:=0}^{n} a_i$ für $n \in \mathbf{N}_0$ und nennen $\sum_{i:=0}^{\infty} a_i$ *unendliche Reihe*. Ist diese Reihe konvergent, so bezeichnen wir mit $\sum_{i:=0}^{\infty} a_i$ auch den Grenzwert dieser Reihe.

Es sei $\sum_{i:=0}^{\infty} a_i$ eine Reihe über $\mathbf{R}$ oder $\mathbf{C}$. Genau dann konvergiert $\sum_{i:=0}^{\infty} a_i$, wenn es zu jedem $\epsilon > 0$ eine natürliche Zahl N gibt mit

$$\left| \sum_{i:=m}^{n} a_i \right| < \epsilon$$

für alle $m, n \ge N$.

Ist $\sum_{i:=0}^{\infty} a_i$ konvergent, so ist a eine Nullfolge.

(Dies ist, wie schon erwähnt, das ursprüngliche cauchysche Konvergenzkriterium. Das heute cauchysches Konvergenzkriterium genannte Kriterium lässt sich natürlich auf das originale zurückführen. Ist nämlich s eine zu testende Folge, so definiere man die Folge a durch $a_0 := s_0$ und $a_n := s_n - s_{n-1}$ für $n > 0$. Dann ist s_n die n-te Partialsumme der Reihe $\sum_{n:=0}^{\infty} a_n$, usw.)

7. Zeigen Sie, dass die Reihe

$$\sum_{n:=1}^{\infty} \frac{1}{\sqrt{n} + \sqrt{n+1}}$$

divergiert. (Dass a Nullfolge ist, ist also nicht hinreichend für die Konvergenz der Reihe $\sum_{n:=0}^{\infty} a_n$.)

8. Es sei a eine monoton fallende Nullfolge auf $\mathbf{R}$. Dann ist

$$\sum_{i:=0}^{2n+1} (-1)^i a_i \leq \sum_{i:=0}^{2n+k} (-1)^i a_i \leq \sum_{i:=0}^{2n} (-1)^i a_i$$

für alle $n, k \in \mathbf{N}_0$. Insbesondere ist $\sum_{i:=0}^{\infty} (-1)^i a_i$ konvergent und es gilt

$$\sum_{i:=0}^{2n+1} (-1)^i a_i \leq \sum_{i:=0}^{\infty} (-1)^i a_i \leq \sum_{i:=0}^{2n} (-1)^i a_i$$

für alle $n \in \mathbf{N}_0$.

Beispiel für die hier beschriebene Situation ist die berühmte Leibnizreihe

$$\sum_{n:=1}^{\infty} \frac{(-1)^{n-1}}{n}.$$

Sie konvergiert also, wenn auch nur langsam. Ihr Grenzwert ist $\log 2$.

9. Die Folgen $n \to \frac{1}{n}$, $n \to \frac{1}{n!}$, $n \to \frac{1}{2^n}$ sind Nullfolgen.

10. Es sei $\sum_{i:=0}^{\infty} a_i$ eine unendliche Reihe über $\mathbf{R}$ oder $\mathbf{C}$. Man nennt diese Reihe *absolut konvergent*, wenn die Reihe $\sum_{i:=0}^{\infty} |a_i|$ konvergiert. Zeigen Sie, dass absolut konvergente Reihen stets auch konvergent sind.

11. Es sei a_i eine Folge auf $\mathbf{R}$ und es gelte $a_i \geq 0$ für alle i. Ferner sei $\sum_{i:=0}^{\infty} a_i$ konvergent. Ist dann b eine Folge auf $\mathbf{C}$ und gilt $|b_i| \leq a_i$ für alle $i \geq N$, wobei N eine natürliche Zahl ist, so ist $\sum_{i:=0}^{\infty} b_i$ absolut konvergent. Dies ist das *Majorantenkriterium*.

12. Es sei $q \in \mathbf{C}$. Genau dann ist $n \to q^n$ eine Nullfolge, wenn $|q| < 1$ ist. (Um zu zeigen, dass diese Folge für $|q| < 1$ eine Nullfolge ist, betrachte man zu $\epsilon > 0$ die beiden Werte $\frac{1}{|q|}$ und $\frac{1}{\epsilon}$ und beachte, dass $\frac{1}{|q|} > 1$ und dass $(\mathbf{R}_{>1}, \cdot)$ ein Größenbereich ist.)

13. Es sei $q \in \mathbf{C}$. Zeigen Sie, dass $\sum_{i:=0}^{\infty} q^i$ genau dann konvergiert, wenn $|q| < 1$ ist. Zeigen Sie, dass in diesem Falle

$$\sum_{i:=0}^{\infty} q^i = \frac{1}{1-q}$$

gilt. Diese Reihe, die *geometrische Reihe*, wird mit reellem q zwischen 0 und 1 häufig als Majorante beim Majorantenkriterium benutzt.

14. Wir definieren $n!$ vermöge $0! := 1$ und $(n+1)! := (n+1)n!$.
Zeigen Sie, dass die folgenden Reihen alle konvergieren:

$$\sum_{i:=1}^{\infty} \frac{1}{i(i+1)}, \quad \sum_{i:=1}^{\infty} \frac{i}{(i+1)!}, \quad \sum_{i:=1}^{\infty} \frac{i}{2^i}, \quad \sum_{i:=1}^{\infty} \frac{1}{i^2}.$$

Bestimmen Sie für die ersten drei Reihen auch ihre Limites. Der Limes der letzten Reihe ist $\frac{1}{6}\pi^2$.

15. Es sei $K \in \{\mathbf{Q}, \mathbf{R}, \mathbf{C}\}$. Zeigen Sie, dass die Menge $N(K)$ der Nullfolgen über K ein Ideal in $B(\mathbf{N}, K)$ ist. (Wir wissen bereits, dass $N(K)$ ein Ideal im Ring der Cauchyfolgen ist. Dies besagt u. a., dass $N(K)$ nicht-leer und additiv abgeschlossen ist. Dies brauchen Sie daher nicht mehr nachzuweisen. Es ist also nur noch eine Bedingung zu verifizieren.)

16. Es sei $K \in \{\mathbf{Q}, \mathbf{R}, \mathbf{C}\}$. Zeigen Sie, dass die Menge $N(K)$ der Nullfolgen in $A(\mathbf{N}, K)$ kein Ideal mehr bildet.

17. Es sei $K \in \{\mathbf{Q}, \mathbf{R}, \mathbf{C}\}$ und f sei eine konvergente Folge über K. Ferner sei $\lim f \neq 0$.

a) Es sei g die durch

$$g_n := \begin{cases} 1, & \text{falls } f_n = 0 \text{ ist,} \\ f_n, & \text{falls } f_n \neq 0 \text{ ist,} \end{cases}$$

definierte Folge. Zeigen Sie, dass g konvergiert und dass $\lim g = \lim f$ gilt.

b) Man definiere ferner die Folge h durch $h_n := g_n^{-1}$. Zeigen Sie, dass auch h konvergiert und dass $\lim h = \frac{1}{\lim f}$ gilt.

3. Die Exponentialfunktion im Komplexen.

Nun können wir daran gehen, einen Teil unseres Programms zu erfüllen. Einen Teil nur deswegen, weil die Gültigkeit der Reihenentwicklungen für $\ln(1+x)$ und $\ln(\frac{1+x}{1-x})$ zu ihrem Beweise Hilfsmittel über das Differenzieren und Integrieren von Potenzreihen erfordert, die über den Rahmen dieses Buches hinausgehen. Über die Exponentialfunktion aber können wir mit unseren Hilfsmitteln schon einiges herausfinden.

Wir zeigen zunächst, dass die Reihe

$$\sum_{n:=0}^{\infty} \frac{x^n}{n!}$$

für alle $x \in \mathbf{C}$ konvergiert und dass für reelle x die Gleichung

$$e^x = \sum_{n:=0}^{\infty} \frac{x^n}{n!}$$

gilt. Nehmen wir für komplexe x diese Gleichung dann als Definition für e^x, so haben wir die Exponentialfunktion ins Komplexe hinein fortgesetzt. Wichtig ist hierbei, dass auch dann immer noch die Funktionalgleichung

$$e^{x+y} = e^x e^y$$

erfüllt ist.

In den Übungen zu Abschnitt 2 wurde schon der Begriff der Reihe eingeführt und verschiedene Sätze über Reihen formuliert. Von diesen Sätzen werden wir nun Gebrauch machen.

Satz 1. *Die Reihe*

$$f(x) := \sum_{n:=0}^{\infty} \frac{x^n}{n!}$$

konvergiert für alle $x \in \mathbf{C}$ absolut.

Beweis. Es sei $n \geq N > 2|x|$. Dann ist

$$\left| \frac{x^{n+1}}{(n+1)!} \right| = \frac{|x|}{n+1} \cdot \left| \frac{x^n}{n!} \right| < \frac{1}{2} \left| \frac{x^n}{n!} \right|.$$

Mittels Induktion folgt

$$\left| \frac{x^{n+1}}{(n+1)!} \right| < \left(\frac{1}{2} \right)^{n+1-N} \left| \frac{x^N}{N!} \right|.$$

Damit haben wir in

$$\sum_{n:=N}^{\infty} \left(\frac{1}{2} \right)^{n+1-N} \left| \frac{x^N}{N!} \right|$$

eine Majorante von $\sum_{n:=N+1}^{\infty} \frac{x^n}{n!}$ gefunden, sodass diese und damit auch die Ausgangsreihe absolut konvergiert.

Der Kenner wird bemerkt haben, dass wir implizit das Quotientenkriterium benutzten.

Wir setzen, wie schon zuvor, jetzt aber mit der Gewissheit, dass die Reihe konvergiert,

$$e := \sum_{n:=0}^{\infty} \frac{1}{n!}.$$

Dann ist e also die eulersche Zahl. Ist

$$e_0 := 2{,}71828\ 18284\ 59045\ 23536\ 02,$$

so gilt

$$e_0 < e < e_0 + 6 \cdot 10^{-22}.$$

Einen schnellen Algorithmus, der diese und bessere Näherungen für e berechnet, findet der Leser z. B. in Lüneburg 1978. Der dort wiedergegebene Algorithmus stammt meines Wissens von Euler.

Es seien a und b zwei Folgen über $\mathbf{C}$. Wir definieren die Folge $a \circ b$ durch die Vorschrift

$$(a \circ b)_n := \sum_{i:=0}^{n} a_i b_{n-i}.$$

Die Operation $\circ$ heißt *Faltung*.

Satz 2. *Sind $\sum_{i:=0}^{\infty} a_i$ und $\sum_{i:=0}^{\infty} b_i$ zwei absolut konvergente Reihen über $\mathbf{C}$, so ist auch $\sum_{i:=0}^{\infty}(a \circ b)_i$ absolut konvergent und es gilt*

$$\sum_{n:=0}^{\infty}(a \circ b)_n = \sum_{i:=0}^{\infty} a_i \sum_{k:=0}^{\infty} b_k.$$

Beweis. Es ist

$$\left| \sum_{r:=0}^{N}(a \circ b)_r - \sum_{i:=0}^{N} a_i \sum_{k:=0}^{N} b_k \right| = \left| \sum_{r:=0}^{N}\sum_{i:=0}^{r} a_i b_{r-i} - \sum_{i:=0}^{N}\sum_{k:=0}^{N} a_i b_k \right|$$

$$= \left| \sum_{i+k\leq N} a_i b_k - \sum_{i:=0}^{N}\sum_{k:=0}^{N} a_i b_k \right|$$

$$= \left| \sum_{i+k > N,\, i,k \leq N} a_i b_k \right|$$

$$\leq \sum_{i+k > N,\, i,k \leq N} |a_i b_k| =: R_N.$$

Ist $i + k > N$, so ist $i > \frac{N}{2}$ oder $k > \frac{N}{2}$. Setze $m := \lfloor \frac{N}{2} \rfloor$. Dabei ist $\lfloor x \rfloor$ für $x \in \mathbf{R}$ die größte ganze Zahl, die kleiner oder gleich x ist. Damit folgt

$$R_N = \sum_{i+k > N,\, i,k \leq N} |a_i b_k| \leq \sum_{i:=m+1}^{N} |a_i| \sum_{k:=0}^{N} |b_k| + \sum_{i:=0}^{N} |a_i| \sum_{k:=m+1}^{N} |b_k|.$$

Weil $\sum_{i:=0}^{\infty} |a_i|$ und $\sum_{k:=0}^{\infty} |b_k|$ konvergieren, gibt es ein $C \in \mathbf{R}_+$ mit

$$R_N \leq \left(\sum_{i:=m+1}^{N} |a_i| + \sum_{k:=m+1}^{N} |b_k| \right) C.$$

Hieraus folgt, daß $N \to R_N$ eine Nullfolge ist. Somit ist $\sum_{r:=0}^{\infty}(a \circ b)_r$ konvergent und es gilt

$$\sum_{r:=0}^{\infty}(a \circ b)_r = \sum_{i:=0}^{\infty} a_i \sum_{k:=0}^{\infty} b_i.$$

Wendet man dieses Ergebnis nun auf $|a| \circ |b|$ an, so folgt wegen

$$|(a \circ b)_n| \leq (|a| \circ |b|)_n,$$

dass $\sum_{r:=0}^{\infty}(a \circ b)_r$ absolut konvergiert. Damit ist alles bewiesen.

Satz 3. *Setze* $E(x) := \sum_{n:=0}^{\infty} \frac{x^n}{n!}$ *für* $x \in \mathbf{C}$. *Dann ist* E *eine Abbildung von* $\mathbf{C}$ *in* $\mathbf{C}^* := \mathbf{C} - \{0\}$ *und es gilt*

$$E(x+y) = E(x)E(y)$$

für alle $x, y \in \mathbf{C}$.

Beweis. Nach Satz 1 konvergiert die fragliche Reihe für alle x absolut. Daher ist nach Satz 2

$$E(x)E(y) = \sum_{i:=0}^{\infty} \frac{x^i}{i!} \sum_{k:=0}^{\infty} \frac{y^k}{k!} = \sum_{r:=0}^{\infty} \sum_{i:=0}^{r} \frac{1}{i!(r-i)!} x^i y^{r-i}$$

$$= \sum_{r:=0}^{\infty} \frac{1}{r!} \sum_{i:=0}^{r} \frac{r!}{i!(r-i)!} x^i y^{r-i} = \sum_{r:=0}^{\infty} \frac{1}{r!} \sum_{i:=0}^{r} \binom{r}{i} x^i y^{r-i}$$

$$= \sum_{r:=0}^{\infty} \frac{1}{r!} (x+y)^r = E(x+y).$$

Offenbar ist $1 = E(0)$ und daher

$$1 = E(x - x) = E(x)E(-x).$$

Somit ist $E(x) \neq 0$ und $E(-x) = E(x)^{-1}$. Insbesondere ist E also eine Abbildung von $\mathbf{C}$ in $\mathbf{C}^*$.

Es sei hier schon gesagt, dass die Abbildung E nicht injektiv ist. Sie ist aber surjektiv. Darüber mehr im nächsten Abschnitt.

Satz 4. *Für die Einschränkung* $E|\mathbf{R}$ *von* E *auf* $\mathbf{R}$ *gilt*

$$E|\mathbf{R} = \exp_e,$$

wobei e *die eulersche Zahl ist.*

Beweis. Ist $x \in \mathbf{R}$, so ist $E(x) = \sum_{n:=0}^{\infty} \frac{x^n}{n!} \in \mathbf{R}$. Somit ist $E|\mathbf{R}$ eine Abbildung von $\mathbf{R}$ in $\mathbf{R}^*$. Es sei $x \in \mathbf{R}_+$. Dann ist

$$E(x) = \sum_{n:=0}^{\infty} \frac{x^n}{n!} \geq 1 + x > 1.$$

Wegen $E(-x) = E(x)^{-1}$ folgt, dass $E|\mathbf{R}$ eine Abbildung von $\mathbf{R}$ in $\mathbf{R}_+$ ist. Es seien x, $y \in \mathbf{R}$ und es gelte $x < y$. Dann ist $y = x + d$ mit $d \in \mathbf{R}_+$. Es folgt $E(d) > 1$ und daher

$$E(y) = E(x + d) = E(x)E(d) > E(x).$$

Mit unseren Einzigkeitssätzen folgt, dass es ein $a \in \mathbf{R}_+$ gibt mit $E(x) = \exp_a(x)$ für alle $x \in \mathbf{R}$. Wegen

$$e = E(1) = \exp_a(1) = a$$

folgt $a = e$.

Wir haben mit diesem Satz gezeigt, dass sich die Abbildung exp auf $\mathbf{C}$ fortsetzen lässt. Die Abbildung $\log_e$ heißt *natürlicher Logarithmus* bzw. *logarithmus naturalis*. Sie wird häufig mit ln bezeichnet. Der natürliche Logarithmus ist die Logarithmusfunktion, die in mathematischen Kontexten am häufigsten auftritt. Warum er natürlich heißt, weiß ich nicht. Ebenso ist $\exp_e$ die am häufigsten auftretende Exponentialfunktion. Daher schreiben wir im Folgenden stets exp für sie. Es ist exp **die** Exponentialfunktion. Da die Exponentialfunktion auf $\mathbf{C}$ nicht injektiv ist, hat sie dort keine Umkehrabbildung. Es ist daher schwierig, ln und generell $\log_a$ auf $\mathbf{C}$ fortzusetzen. Hier hilft die Funktionentheorie weiter. Wir werden darauf am Ende von Abschnitt 4 noch einmal kurz zurückkommen.

Wir haben in Satz 8 von Abschnitt 6 des Kapitels II gesehen, dass

$$\exp_b(x) = \exp_a(\log_a(b)x)$$

gilt für alle a, $b \in \mathbf{R}_+ - \{1\}$ und alle $x \in \mathbf{R}$. Insbesondere ist also

$$\exp_b(x) = \exp(\ln(b)x)$$

für alle $x \in \mathbf{R}$ und alle $b \in \mathbf{R}_+ - \{1\}$. Daher können wir auch $\exp_b$ auf $\mathbf{C}$ fortsetzen, indem wir festsetzen

$$\exp_b(x) := \exp(\ln(b)x)$$

für alle $x \in \mathbf{C} - \mathbf{R}$. Wir werden uns auch hier wieder der Notation b^x bedienen. Es ist also

$$b^x = \exp_b(x) = \exp(\ln(b)x) = e^{\ln(b)x}$$

für alle $x \in \mathbf{C}$.

Satz 5. *Es seien k, $l \in \mathbf{R}_+$. Dann gilt:*

a) Es ist $k^{x+y} = k^x k^y$ für alle x, $y \in \mathbf{C}$.

b) Es ist $(kl)^x = k^x l^x$ für alle $x \in \mathbf{C}$.

c) Es ist $k^{rs} = (k^r)^s$ für alle $r \in \mathbf{R}$ und alle $s \in \mathbf{C}$.

Beweis. Dies beweist man wie die entsprechenden Aussagen von Satz 9 von Abschnitt 6 des Kapitels II.

Bei der letzten Aussage ist zu beachten, dass $(k^r)^s$ nur definiert ist, wenn $k^r \in \mathbf{R}_+$ gilt. Daher die Einschränkung an r. Um die Abbildung $x \to x^a$ von $\mathbf{R}_+$ in $\mathbf{C}$, wobei $a \in \mathbf{C}$ ist, auf $\mathbf{C}$ fortzusetzen, bedarf es der Methoden der Funktionentheorie.

Es ist $e^{x+iy} = e^x e^{iy}$ für alle x, $y \in \mathbf{R}$. Von der Abbildung $x \to e^x$ wissen wir, dass sie monoton steigt und $\mathbf{R}$ bijektiv auf $\mathbf{R}_+$ abbildet. Von der Abbildung $x \to e^{ix}$ wissen wir noch nichts. Für sie gilt

Satz 6. *Es ist $|e^{ix}| = 1$ für alle $x \in \mathbf{R}$.*

Beweis. Die Reihendarstellung für die Exponentialfunktion zeigt, dass $\overline{e^x} = e^{\bar{x}}$ ist für alle $x \in \mathbf{C}$. Ist $x \in \mathbf{R}$, so ist also

$$|e^{ix}|^2 = e^{ix} e^{-ix} = e^{ix-ix} = 1.$$

Es folgt, dass $|e^{ix}| = 1$ ist für alle $x \in \mathbf{R}$.

Die Abbildung $x \to e^{ix}$ bildet nach Satz 6 die Menge der reellen Zahlen in den Einheitskreis ab. Im nächsten Abschnitt werden wir sehen, dass sie surjektiv ist.

Im ersten Abschnitt fanden wir die Formel

$$e^x = \lim_{n \to \infty} \left(1 + \frac{x}{n}\right)^n,$$

deren Korrektheit noch zu verifizieren ist.

Satz 7. *Es ist*

$$e^x = \lim_{n \to \infty} \left(1 + \frac{x}{n}\right)^n$$

für alle $x \in \mathbf{C}$.

Beweis. Es sei $\epsilon > 0$. Es gibt dann ein $N \in \mathbf{N}$ mit $\sum_{n:=N+1}^{\infty} \frac{x^n}{n!} < \frac{\epsilon}{2}$. Setze $x_n := (1 + \frac{x}{n})^n$. Dann ist für $n \geq 2$

$$x_n = \sum_{i:=0}^{n} \binom{n}{i} \frac{x^i}{n^i} = 1 + x + \sum_{i:=2}^{n} \frac{1}{i!} \prod_{k:=1}^{i} \frac{n-k+1}{n} x^i$$

$$= 1 + x + \sum_{i:=2}^{n} \frac{1}{i!} \prod_{k:=1}^{i} \left(1 - \frac{k-1}{n}\right) x^i$$

Die Produkte liegen alle zwischen 0 und 1, sodass für $n > N$ gilt:

$$|e^x - x_n| \leq \sum_{i:=2}^{N} \frac{1}{i!} \left(1 - \prod_{k:=1}^{i} \left(1 - \frac{k-1}{n}\right)\right) |x|^i + \sum_{i:=N+1}^{\infty} \frac{|x|^i}{i!}$$

$$< \sum_{i:=2}^{N} \frac{1}{i!} \left(1 - \prod_{k:=1}^{i} \left(1 - \frac{k-1}{n}\right)\right) |x|^i + \frac{\epsilon}{2}$$

Weil die Summanden in der Summe ganz offensichtlich Nullfolgen bilden und die Anzahl der Summanden gleich $N - 1$ ist und folglich nicht von n abhängt, gibt es ein $M \in \mathbf{N}$, sodass dieses Summe für $n \geq M$ kleiner als $\frac{\epsilon}{2}$ ist. Daher ist

$$|e^x - x_n| < \epsilon$$

für alle $n \geq \max(M, N)$. Also ist in der Tat $\lim_{n \to \infty} x_n = e^x$.

Aufgaben

1. Ist $a \in \mathbf{R}_+$ und $x \in \mathbf{C}$, so ist $|a^x| = a^{\mathrm{Re}(x)}$.

2. Es sei a die durch

$$a_n := \frac{(-1)^n}{(n+1)^{1/4}}$$

für $n \in \mathbf{N}_0$ definierte Folge. Zeigen Sie, dass die Reihe $\sum_{n:=0}^{\infty} a_n$ konvergiert, dass aber die Reihe $\sum_{n:=0}^{\infty} (a \circ a)_n$ divergiert.

4. Der Einheitskreis. Es ist immer noch offen, ob die dritte Wurzel aus einer komplexen Zahl eine komplexe Zahl ist, bzw. besser ausgedrückt, ob jede komplexe Zahl eine dritte Potenz ist. Wir werden zeigen, dass jede komplexe Zahl sogar eine n-te Potenz ist. Dies wurde von Cauchy in seiner Arbeit von 1821 bewiesen. Er benutzt zu diesem Nachweis, ohne es ausdrücklich zu formulieren, ein Kompaktheitsargument, dass nämlich eine stetige reellwertige Funktion auf einem Kompaktum ein Minimum annimmt. Ich möchte mich hier eines anderen Argumentes bedienen, indem ich statt mit kompakten Mengen mit zusammenhängenden Mengen operiere. Ausgangspunkt ist die Bemerkung, dass die Abbildung $x \to e^{ix}$ die Menge der reellen Zahlen auf die Peripherie des Einheitskreises aufwickelt.

Ich wollte diesen Sachverhalt Ende der siebziger Jahre des 20. Jahrhunderts in einer Analysisvorlesung beweisen und hielt mich zunächst an das Analysisbuch von Blatter (Blatter 1977, S. 141 ff.). An den Grundlagen der Geometrie geschult und daher wohlwissend, dass die Einführung des Winkelbegriffs eine haarige Angelegenheit ist, war mir sehr schnell klar, dass man an der Stelle, folgte man Blatter, sehr viel mehr sagen müsste, als er es tat. Ich versuchte das und verfing mich sehr rasch in scheußlichen Rechnungen. Diese wollte ich meinen Hörern nicht zumuten und fing an nachzudenken. Zum Glück hatte ich meine Vorlesung über guten topologischen Grundlagen errichtet und konnte daher meinen Hörern den gleich folgenden Beweis vortragen, den ich mir zu dieser Gelegenheit einfallen ließ.

Ich kann nun — leider — nicht erwarten, dass der Leser im Anfängerunterricht das nötige Rüstzeug über zusammenhängende Teilmengen von $\mathbf{R}$ und $\mathbf{C}$ geboten bekam. Daher werde ich das Wenige, was wir benötigen werden, zunächst bereitstellen.

Es stehe im Folgenden $\mathbf{K}$ für $\mathbf{R}$ oder $\mathbf{C}$. Ist $X \subseteq \mathbf{K}$, so heiße X *offene Teilmenge* von $\mathbf{K}$, wenn es zu jedem $y \in X$ ein $\epsilon \in \mathbf{R}_+$ gibt mit

$$U_\epsilon(y) := \big\{ x \mid x \in \mathbf{K}, |x - y| < \epsilon \big\} \subseteq X.$$

Die Menge $U_\epsilon(y)$ heißt ϵ-*Umgebung* von y. Sie ist selbst offen, wie leicht zu sehen.

Die Menge $\mathcal{O}$ der offenen Mengen hat die folgenden Eigenschaften:

1) Es sind $\emptyset$ und $\mathbf{K}$ Elemente von $\mathcal{O}$.

2) Ist $F \subseteq \mathcal{O}$, so ist $\bigcup_{X \in F} X \in \mathcal{O}$.

3) Ist F eine endliche Teilmenge von $\mathcal{O}$, so ist $\bigcap_{X \in F} X \in \mathcal{O}$.

Immer, wenn man eine Menge M zusammen mit einer Teilmenge $\mathcal{O}$ von $P(M)$ hat, sodass $(M, \mathcal{O})$ die Eigenschaften 1), 2) und 3) besitzt, nennt man $\mathcal{O}$ eine *Topologie* auf M und $(M, \mathcal{O})$ einen *topologischen Raum*.

Eine Teilmenge M von $\mathbf{K}$ heißt *zusammenhängend*, falls für alle offenen Teilmengen X und Y von $\mathbf{K}$ gilt: Ist $M \subseteq X \cup Y$ und ist $X \cap Y \cap M = \emptyset$, so ist $M \subseteq X$ oder $M \subseteq Y$.

Hier ein erstes Beispiel einer nicht-trivialen zusammenhängenden Menge.

Satz 1. $\mathbf{R}$ *ist zusammenhängend.*

Beweis. Es seien X und Y offene Teilmengen von $\mathbf{R}$ und es gelte $\mathbf{R} \subseteq X \cup Y$ sowie $X \cap Y = \emptyset$. Es ist zu zeigen, dass $\mathbf{R} = X$ oder $\mathbf{R} = Y$ ist.

Es sei $a \in X$. Wäre die Menge

$$Y_a := \{y \mid y \in Y,\ y \leq a\}$$

nicht-leer, so hätte sie ein Supremum s. Wäre $s \in Y$, so gäbe es, weil Y offen ist, ein $U_\epsilon(s)$, welches ganz in Y läge. Wäre $0 < \delta < \epsilon$, so folgte

$$s < s + \delta \in Y,$$

aber $s + \delta \notin Y_a$. Daher wäre $a < s + \delta$ und es folgte $a = s$ und damit $a \in Y$ im Widerspruch zu $X \cap Y = \emptyset$.

Wäre $Y_a \neq \emptyset$, so wäre also $s \in X$. Es gäbe dann eine ϵ-Umgebung $U_\epsilon(s)$, die ganz in X läge, da X ja offen ist. Dann ist aber $y \leq s - \epsilon$ für alle $y \in Y_a$. Es folgte der Widerspruch $s \leq s - \epsilon$. Damit haben wir gezeigt, dass Y ein Anfang von $\mathbf{R}$ ist. Dann ist aber auch X ein Anfang von $\mathbf{R}$. Wegen $X \cap Y = \emptyset$ folgt hieraus, dass eine der beiden Mengen leer ist.

Eine Abbildung f von $\mathbf{K}$ in $\mathbf{R}$ oder $\mathbf{C}$ heißt *stetig*, falls für jede offene Teilmenge X in $\mathbf{R}$ bzw. in $\mathbf{C}$ gilt, dass die Menge

$$f^-(X) := \{y \mid y \in \mathbf{K}, f(y) \in X\}$$

offen ist. Dies ist die viel bequemere Definition der Stetigkeit einer Abbildung als die übliche ϵ-δ-Definition, mit der sie im Ergebnis übereinstimmt (siehe Aufgabe 1).

Satz 2. *Ist f eine stetige Abbildung von $\mathbf{K}$ in $\mathbf{R}$ oder $\mathbf{C}$ und ist M eine zusammenhängende Teilmenge von $\mathbf{K}$, so ist auch $f(M)$ zusammenhängend.*

Beweis. Seien X und Y offene Teilmengen mit $f(M) \subseteq X \cup Y$ und $X \cap Y \cap f(M) = \emptyset$. Dann sind $f^-(X)$ und $f^-(Y)$ wegen der Stetigkeit von f offene Teilmengen von $\mathbf{K}$. Ist $m \in M$, so ist

$$f(m) \in f(M) \subseteq X \cup Y$$

und daher $m \in f^-(X) \cup f^-(Y)$, d.h. es ist $M \subseteq f^-(X) \cup f^-(Y)$. Wäre

$$m \in M \cap f^-(X) \cap f^-(Y),$$

so wäre

$$f(m) \in f(M) \cap X \cap Y = \emptyset,$$

ein Widerspruch. Also ist

$$M \cap f^-(X) \cap f^-(Y) = \emptyset.$$

Weil M zusammenhängend ist, folgt $M \subseteq f^-(X)$ oder $M \subseteq f^-(Y)$. Dann ist aber $f(M) \subseteq X$ oder $f(M) \subseteq Y$. Damit ist auch Satz 2 bewiesen.

Als Nächstes zeigen wir, dass die Exponentialfunktion stetig ist.

Satz 3. *Die Exponentialfunktion* exp *ist auf ganz $\mathbf{C}$ stetig.*

Beweis. Es sei $a \in \mathbf{C}$. Dann ist

$$e^x - e^a = (x - a) \sum_{n:=1}^{\infty} \frac{(x - a)^{n-1}}{n!}.$$

Wählt man x so, dass $|x - a| < 1$ ist, so folgt

$$|e^x - e^a| \leq |x - a| \sum_{n:=1}^{\infty} \frac{1}{n!} = |x - a|(e - 1).$$

Ist nun $\epsilon > 0$ und setzt man $\delta := \min(1, \frac{\epsilon}{e-1})$, so folgt aus $|x - a| < \delta$, dass $|e^x - e^a| < \epsilon$ ist. Folglich ist die Funktion exp bei a stetig. Da a beliebig war, ist exp auf ganz $\mathbf{C}$ stetig.

Wir sind nun in der Lage, alle offenen Intervalle als zusammenhängend zu erkennen. Es seien a, $b \in \mathbf{R}$ und es gelte $a < b$. Offene Intervalle sind dann genau die folgenden Punktmengen:

$$(a, b) := \{x \mid x \in \mathbf{R}, a < x < b\},$$
$$(a, \infty) := \{x \mid x \in \mathbf{R}, a < x\},$$
$$(-\infty, a) := \{x \mid x \in \mathbf{R}, x < a\}$$

und $\mathbf{R}$.

Satz 4. *Ist I ein offenes Intervall von $\mathbf{R}$, so ist I zusammenhängend.*

Beweis. Es ist exp eine stetige Abbildung von $\mathbf{R}$ auf $\mathbf{R}_+ = (0, \infty)$. Nach Satz 2 ist $(0, \infty)$ also zusammenhängend. Die Abbildung $x \to -x$ ist ebenfalls stetig, also ist auch $(-\infty, 0)$ zusammenhängend. Die durch

$$f(x) := \frac{x}{x + 1}$$

für $x > 0$ und $f(x) := 0$ für $x \leq 0$ definierte Abbildung f von $\mathbf{R}$ in sich ist stetig. Sie bildet $(0, \infty)$ auf $(0, 1)$ ab, sodass auch $(0, 1)$ zusammenhängend ist.

Die Abbildung $x \to (b - a)x + a$ ist stetig und bildet $(0, 1)$ auf (a, b) ab, sodass auch dieses Intervall zusammenhängend ist. Die Abbildung $x \to x + a$ ist stetig und bildet $(0, \infty)$ auf (a, ∞) und $(-\infty, 0$ auf $(-\infty, a)$ ab. Also sind auch diese Intervalle zusammenhängend. Damit ist Satz 4 bewiesen.

Nimmt man nun noch die halboffenen Intervalle

$$[a, b) := \{x \mid x \in \mathbf{R}, a \leq x < b\}$$
$$(a, b] := \{x \mid x \in \mathbf{R}, a < x \leq b\}$$

und die abgeschlossenen Intervalle

$$[a, b] := \{x \mid x \in \mathbf{R}, a \leq x \leq b\}$$
$$[a, \infty) := \{x \mid x \in \mathbf{R}, a \leq x\}$$
$$(-\infty, a] := \{x \mid x \in \mathbf{R}, x \leq a\}$$

hinzu und führt alle diese Mengen unter dem Oberbegriff Intervalle, so gilt

Satz 5. *Ist I ein Intervall von $\mathbf{R}$, so ist I zusammenhängend.*

Beweis. Wir zeigen dies für ein Intervall vom Typ $[a, b]$. Es seien X und Y zwei offene Teilmengen von $\mathbf{R}$ mit $[a, b] \subseteq X \cup Y$ und $X \cap Y \cap [a, b] = \emptyset$. Dann gilt $a \in X$ oder $a \in Y$. Wir dürfen annehmen, dass $a \in X$ ist. Weil X offen ist, gibt es ein $\epsilon > 0$ mit

$$(a - \epsilon, a + \epsilon) = U_\epsilon(a) \subseteq X.$$

Wir dürfen weiterhin annehmen, dass $\epsilon < b - a$ ist. Es folgt

$$(a, a + \epsilon) \subseteq X \cap (a, b).$$

Weil $(a, b) \subseteq X \cup Y$ und $(a, b) \cap X \cap Y = \emptyset$ gilt, folgt weiter, dass $(a, b) \subseteq X$ und damit $[a, b) \subseteq X$ ist. Wäre nun $b \in Y$, so folgte entsprechend $(a, b] \subseteq Y$ und damit der Widerspruch $(a, b) \subseteq X \cap Y \cap [a, b] = \emptyset$.

Die Beweise für die anderen Typen von Intervallen laufen entsprechend.

Hiermit ist man nun in der Lage, den Zwischenwertsatz zu beweisen.

Zwischenwertsatz. *Ist I ein Intervall von $\mathbf{R}$ und ist f eine stetige Abbildung von I in $\mathbf{R}$, sind ferner a, $b \in I$ und gilt $f(a) < r < f(b)$, so gibt es, falls $a < b$ ist, ein $c \in (a, b)$, andernfalls ein $c \in (b, a)$, mit $f(c) = r$.*

Beweis. Wir betrachten die Mengen $X := f^-(-\infty, r)$ und $Y := f^-(r, \infty)$. Diese beiden Mengen sind offen, da f stetig ist. Ferner ist $a \in X$ und $b \in Y$. Es sei $\{u, v\} = \{a, b\}$ und $u < v$. Es ist $X \cap Y = \emptyset$ und folglich erst recht $X \cap Y \cap [u, v] = \emptyset$. Weil $[u, v]$ nach Satz 5 zusammenhängend ist, kann daher nicht $[u, v] \subseteq X \cup Y$ gelten. Es gibt also ein $c \in [u, v]$ mit $c \notin X \cup Y$. Wegen $c \notin X$ ist $f(c) \geq r$ und wegen $c \notin Y$ ist $f(c) \leq r$. Also ist $f(c) = r$. Wegen $f(a) < r < f(b)$ ist dann sogar $c \in (u, v)$. Damit ist alles bewiesen.

Ich habe den Begriff der Stetigkeit nur für Abbildungen von $\mathbf{K}$ in $\mathbf{R}$ bzw. $\mathbf{C}$ definiert. Der Leser wird, so hoffe ich, über die nicht definierte Stetigkeit von Abbildungen, die nur auf einem Intervall leben, nicht ins Stolpern kommen. Gestolpert ist er wahrscheinlich über die Definition der Abbildung f im Beweise von Satz 4. Der Grund für die dort getroffene Definition ist genau dieser, dass ich bei der Definition der Stetigkeit nicht allgemein genug war.

Wir benutzen nun den von Euler beschriebenen Zusammenhang von Sinus- und Cosinusfunktion mit der Exponentialfunktion zur Definition dieser beiden Funktionen. Diese Definitionen, die in geschichtslosen Büchern — mein Analysisbuch eingeschlossen — vom Himmel fallen, sind hier also motiviert. Wir setzen

$$\cos x := \tfrac{1}{2}(e^{ix} + e^{-ix}) \quad \text{und} \quad \sin x := \tfrac{1}{2i}(e^{ix} - e^{-ix})$$

für alle $x \in \mathbf{C}$. Dann ist $e^{ix} = \cos x + i \sin x$ für alle $x \in \mathbf{C}$. Ferner gilt

$$\cos x = \sum_{k:=0}^{\infty} \frac{(-1)^k x^{2k}}{(2k)!} \quad \text{und} \quad \sin x = \sum_{k:=0}^{\infty} \frac{(-1)^k x^{2k+1}}{(2k+1)!}$$

für alle $x \in \mathbf{C}$. Ist x reell, so ist $\cos x$ der Realteil und $\sin x$ der Imaginärteil von e^{ix}.

Weil Summe und Differenz stetiger Funktionen und auch das Produkt einer stetigen Funktion mit einem Skalar stetig sind, sind sin und cos stetige Funktionen.

Wichtig für das Folgende sind die Funktionalgleichungen für die Sinus- und Cosinusfunktion.

Satz 6. *Es ist*

$$\sin(x+y) = \sin x \cos y + \cos x \sin y$$

und

$$\cos(x-y) = \cos x \cos y - \sin x \sin y$$

für alle x, $y \in \mathbf{C}$.

Dies zu beweisen, sei dem Leser als Übungsaufgabe überlassen.

Ist x Element des offenen Intervalls $(0,1)$, so sind die Reihen für $\cos x$ und $\sin x$ alternierend und die Absolutbeträge der Koeffizienten sind streng monoton fallend. Daher gilt:

Hilfssatz 1. *Ist* $t \in (0,1)$*, so gilt:*

  a) *Es ist* $0 < 1 - \frac{t^2}{2} < \cos t$.

  b) *Es ist* $0 < t(1 - \frac{t^2}{6}) < \sin t < t$.

Es folgt

$$\sin \frac{4}{5} > \frac{4}{5}\left(1 - \frac{16}{5 \cdot 25}\right) = \frac{4}{5} \cdot \frac{8}{9} = \sqrt{\frac{1024}{2025}}$$

$$> \sqrt{\frac{1024}{2048}} = \frac{1}{\sqrt{2}} > \sin \frac{1}{\sqrt{2}}.$$

Weil sin stetig ist, gibt es nach dem Zwischenwertsatz ein $\pi \in \mathbf{R}$ mit $\frac{\pi}{4} \in (\frac{1}{\sqrt{2}}, \frac{4}{5})$ und

$$\sin \frac{\pi}{4} = \frac{1}{\sqrt{2}}.$$

Es ist

$$1 = \left|e^{\frac{\pi i}{4}}\right|^2 = \sin^2 \frac{\pi}{4} + \cos^2 \frac{\pi}{4} = \frac{1}{2} + \cos^2 \frac{\pi}{4}.$$

Hieraus folgt mit Teil a) des Hilfssatzes, dass $\cos \frac{\pi}{4} = \frac{1}{\sqrt{2}}$ ist. Setze $z := e^{\frac{i\pi}{4}}$. Dann ist $z = \frac{1+i}{\sqrt{2}}$. Hiermit folgt

$$z^2 = i, \qquad z^3 = \frac{-1+i}{\sqrt{2}}, \qquad z^4 = -1, \qquad z^8 = 1.$$

Es gilt also

Satz 7. *Es ist* $e^{\frac{i\pi}{2}} = i$, $e^{i\pi} = -1$ *und* $e^{2\pi i} = 1$.

Aus diesem Satz folgt wegen

$$e^{x+2\pi i} = e^x e^{2\pi i} = e^x,$$

dass $2\pi i$ eine Periode der Exponentialfunktion ist. Es folgt weiter, dass 2π Periode von sin und cos ist. Dass alle anderen Perioden der Exponentialfunktion und von sin und cos Vielfache dieser Periode sind, werden wir gleich sehen.

Bis hierher bin ich Blatter gefolgt.

Satz 8. *Die Abbildung $x \to e^{ix}$ bildet $\mathbf{R}$ auf die Peripherie S_1 des Einheitskreises ab.*

Beweis. $\mathbf{R}$ ist zusammenhängend und die Abbildung $x \to e^{ix}$ ist stetig. Folglich ist das Bild B von $\mathbf{R}$ unter dieser Abbildung zusammenhängend. Nach Satz 7 ist $1, -1 \in B$. Wäre nun $B \neq S_1$, so gäbe es ein $z \in S_1 - B$. Es folgte $z \neq 1, -1$ und daher $\bar{z} \neq z$. Es folgte weiter $\bar{z} \in S_1 - B$. Es sei α der Realteil von z. Wegen $z \neq 1, -1$ ist $-1 < \alpha < 1$. Wir setzen

$$X := \{z \mid z \in \mathbf{C}, \mathrm{Re}(z) > \alpha\} \quad \text{und} \quad Y := \{z \mid z \in \mathbf{C}, \mathrm{Re}(z) < \alpha\}.$$

Dann sind X und Y offene Teilmengen von $\mathbf{C}$. Ferner gilt

$$B \subseteq S_1 - \{z, \bar{z}\} \subseteq X \cup Y$$

und $B \cap X \cap Y = \emptyset$. Weil B zusammenhängend ist, folgt $B \cap X = \emptyset$ oder $B \cap Y = \emptyset$ im Widerspruch zu $-1 \in B \cap Y$ und $1 \in X \cap B$. Also ist doch $B = S_1$.

Aufgrund der Formel

$$e^{ix} = \cos x + i \sin x$$

sind $\cos x$ und $\sin x$ die cartesischen Koordinaten des Punktes e^{ix} des Einheitskreises. Unterstellt man, das x die Bogenlänge des Kreisbogens von 1 bis e^{ix} ist, wobei man ggf. die Peripherie des Einheitskreises mehrfach durchlaufen muss, so sieht man, dass cos und sin tatsächlich die Funktionen sind, die wir gewohnt sind, und dass π das richtige π ist. Das x tatsächlich diese Bogenlänge ist, zeigt die Differential- und Integralrechnung.

Satz 9. *Die Exponentialfunktion bildet $\mathbf{C}$ surjektiv auf $\mathbf{C}^*$ ab.*

Beweis. Es sei $0 \neq x \in \mathbf{C}$. Es gibt dann ein $a \in \mathbf{R}$ mit

$$e^a = |x|,$$

da die Einschränkung der Exponentialfunktion auf $\mathbf{R}$ diese Menge auf $\mathbf{R}_+$ abbildet. Ferner gilt

$$\left| \frac{x}{|x|} \right| = 1.$$

Folglich gibt es ein $b \in \mathbf{R}$ mit

$$e^{ib} = \frac{x}{|x|}.$$

Es folgt

$$e^{a+ib} = e^a e^{ib} = |x| \frac{x}{|x|} = x,$$

sodass exp in der Tat surjektiv ist.

Korollar. *Ist $n \in \mathbf{N}$ und $x \in \mathbf{C}$, so gibt es ein $v \in \mathbf{C}$ mit $v^n = x$.*

Beweis. Ist $x = 0$, so tut's $v = 0$. Es sei also $x \neq 0$. Dann gibt es nach Korollar 2 ein $w \in \mathbf{C}$ mit $e^w = x$. Setze $v := e^{w/n}$. Dann ist

$$v^n = e^{\frac{w}{n} n} = e^w = x.$$

Damit ist nun auch die Frage beantwortet, ob jede komplexe Zahl n-te Potenz ist.

Wir wissen schon, dass $2\pi i$ eine Periode von $\exp$ ist. Wir wollen nun noch zeigen, dass alle übrigen Perioden von $\exp$ ganzzahlige Vielfache von $2\pi i$ sind.

Hilfssatz 2. *Die Funktion* $\sin$ *ist auf* $(-1, 1)$ *streng monoton wachsend.*

Beweis. Es seien $u, v \in (-1, 1)$. Dann ist

$$\sin u - \sin v = (u - v) \sum_{k:=0}^{\infty} \frac{(-1)^k}{(2k+1)!} \sum_{i:=0}^{2k} u^{2k-i} v^i = (u - v)\big(1 + R(u, v)\big).$$

Für $k \geq 1$ ist

$$\left| \frac{1}{(2k+1)!} \sum_{i:=0}^{2k} u^{2k-i} v^i \right| \leq \frac{1}{(2k+1)!} \sum_{i:=0}^{2k} 1 = \frac{1}{(2k)!} \leq \frac{1}{2^{2k-1}}$$

Es folgt

$$|R(u, v)| \leq \sum_{k:=1}^{\infty} \frac{1}{2^{2k-1}} = \frac{2}{3}$$

und damit

$$1 + R(u, v) \geq \frac{1}{3}.$$

Daher gilt für $u, v \in (-1, 1)$ genau dann $\sin u < \sin v$, wenn $u < v$ ist.

Satz 10. *Ist* $0 < p \leq 2\pi$, *so sind die folgenden Aussagen äquivalent:*

a) Es ist $p = 2\pi$.

b) Es ist $\sin(x + p) = \sin x$ *für alle* $x \in \mathbf{C}$.

c) Es ist $\sin(x + p) = \sin x$ *für alle* $x \in \mathbf{R}$.

Beweis. a) impliziert b): Wir wissen bereits, dass $2\pi i$ eine Periode von $\exp$ ist, woraus unmittelbar folgt, dass 2π eine Periode von $\sin$ ist.

b) impliziert c): Klar.

c) impliziert a): Es ist $\sin p = \sin 0 = 0$. Nach Hilfssatz 2 ist daher $p \geq 1 > \frac{\pi}{4}$. Es sei $k \in \mathbf{N}_0$ und

$$\frac{\pi}{4} > p - k\frac{\pi}{4} \geq 0.$$

Dann ist

$$2\pi \geq p \geq \frac{k\pi}{4}.$$

Folglich ist $k \leq 8$. Wegen $p > \frac{\pi}{4}$ ist andererseits $k \geq 1$. Mit Hilfssatz 2 folgt

$$0 \leq \sin\left(p - \frac{k\pi}{4}\right) < \sin\left(\frac{\pi}{4}\right) = \frac{1}{\sqrt{2}}.$$

Wegen
$$\sin x = \sin(x + p) = \sin x \cos p + \cos x \sin p = \sin x \cos p$$

ist $\cos p = 1$. Hieraus folgt

$$\cos(x + p) = \cos x \cos p - \sin x \sin p = \cos x.$$

Folglich ist $e^{i(x+p)} = e^{ix}$. Daher gilt

$$e^{i(p-k\pi/4)} = e^{-i(\pi/4)k} = \left(\frac{1-i}{\sqrt{2}}\right)^k.$$

Nun folgt für $k := 1, \ldots, 8$ der Reihe nach

$$\sin\left(-\frac{\pi}{4}k\right) = \frac{-1}{\sqrt{2}}, \quad -1, \quad \frac{-1}{\sqrt{2}}, \quad 0, \quad \frac{1}{\sqrt{2}}, \quad 1, \quad \frac{1}{\sqrt{2}}, \quad 0.$$

Wegen

$$0 \leq \sin\left(p - k\frac{\pi}{4}\right) < \frac{1}{\sqrt{2}}$$

ist daher $k = 4$ oder $k = 8$ und $\sin(p - k\pi/4) = 0$. Mittels Hilfssatz 2 folgt $p - k\pi/4 = 0$, d.h. $p = \pi$ oder $p = 2\pi$. Wäre $p = \pi$, so folgte der Widerspruch

$$1 = \sin\frac{\pi}{2} = \sin\left(\frac{\pi}{2} + \pi\right) = \sin\frac{\pi}{2}\cos\pi + \cos\frac{\pi}{2}\sin\pi = -\sin\frac{\pi}{2} = -1.$$

Also ist doch $p = 2\pi$. Damit ist alles bewiesen.

Satz 11. *Für $p \in \mathbf{C}$ sind die folgenden Bedingungen äquivalent:*

a) Es ist $p \in 2\pi\mathbf{Z}$.

b) p ist Periode von sin.

c) p ist Periode von cos.

d) pi ist Periode von exp.

Beweis. a) impliziert b): Dies folgt mittels Induktion aus Satz 10.

b) impliziert c): Es sei p Periode von sin. Dann ist

$$\sin x = \sin(x + p) = \sin x \cos p + \cos x \sin p = \sin x \cos p.$$

Hieraus folgt $\cos p = 1$. Dies impliziert wiederum

$$\cos(x + p) = \cos x \cos p - \sin x \sin p = \cos x.$$

c) impliziert b): Es ist $\cos p = \cos 0 = 1$. Hieraus folgt

$$\cos x = \cos(x + p) = \cos x \cos p - \sin x \sin p = \cos x - \sin x \sin p.$$

Hieraus folgt $\sin x \sin p = 0$ für alle x und damit $\sin p = 0$. Hiermit folgt

$$\sin(x + p) = \sin x \cos p + \cos x \sin p = \sin x.$$

c) impliziert d): Gilt c) so gilt auch b), da b) und c) ja gleichbedeutend sind. Es folgt

$$e^{ip} = \cos p + i \sin p = 1$$

und damit

$$e^{x+ip} = e^x e^{ip} = e^x.$$

d) impliziert a): Es ist $e^{pi} = e^0 = 1$. Es sei $p = a + ib$ mit $a, b \in \mathbf{R}$. Dann ist ist

$$1 = |e^{ip}| = |e^{ia}||e^{-b}| = e^{-b}.$$

Weil die Einschränkung von exp auf $\mathbf{R}$ streng monoton steigt, folgt $b = 0$, sodass p reell ist. Für $x \in \mathbf{R}$ folgt

$$\cos x + i \sin x = e^{ix} = e^{ix+ip} = \cos(x + p) + i \sin(x + p).$$

Weil nun 1 und i über $\mathbf{R}$ linear unabhängig sind und die betroffenen Sinus- und Cosinuswerte alle in $\mathbf{R}$ liegen, da ja x und p reell sind, folgt $\sin x = \sin(x+p)$ für alle $x \in \mathbf{R}$. Mithilfe von Satz 9 folgt daher, dass $p \in 2\pi\mathbf{Z}$ ist. Damit ist alles bewiesen.

Korollar 1. *Es sei $p \in \mathbf{C}$. Genau dann ist $e^p = 1$, wenn $p \in 2\pi i\mathbf{Z}$ ist.*

Beweis. Es ist $e^{x+p} = e^x e^p$. Folglich gilt $e^p = 1$ genau dann, wenn pi eine Periode von exp ist.

Das nächste Korollar fasst noch einmal zusammen, was wir über die Abbildung exp wissen.

Korollar 2. *Die Abbildung* exp *ist ein Homomorphismus der additiven Gruppe von $\mathbf{C}$ auf die multiplikative Gruppe von $\mathbf{C}$. Ferner ist* Kern(exp) $= 2\pi i\mathbf{Z}$.

Sind $x, y \in \mathbf{C}$ und gilt $e^x = e^y$, so ist $e^{x-y} = 1$. Nach Korollar 1 gibt es dann ein $z \in \mathbf{Z}$ mit $x - y = 2\pi iz$. Zerlegt man daher $\mathbf{C}$ in die Streifen

$$\mathrm{Str}_z := \big\{ x \mid -\pi + 2z\pi \leq \mathrm{Im}(x) < \pi + 2z\pi \big\},$$

so ist die Einschränkung von exp auf diese Streifen jeweils eine Bijektion auf $\mathbf{C}^*$, sodass es eine Abbildung $\ln_z$ von $\mathbf{C}^*$ auf Str_z gibt mit

$$\ln_z\big(\exp(x)\big) = x$$

für alle $x \in \mathrm{Str}_z$. Die Menge Log $:= \{\ln_z \mid z \in \mathbf{Z}\}$ ist der komplexe Logarithmus mit seinen abzählbar vielen Zweigen. Mithilfe des Satzes von der lokalen Umkehrbarkeit erhält man, dass alle Zweige des Logarithmus komplex differenzierbar sind, da exp es ist, was man ebenso leicht beweist wie die Stetigkeit von exp.

Wir betrachten nun neben $\mathbf{C}$ auch noch die Menge $\mathbf{C}^* \times \mathbf{Z}$. Ist $x \in \mathbf{C}$, so gibt es genau ein $z(x) \in \mathbf{Z}$ mit $x \in \mathrm{Str}_{z(x)}$. Wir definieren dann EXP(x) durch

$$\mathrm{EXP}(x) := \big(\exp(x), z(x)\big)$$

und für (x, z) definieren wir

$$\mathrm{LN}(x, z) := \ln_z(x).$$

Dann ist $\mathrm{LN}(\mathrm{EXP}(x)) = x$ für alle $x \in \mathbf{C}$ und $\mathrm{EXP}(\mathrm{LN}(x, z)) = (x, z)$ für alle $(x, z) \in \mathbf{C}^* \times \mathbf{Z}$, sodass EXP und LN Bijektionen sind. Die Menge $\mathbf{C}^* \times \mathbf{Z}$ ist die Trägermenge der riemannschen Fläche des komplexen Logarithmus. Mehr sei zum komplexen Logarithmus nicht gesagt. Fragen Sie Fachleute nach Literatur.

Aufgaben

1. Zeigen Sie, dass die Abbildung f von $\mathbf{K}$ in $\mathbf{R}$ oder $\mathbf{C}$ genau dann stetig im obigen Sinne ist, wenn es zu jedem $a \in \mathbf{K}$ und zu jedem $\epsilon \in \mathbf{R}_+$ ein $\delta \in \mathbf{R}_+$ gibt, sodass für alle $y \in U_\delta(a)$ gilt, dass $f(y) \in U_\epsilon(f(a))$ ist.

2. Ist $X \subseteq \mathbf{Q}$ und enthält X mindestens zwei Elemente, so ist X als Teilmenge von $\mathbf{R}$ nicht zusammenhängend. (Sind a, $b \in X$ und ist $a < b$, so gibt es eine irrationale Zahl $r \in \mathbf{R}$ mit $a < r < b$. Dann ist $X \subseteq (-\infty, r) \cup (r, \infty)$ und $X \cap (-\infty, r) \cap (r, \infty) = \emptyset$.)

3. Man kann in $\mathbf{Q}$ unabhängig von $\mathbf{R}$ eine Topologie einführen, indem man ϵ-Umgebungen innerhalb von $\mathbf{Q}$ definiert. Überzeugen Sie sich, dass die Aussage von Aufgabe 2 auch in diesem Kontext richtig bleibt. $\mathbf{Q}$ ist in dieser Topologie *total unzusammenhängend*.

4. Ist $n \in \mathbf{N}$, so setzen wir

$$\zeta_n := e^{\frac{2\pi i}{n}}.$$

Zeigen Sie, dass genau dann $\zeta_n^m = 1$ ist, wenn n Teiler von m ist. (Man nennt ζ_n *primitive n-te Einheitswurzel*.)

5. Es sei $n \in \mathbf{N}$. Ist $0 \neq v \in \mathbf{C}$, so hat die Gleichung $x^n = v$ genau n Lösungen.

6. Zeigen Sie, dass exp komplex differenzierbar ist.

5. Ein Satz von Ostrowski. Wir haben mithilfe der Anordnung von $\mathbf{R}$ einen Absolutbetrag auf $\mathbf{R}$ definiert, der sich auf $\mathbf{Q}$ vererbte, den wir aber auf die gleiche Weise unabhängig von $\mathbf{R}$ auf $\mathbf{Q}$ hätten definieren können. Wir haben aber auch auf $\mathbf{C}$ eine Abbildung in $\mathbf{R}$ definieren können, die die charakteristischen Eigenschaften des auf $\mathbf{R}$ definierten Absolutbetrages hat und die wir daher ebenfalls Absolutbetrag nannten. Da Verfremdung zum besseren Verständnis führt, wollen wir hier nun weitere Absolutbeträge auf $\mathbf{Q}$ definieren und dann zeigen, dass diese bis auf Äquivalenz alle Absolutbeträge auf $\mathbf{Q}$ mit Werten in $\mathbf{R}$ sind. Dabei werden wir vom Logarithmus Gebrauch machen. Dies wird zum Schluss des Buches nochmals ein Höhepunkt sein.

Ist K ein Körper und ist L ein angeordneter Körper, so heißt die Abbildung α von K in L ein *Absolutbetrag von K mit Werten in L*, falls gilt:

1) Es ist $\alpha(0) = 0$ und $\alpha(k) > 0$ für alle $k \in K - \{0\}$.

2) Es ist $\alpha(kl) = \alpha(k)\alpha(l)$ für alle k, $l \in K$.

3) Es ist $\alpha(k + l) \leq \alpha(k) + \alpha(l)$ für alle k, $l \in K$.

4) Es gibt ein $k \in K - \{0\}$ mit $\alpha(k) \neq 1$.

Die Ungleichung 3) heißt *Dreiecksungleichung* und 4) dient dazu, Ausartungsfälle zu vermeiden.

Mit 2) folgt $\alpha(1) = \alpha(1)\alpha(1)$ und mit 1) dann $\alpha(1) = 1$. Weiter folgt $1 = \alpha(1) = \alpha(-1)^2$, sodass 1) ergibt, dass $\alpha(-1) = 1$ ist. Hieraus folgt $\alpha(-k) = \alpha(-1)\alpha(k) = \alpha(k)$.

L trägt als angeordneter Körper ebenfalls einen Absolutbetrag mit Werten in L, nämlich den durch $|l| := l$ für $l \geq 0$ und $|l| := -l$ für $l < 0$ definierten Absolutbetrag. Dass dies wirklich einen Absolutbetrag definiert, zeigt man wie bei $\mathbf{R}$.

5) Ist α ein Absolutbetrag auf K mit Werten in L, so gilt

$$\big|\alpha(k) - \alpha(l)\big| \leq \alpha(k - l)$$

für alle $k, l \in K$.

Es ist ja

$$\alpha(k) = \alpha(k - l + l) \leq \alpha(k - l) + \alpha(l)$$

und damit

$$\alpha(k) - \alpha(l) \leq \alpha(k - l).$$

Da dies für alle k und l gilt, gilt es auch für l und k, sodass

$$\alpha(l) - \alpha(k) \leq \alpha(l - k) = \alpha(k - l)$$

ist. Damit ist 5) bewiesen.

Es sei p eine Primzahl. Ferner sei $r \in \mathbf{Q}$. Ist $r = 0$, so setzen wir $\alpha_p(r) := 0$. Ist $r \neq 0$, so gibt es ein $a \in \mathbf{Z} - \{0\}$, ein $b \in \mathbf{N}$ und ein $n \in \mathbf{Z}$, sodass p weder a noch b teilt und

$$r = p^n \frac{a}{b}$$

gilt. Aufgrund des Satzes von der eindeutigen Primfaktorzerlegung — den wir nirgends bewiesen haben — ist n eindeutig bestimmt. Wir setzen dann

$$\alpha_p(r) := \left(\frac{1}{2}\right)^n.$$

Es gilt dann:

Satz 1. *Ist p eine Primzahl und ist α_p die soeben auf $\mathbf{Q}$ definierte Abbildung, so hat α_p die folgenden Eigenschaften:*

1) Es ist $\alpha_p(0) = 0$ und $\alpha_p(r) > 0$ für alle $r \in \mathbf{Q} - \{0\}$.

2) Es ist $\alpha_p(rs) = \alpha_p(r)\alpha_p(s)$ für alle $r, s \in \mathbf{Q}$.

3) Es ist $\alpha_p(r + s) \leq \max\big(\alpha_p(r), \alpha_p(s)\big)$ für alle $r, s \in \mathbf{Q}$.

4) Es ist $\alpha_p(p) = \frac{1}{2} \neq 1$.

Insbesondere ist α_p ein Absolutbetrag auf $\mathbf{Q}$ mit Werten in $\mathbf{Q}$.

Beweis. 1) ist trivial.

2) Ist $r = 0$ oder $s = 0$, so ist $rs = 0$ und daher $\alpha_p(rs) = 0$ und $\alpha_p(r) = 0$ oder $\alpha_p(s) = 0$, sodass die Gleichung in diesem Falle gilt. Es seien also r und s beide von null verschieden. Es gibt dann $m, n, a, b, c, d \in \mathbf{Z}$ mit $r = p^m \frac{a}{b}$ und $s = p^n \frac{c}{d}$, sodass p kein Teiler von a, b, c oder d ist. Es folgt $rs = p^{m+n} \frac{ac}{bd}$. Da p auch kein Teiler von ac und bd ist, folgt

$$\alpha_p(rs) = 2^{-m-n} = 2^{-m} \cdot 2^{-n} = \alpha_p(r)\alpha_p(s).$$

Damit ist 2) bewiesen.

3) gilt sicherlich, falls $r = 0$ oder $s = 0$ ist. Es seien also r und s von null verschieden. Ferner seien $r = p^m \frac{a}{b}$ und $s = p^n \frac{c}{d}$. Wir dürfen annehmen, dass $m \leq n$ ist. Dann ist

$$r + s = p^m \left(\frac{a}{b} + p^{n-m} \frac{c}{d} \right) = p^m \frac{ad + p^{n-m} cb}{bd}.$$

Ist $r + s = 0$, so ist nichts zu beweisen. Es sei also $r + s \neq 0$. Es gibt dann eine nicht durch p teilbare ganze Zahl A und ein $l \in \mathbf{Z}$ mit $r + s = p^l \frac{A}{bd}$. Wegen

$$p^m \frac{ad + p^{n-m} cb}{bd} = p^l \frac{A}{bd}$$

folgt $m \leq l$. Weil p kein Teiler von bd ist, ist daher

$$\alpha_p(r + s) = 2^{-l} \leq 2^{-m} = \alpha_p(r).$$

Aus $m \leq n$ folgt

$$\alpha_p(s) = 2^{-n} \leq 2^{-m} = \alpha_p(r),$$

d.h. $\alpha_p(r) = \max(\alpha_p(r), \alpha_p(s))$. Somit gilt 3) allgemein.

4) ist trivial.

Es ist $\max(\alpha_p(r), \alpha_p(s)) \leq \alpha_p(r) + \alpha_p(s)$, sodass auch die Dreiecksungleichung von α_p erfüllt wird. Folglich ist α_p ein Absolutbetrag.

Die Ungleichung unter 3) in Satz 1 heißt *verschärfte Dreiecksungleichung* oder auch *ultrametrische Ungleichung*.

Hilfssatz. *Sind α, β, $\gamma \in \mathbf{R}_+$ und gilt für alle $n \in \mathbf{N}$ die Ungleichung $\gamma^n \leq \alpha n + \beta$, so ist $\gamma \leq 1$.*

Beweis. Wäre $\gamma = 1 + \delta$ mit $\delta > 0$, so folgte für $n \geq 2$, dass

$$\gamma^n = 1 + n\delta + \tfrac{1}{2} n(n-1)\delta^2 + \cdots > n\delta + \tfrac{1}{2} n(n-1)\delta^2$$

wäre. Weil $\mathbf{R}$ archimedisch ist, gäbe es ein $N \in \mathbf{N}$ mit $N\delta > \beta$ und $\tfrac{1}{2}(N-1)\delta^2 > \alpha$. Es folgte

$$\gamma^N > \beta + N\alpha \geq \gamma^N,$$

ein Widerspruch.

Sind α und β Absolutbeträge auf K mit Werten in $\mathbf{R}$, so definieren α und β Metriken auf K und damit Topologien $\mathcal{O}_\alpha$ und $\mathcal{O}_\beta$ auf K. Wir nennen α und β *äquivalent*, wenn $\mathcal{O}_\alpha = \mathcal{O}_\beta$ ist.

Hier nun der Satz von Ostrowski über die Absolutbeträge auf $\mathbf{Q}$.

Satz 2. *Ist α ein Absolutbetrag auf $\mathbf{Q}$ mit Werten in $\mathbf{R}$, so ist α zum gewöhnlichen Absolutbetrag von $\mathbf{Q}$ oder zu einem der Absolutbeträge α_p äquivalent.*

Beweis. Es ist $\alpha(1) = 1$. Ist $\alpha(n) \leq n$, so folgt

$$\alpha(n+1) \leq \alpha(n) + 1 \leq n + 1.$$

Wegen $\alpha(z) = \alpha(-z)$ ist daher $\alpha(z) \leq |z|$ für alle $z \in \mathbf{Z}$.

Es seien $a, b \in \mathbf{N} - \{1\}$. Ferner sei $\nu \in \mathbf{N}$. Entwickelt man b^ν auf a-adische Weise, so erhält man $c_0, \ldots, c_n \in \mathbf{N}_0$ mit $c_i < a$ für alle i und $a_n \neq 0$ sowie

$$b^\nu = c_0 + c_1 a + \cdots + c_n a^n.$$

Dass $a_n \neq 0$ angenommen werden darf, folgt aus $b \neq 0$. Es ist $n \geq 0$ und $a^n \leq b^\nu$ und folglich

$$n \ln a \leq \nu \ln b.$$

Wegen $a > 1$ ist $\ln a > 0$. Folglich ist

$$n \leq \frac{\nu \ln b}{\ln a}.$$

Setze $M := \max(1, \alpha(a))$. Dann ist

$$\begin{aligned}
\alpha(b)^\nu = \alpha(b^\nu) &\leq \alpha(c_0) + \alpha(c_1)\alpha(a) + \cdots + \alpha(c_n)\alpha(a)^n \\
&\leq c_0 + c_1\alpha(a) + \ldots c_n\alpha(a)^n \\
&< a\big(1 + \alpha(a) + \cdots + \alpha(a)^n\big) \\
&\leq a(n+1)M^n.
\end{aligned}$$

Mit der bereits etablierten Abschätzung für n folgt

$$\alpha(b)^\nu < a\left(\frac{\nu \ln b}{\ln a} + 1\right) M^{\nu \ln b / \ln a}$$

und weiter

$$\left(\frac{\alpha(b)}{M^{\ln b / \ln a}}\right)^\nu < \nu \frac{a \ln b}{\ln a} + a.$$

Da dies für alle $\nu \in \mathbf{N}$ gilt, folgt mit dem Hilfssatz die Ungleichung

$$\alpha(b) \leq M^{\ln b / \ln a}.$$

Dies besagt wiederum, dass

$$\alpha(b) \leq \max\big(1, \alpha(a)^{\ln b / \ln a}\big)$$

ist.

1. Fall: Es gibt ein $b \in \mathbf{N}$ mit $1 < \alpha(b)$. Dann ist

$$\alpha(b) \leq \alpha(a)^{\ln b / \ln a}$$

für alle $a \in \mathbf{N} - \{1\}$. Dies impliziert $\alpha(a) > 1$ für alle $a > 1$. Daher gilt auch, wie man sieht, wenn man die Rollen von a und b vertauscht, $\alpha(a) \leq \alpha(b)^{\ln a / \ln(b)}$. folglich gilt

$$\alpha(a) = \alpha(b)^{\ln b / \ln a}$$

für alle $a \in \mathbf{N} - \{0\}$.

Da $\alpha(b) > 1$ ist, gibt es ein $\rho \in \mathbf{R}_+$ mit $\alpha(b) = b^\rho$. Daher ist

$$\alpha(a) = b^{\rho \ln a / \ln b} = e^{\rho \ln b \ln a / \ln b} = e^{\rho \ln a} = a^\rho$$

für alle $a \in \mathbf{N} - \{1\}$. Wegen $\alpha(1) = 1$ und $\alpha(0) = 0$ gilt $\alpha(a) = a^\rho$ für alle $a \in \mathbf{N}_0$. Es folgt weiter $\alpha(z) = |z|^\rho$ für alle $z \in \mathbf{Z}$. Schließlich ist

$$\alpha\left(\frac{u}{v}\right) = \frac{\alpha(u)}{\alpha(v)} = \frac{|u|^\rho}{|v|^\rho} = \left|\frac{u}{v}\right|^\rho$$

und daher $\alpha(r) = |r|^\rho$ für alle $r \in \mathbf{Q}$. Hieraus folgt, dass α und der gewöhnliche Absolutbetrag auf $\mathbf{Q}$ die gleiche Topologie induzieren, da ja jede ϵ-Umgebung bzg. des gewöhnlichen Absolutbetrages eine ϵ^ρ-Umgebung bezüglich α ist.

2. Fall: Es ist $\alpha(a) \leq 1$ für alle $a \in \mathbf{N}$. Sind $u, v \in \mathbf{Q}$ und ist

$$M := \max\big(\alpha(u), \alpha(v)\big),$$

so folgt

$$\alpha(u + v)^n = \alpha\big((u + v)^n\big) = \alpha\left(\sum_{i:=0}^{n} \binom{n}{i} u^{n-i} v^i\right)$$

$$\leq \sum_{i:=0}^{n} \alpha\left(\binom{n}{i}\right) \alpha(u)^{n-i} \alpha(v)^i \leq (n+1) M^n,$$

da ja $\alpha(\binom{n}{i}) \leq 1$ ist. Also ist

$$\left(\frac{\alpha(u + v)}{M}\right)^n \leq n + 1,$$

sodass nach dem Hilfssatz

$$\alpha(u + v) \leq M = \max\big(\alpha(u), \alpha(v)\big)$$

ist. Somit erfüllt α die ultrametrische Ungleichung. Setze $I := \{z \mid z \in \mathbf{Z}, \alpha(z) < 1\}$. Dann ist $0 \in I$, sodass I nicht leer ist. Sind $i, j \in I$, so ist

$$\alpha(i + j) \leq \max\big(\alpha(i), \alpha(j)\big) < 1$$

und folglich $i + j \in I$. Ist $i \in I$ und $z \in \mathbf{Z}$, so folgt

$$\alpha(iz) = \alpha(i)\alpha(z) \leq \alpha(i) < 1,$$

sodass auch $iz \in I$ gilt. Folglich ist I ein Ideal von $\mathbf{Z}$. Weil $\mathbf{Z}$ ein Hauptidealbereich ist, gibt es ein $p \in \mathbf{N}_0$ mit $I = p\mathbf{Z}$. Wegen $\alpha(1) = 1$ ist $1 \notin I$ und daher $p \neq 1$. Wäre $p = 0$, so folgte $1 \leq \alpha(z)$ und damit $\alpha(z) = 1$ für alle $z \in \mathbf{Z} - \{0\}$, da ja $\alpha(z) \leq 1$ ist für alle diese z. Hieraus folgte aber $\alpha(r) = 1$ für alle $r \in \mathbf{Q} - \{0\}$ im Widerspruch zur Definition des Absolutbetrages. Also ist $p \geq 2$. Sind $a, b \in \mathbf{Z}$ und ist p Teiler von ab, so ist $ab \in I$ und folglich $\alpha(ab) < 1$. Andererseits ist $\alpha(a) \leq 1$ und $\alpha(b) \leq 1$. Folglich ist

$\alpha(a) < 1$ oder $\alpha(b) < 1$, d.h. es ist $a \in I$ oder $b \in I$. Daher ist p Teiler von a oder von b. Dies impliziert, dass p eine Primzahl ist.

Es sei nun $0 \neq r \in \mathbf{Q}$. Es gibt dann ein $i \in \mathbf{Z}$ und $a, b \in \mathbf{Z} - I$ mit $r = p^i \frac{a}{b}$. Wegen $a, b \notin I$ ist $\alpha(a) = \alpha(b) = 1$. Es folgt $\alpha(r) = \alpha(p)^i$. Wegen $\alpha(p) \neq 1$ gibt es ein $\sigma \in \mathbf{R}$ mit $\alpha(p)^\sigma = \frac{1}{2}$. Es folgt

$$\alpha(r)^\sigma = \left(\frac{1}{2}\right)^i = \alpha_p(r),$$

sodass α zu α_p äquivalent ist.

Aufgaben

1. Es sei $1 \neq p \in \mathbf{N}$. Genau dann ist p eine Primzahl, wenn für alle $a, b \in \mathbf{Z}$ aus der Teilbarkeit von ab durch p die Teilbarkeit von a oder die von b durch p folgt.

2. Es sei K ein Körper und L sei ein angeordneter Körper. Ferner sei α ein Absolutbetrag auf K mit Werten in L. Erfüllt α die ultrametrische Ungleichung, so ist die Menge

$$R_\alpha := \{x \mid x \in K, \alpha(x) \leq 1\}$$

ein Teilring von K und

$$P := \{x \mid x \in K, \alpha(x) < 1\}$$

ist ein maximales Ideal von R.

3. Im Falle des Körpers $\mathbf{Q}$ und des Absolutbetrages α_p gilt $R_{\alpha_p}/P \cong \mathbf{Z}/p\mathbf{Z}$.

Literatur

Al-Hwarizmi, *Le calcul indien (algorismus). Versions latines du XIIe siècle*. Publié par André Allard. Paris 1992
— siehe auch Rosen

Petrus Apianus, *Eyn Newe Und wolgegründte vnderweysung aller Kauffmanß Rechnung in dreyen Büchern*. Nachdruck der Ausgabe Ingolstadt 1527 mit einer Einführung von Wolfgang Kaunzner. Eichstätt 1995

Raymond Ayoub, *What is a Napierian Logarithm?* Amer. Math. Monthly 100, 351–364, 1993

Claude Gaspar Bachet, *Problemes plaisans et delectables, qui se font par les nombres*. 2. Auflage, Lyon 1624

Paul Bachmann, *Niedere Zahlentheorie. Erster Teil*. Leipzig 1902

Reinhold Baer, *Abelian Groups without Elements of Finite Order*. Duke Math. J. 3, 68–122, 1937

Heinrich Behnke & Friedrich Sommer, *Theorie der analytischen Funktionen einer komplexen Veränderlichen*. Berlin · Göttingen · Heidelberg 1955

Jakob Bernoulli, *Positiones arithmeticæ de seriebus infinitis earumque summa finita*. Basel 1689. Wieder abgedruckt in
— *Jacobi Bernoulli, Basileensis, opera vol. I*. Genf 1744. S. 375–402, und in
— *Die Werke von Jakob Bernoulli*. Ediert von David Speiser. Band 4. Basel 1993, S. 45–64

Rodolfo Bettazzi, *Teoria delle grandezze*. Pisa 1890

Jacques Binet, *Recherches sur la théorie des nombres entiers et sur la résolution de l'équation indéterminée du premier degrée qui n'admet que des solutions entières*. J. de mathématiques pures et appliquées VI, 449–494, 1841

Christian Blatter, *Analysis*. 3 Bände. Berlin, etc. 1977, 1974

Anicius M. T. S. Boethius, *De institutione arithmetica libri duo. De institutione musica libri quinque. Accedit geometria quæ fertur Boetii*. Herausgegeben von G. Friedlein. Leipzig 1867. Nachdruck Frankfurt am Main 1966

Rafael Bombelli, *L'algebra. Prima edizione integrale*. Bologna 1966. Zu Lebzeiten Bombellis erschienen nur die ersten drei von insgesamt fünf Büchern. Die ersten drei Bücher erschienen 1572.

Baldassarre Boncompagni, *Della vita e delle opere di Leonardo Pisano matematico del secolo decimoterzo*. Atti dell'Accademia pontificia de'nuovi licei. V. Teil 1: 5–91, Teil 2: 208–246, 1852
— *Scritti di Leonardo Pisano. Vol. I. Il liber abbaci*. Roma 1857

Giovanni Alfonso Borelli, *Euclides restitutus*. Editio tertia Roma 1679

Henry Briggs, *Arithmetica logarithmica*. Nachdruck der Ausgabe 1628. Hildesheim, New York 1976

Caesarius von Heisterbach, *Dialogus miraculorum*. Herausgegeben von Josef Strange. Band 1. Köln, Bonn und Brüssel 1851. Ein Exemplar dieses Bandes mit dem zweiten Band zusammengebunden befindet sich in der Pfälzischen Landesbibliothek in Speyer.

Georg Cantor, *Über die einfachen Zahlensysteme*. Zeitschr. für Math. und Physik 14, 121–128 (1869) (Zitiert nach Cantor 1932)
— *Über die Ausdehnung eines Satzes aus der Theorie der trigonometrischen Reihen*. Math. Ann. 5, 123–132, 1872
— *Gesammelte Abhandlungen mathematischen und philosophischen Inhalts*. Herausgegeben von E. Zermelo. Berlin 1932

Augustin-Louis Cauchy, *Cours d'analyse*. Paris 1821. Œuvres, II sér. Vol. III. Paris 1897
— *Exercices de mathématiques. Quatrième année*. Paris 1829
— *Mémoire sur une nouvelle théorie des imaginaires, et sur les racines symboliques des équations et des équivalences*. Comptes rendus Acad. Sci. Paris 24, 1120–1130, 1847
— *Mémoire sur la théorie des équivalences algébriques substituée à la théorie des imaginaires. Exercices d'analyse et de physiques mathématique*. Paris 1847a, S. 93–120. Œuvres, II sér. Vol. XIV. Paris 1938

Nicolas Chuquet, *Le Triparty en la science des nombres*. Herausgegeben von Aristide Marre. Bulletino di Bibliografia e di Storia delle Science Matematiche e Fisiche XIII, 593–814, 1880

Christopher Clavius, *Epitome arithmeticae practicae*. 5. Auflage, Köln 1607

Richard Dedekind, *Stetigkeit und irrationale Zahlen*. Braunschweig 1872 und viele weitere Auflagen.
— *Was sind und was sollen die Zahlen*. Braunschweig 1888 und viele weitere Auflagen.

Stefan Deschauer, *Das zweite Rechenbuch von Adam Ries*. Braunschweig/Wiesbaden 1992

Johann Peter Gustav Lejeune Dirichlet, *Vorlesungen über Zahlentheorie*. Herausgegeben und mit Zusätzen versehen von R. Dedekind. 4. Auflage, Braunschweig 1893. Korrigierter Nachdruck New York 1968

Euklid, *Die Elemente*. Nach Heibergs Text aus dem Griechischen übersetzt und herausgegeben von Clemens Thaer. Darmstadt 1980

Leonhard Euler, *Introductio in analysin infinitorum. Tomus primus.* Lausanne 1748. Opera omnia, 1. Serie Band 8. Herausgegeben von Adolf Krazer und Ferdinand Rudio. Leipzig und Berlin 1922. Ich weiß, ich weiß, dieses Werk wurde ins Deutsche und auch ins Englische übersetzt.

— *Élémens d'algebra. I & II.* Lyon, L'an IIIe de L'ÈRE Républicaine.

— *Vollständige Anleitung zur Algebra.* Neue Ausgabe mit den Korrekturen der „*Opera omnia*" Leonhard Eulers. 1. Serie Band 1, herausgegeben von Andreas Speiser. Leipzig 1942

Walter Felscher, *Naive Mengen und abstrakte Zahlen. Band II: Algebraische und reelle Zahlen.* Mannheim 1978

Karl Ernst Georges, *Ausführliches lateinisch-deutsches Handwörterbuch.* Unveränderter Nachdruck der achten verbesserten und vermehrten Auflage von Heinrich Georges. Zwei Bände. Darmstadt 1983

Siegfried Gottwald, Hans-Joachim Ilgauds, Karl-Heinz Schlote (Hrsg.), *Lexikon bedeutender Mathematiker.* Bibl. Institut Leipzig 1990

Frank Gray, US Patent Office 2 632 058, March 17, 1953

William Rowan Hamilton, *Theory of Conjugate Functions, or Algebraic Couples, with a Preliminary and Elementary Essay on Algebra as the Science of Pure Time.* Trans. R. Irish Acad. 17, 293–422, 1837

Heinrich Eduard Heine, *Die Elemente der Functionenlehre.* J. Reine Angew. Mathematik 74, 172–188, 1872

Olaf Helmer, *The Elementary Divisor Theorem for Certain Rings without Chain Conditions.* Bull. Amer. Math. Soc. 49, 225–236, 1943

G. M. M. Houben, *5000 Years of Weights.* Zwolle/Niederlande 1990. ISBN 90-70533-06-5

Simon Jacob, *Rechenbüchlin auf den Linien und mit Ziffern.* Vierte von seinem Bruder Pangratz Jacob herausgegebene Auflage. Frankfurt am Main 1571

Ludwig Kaiser, *Über die Verhältniszahl des goldenen Schnitts.* Leipzig und Berlin 1929

Richard Kaye, *Models of Peano Arithmetic.* Oxford 1991

Johannes Kepler, *Strena seu de nive sexangula.* Frankfurt am Main 1611. *Vom sechseckigen Schnee.* Unter Mitwirkung von M. Caspar und F. Neuhart übertragen von Fritz Rossmann. Berlin 1943. Nachdruck Bremen 1982

Wolfgang Krull, *Über die Endomorphismen von total geordneten Archimedischen Abelschen Gruppen.* Math. Zeitschr. 74, 81–90, 1960

C. Kuratowski. *Sur la notion d'ensemble fini.* Fund. Math. 1, 129–131, 1920

Joseph Louis Lagrange, *Nouvelle Méthode pour résoudre les problèmes indéterminés en nombres entiers.* Mémoires de l'Académie royale des Sciences et Belles-Lettres de Berlin, XXIV, 1770. Werke, Band 1, 655–726

Joachim Lambek, *Lectures on Rings and Modules.* Waltham, Mass., 1966

Gabriel Lamé, *Note sur la limite du nombre des divisions dans la recherche du plus grand commun diviseur entre deuz nombres entiers.* Compte rendu des séances de l'Académie des Sciences XIX, 865–870, 1844

Edmund Landau, *Grundlagen der Analysis.* Leipzig 1930

D. H. Lehmer, *Euclid's Algorithm for Large Numbers.* Amer. Math. Monthly 45, 227–233, 1938

Heinz Lüneburg, *Vorlesungen über Zahlentheorie.* Basel und Stuttgart 1978
— *Vorlesungen über Analysis.* Mannheim 1981
— *On a Little but Useful Algorithm.* In: Algebraic Algorithms and Error Correcting Codes. Herausgegeben von Jacques Calmet. Springer LNCS 229, 296–301, 1986
— *Kleine Fibel der Arithmetik.* Mannheim 1987
— *On the Rational Normal Form of Endomorphisms.* Mannheim, etc. 1987a
— *Tools and Fundamental Constructions of Combinatorial Mathematics.* Mannheim 1989
— *Intorno ad una questione aritmetica in un dominio di Prüfer.* Ricerche di Matematica 28,249–259, 1989a
— *Vorlesungen über Lineare Algebra.* Mannheim 1993
— *Leonardi Pisani Liber Abbaci oder Lesevergnügen eines Mathematikers.* 2. Auflage. Mannheim 1993a
— *On the notion of numbers in Leonardo Pisano's Liber Abbaci.* In: Leonardo Fibonacci. Il tempo, le opere, l'eredità scientifica. Herausgegeben von Marcello Morelli und Marco Tangheroni. Ospedaletto (Pisa) 1994, 97–108
— *Was machte Nicolo Tartaglia in der Nacht zum Aschermittwoch des Jahres 1523 in Verona?* Der Mathematikunterricht 42, 43–48, 1996

Charles Méray, *Remarques sur la nature des quantités définies par la condition de servir de limites à des variables données.* Revue des Sociétés Savantes IV, 280–289, Paris 1870

Abraham de Moivre. *Miscellanea analytica de seriebus et quadraturis.* London 1730. Zitiert nach Euler, *Opera omnia,* 1. Serie Band 8.

John Neper, *Logarithmorum canonis descriptio, arithmeticarum supputationum mirabilis abbreviatio.* Lugduni, Apud Barth. Vencentium 1620
— *Rabdologiæ sev nvmerationis per virgulas libri dvo: Cum Appendice de expeditissimo Mvltiplicationes promptvario. Quibus accessit & Arithmeticæ Liber vnvs.* Edinburg 1617. Facsimilenachdruck Osnabrück 1966

Pedro Nuñez, *Libro de Algebra en Arithmetica y Geometria.* Antwerpen 1567

Luca Pacioli, *Summa de Arithmetica Geometria et Proportionalita.* Venedig 1494

Blaise Pascal, *Œuvres complètes. Vol. I.* Édition présentée, établie et annotée par Michel le Guern. Éditions Gallimard 1998

Giuseppe Peano, *Arithmetices Principia nova methodo exposita.* Torino 1889. Wieder abgedruckt in: Opere scelte, Band 2, 20–55. Roma 1958

Alexander Prestel, *Non-Standard Analysis*. In: Hans-Dieter Ebbinghaus et al., Zahlen.
  3. Auflage. 255–275. Berlin, Heidelberg 1992

Franz Reuleaux, *Prof. Toepler's Verfahren der Wurzelausziehung mittelst der Thomas'-
  schen Rechenmaschine*. Dingler, Polytechnisches Journal 179, 260–264, 1866

Adam Ries, *Rechenbuch auff Linien vnd Ziffren*. Frankfurt am Main 1547. Faksimile-
  Nachdruck Brensbach/Odenwald 1978
  — *Coß*. Herausgegeben und kommentiert von Wolfgang Kaunzner und Hans Wußing.
  Teubner Archiv zur Mathematik, Supplement 3. Leipzig 1992
  — siehe auch Deschauer

Abraham Robinson, *Non-standard analysis*. Amsterdam, London 1966

Frederic Rosen, *The Algebra of Mohammed ben Musa*. Edited and translated by Frederic
  Rosen. London 1831. Nachdruck Hildesheim etc. 1986

Peter Schreiber, *Grundlagen der Mathematik*. Berlin 1984

Thoralf Albert Skolem, *Über die Nicht-charakterisierbarkeit der Zahlenreihe mittels
  endlich oder abzählbar unendlich vieler Aussagen mit ausschließlich Zahlenvariablen*.
  Fund. Math. 23, 150–161, 1934

Michael Stifel, *Arithmetica integra*. Nürnberg 1544

Alfred Tarski, *Sur les ensembles finis*. Fund. Math. 6, 45–95, 1924

Nicolo Tartaglia, *General Trattato di numeri e misure*. Teil 2. Venedig 1556
  — *Quesiti et inventioni diverse*. Riproduzione in facsimile dell'edizione del 1554. Edita
  con parti introduttorie da Arnaldo Masotti. Brescia 1959

H. J. Zacher, *Die Hauptschriften zur Dyadik von G. W. Leibniz*. Veröffentlichungen des
  Leibnizarchivs, Band 5. Frankfurt am Main 1973

Ergänzung der Herausgeber:

Friedhelm Beckmann, *Neue Gesichtspunkte zum 5. Buch Euklids*. Arch. History Exact
  Sci. 4, 1–144, 1967

Wolfgang Krull, *Zahlen und Größen – Dedekind und Eudoxos*. Mitt. Math. Sem. Gießen
  90, 29–47, 1971

Howard Stein, *Eudoxos and Dedekind: On the ancient Greek theory of ratios and its
  relation to modern mathematics*. Synthese 84, 163–211, 1990

Index

Neue und überraschende Einblicke

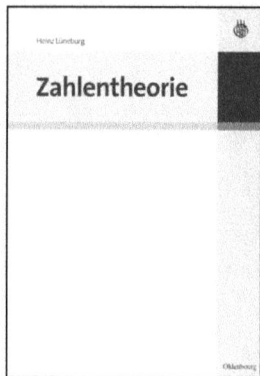

Heinz Lüneburg
Zahlentheorie
2010. VIII | 151 S. | br.
€ 39,80 | ISBN 978-3-486-59680-9

Neue Sichtweisen und Erkenntnisse zur Zahlentheorie und zu quadratischen Erweiterungen bietet dieses Lehrwerk aus dem Nachlass des begnadeten Pädagogen Heinz Lüneburg.

Es eignet sich vor allem für fortgeschrittene Leser, die einen tieferen Einblick in die Zahlentheorie erhalten möchten, und ist daher allen, die diese Theorie einmal unter einem anderen Gesichtspunkt betrachten möchten, wärmstens zu empfehlen.

Die Zahlentheorie aus den Büchern des Euklid wird in moderner Sprache dargestellt und mit der dedekindschen Konstruktion der natürlichen Zahlen verbunden. Dadurch können wesentliche Ergebnisse ohne den Satz von der eindeutigen Primfaktorzerlegung bewiesen werden. Die Theorie der Kettenbrüche wird verwendet, um tiefere Kenntnisse der Struktur der Ringe der ganzen algebraischen Zahlen in quadratischen Erweiterungen der rationalen Zahlen zu gewinnen. Auch damit beschäftigt sich das Buch eingehend.
Unter anderem widmet sich Lüneburg der Division mit Rest – einem Thema, das in anderen Büchern kaum aufgegriffen wird.

„Zahlentheorie" wird herausgegeben von Prof. Dr. Theo Grundhöfer, apl. Prof. Dr. Huberta Lausch sowie Prof. Dr. Karl Strambach.

Das Buch richtet sich an Absolventen und Studierende höherer Semester der Mathematik.

Oldenbourg